"十三五"国家重点出版物
出版规划项目

金属粉床激光增材制造技术

魏青松　宋波　文世峰　周燕　等编著

化学工业出版社
·北京·

金属粉床激光增材制造技术是目前金属增材制造工艺中制件精度最高、综合性能优良的工艺方法。本书由华中科技大学快速制造中心总结其十余年的科研和产业化经验，综合国内外相关成果编写而成。全书共7章，第1章概述技术原理、特点及应用；第2～6章阐述工艺原理与系统组成、原材料特性要求、数据处理技术、制造流程及质量控制以及制件的组织及性能，涵盖原理、材料、数据、质量和性能五方面内容；第7章以实际案例阐述金属粉床激光增材制造技术在随形冷却模具、个性化医疗器件和轻量化构件三方面的应用，重点展示在复杂结构制造和特殊性能构建上的独特优势，达到举一反三、启迪创新的目的。

本书侧重基本原理，兼顾关键技术；以典型材料和工艺为主，兼顾最新动态；注重学术前沿，融合工程实践。本书既可作为科研和工程人员的参考用书，也可作为高等院校相关专业的教学教材。

图书在版编目（CIP）数据

金属粉床激光增材制造技术/魏青松等编著. —北京：化学工业出版社，2019.3（2023.2重印）
“中国制造2025”出版工程
ISBN 978-7-122-33672-9

Ⅰ.①金… Ⅱ.①魏… Ⅲ.①激光技术-应用-金属粉末-机床 Ⅳ.①TF124.3

中国版本图书馆CIP数据核字（2019）第005839号

责任编辑：曾 越 张兴辉　　文字编辑：陈 喆
责任校对：宋 玮　　装帧设计：尹琳琳

出版发行：化学工业出版社（北京市东城区青年湖南街13号 邮政编码100011）
印 装：涿州市般润文化传播有限公司
710mm×1000mm 1/16 印张17½ 字数326千字 2023年2月北京第1版第6次印刷

购书咨询：010-64518888　　售后服务：010-64518899
网 址：http://www.cip.com.cn
凡购买本书，如有缺损质量问题，本社销售中心负责调换。

定 价：89.00元

序

制造业是国民经济的主体，是立国之本、兴国之器、强国之基。近十年来，我国制造业持续快速发展，综合实力不断增强，国际地位得到大幅提升，已成为世界制造业规模最大的国家。但我国仍处于工业化进程中，大而不强的问题突出，与先进国家相比还有较大差距。为解决制造业大而不强、自主创新能力弱、关键核心技术与高端装备对外依存度高等制约我国发展的问题，国务院于2015年5月8日发布了“中国制造2025”国家规划。随后，工信部发布了“中国制造2025”规划，提出了我国制造业“三步走”的强国发展战略及2025年的奋斗目标、指导方针和战略路线，制定了九大战略任务、十大重点发展领域。2016年8月19日，工信部、国家发展改革委、科技部、财政部四部委联合发布了“中国制造2025”制造业创新中心、工业强基、绿色制造、智能制造和高端装备创新五大工程实施指南。

为了响应党中央、国务院做出的建设制造强国的重大战略部署，各地政府、企业、科研部门都在进行积极的探索和部署。加快推动新一代信息技术与制造技术融合发展，推动我国制造模式从“中国制造”向“中国智造”转变，加快实现我国制造业由大变强，正成为我们新的历史使命。当前，信息革命进程持续快速演进，物联网、云计算、大数据、人工智能等技术广泛渗透于经济社会各个领域，信息经济繁荣程度成为国家实力的重要标志。增材制造（3D打印）、机器人与智能制造、控制和信息技术、人工智能等领域技术不断取得重大突破，推动传统工业体系分化变革，并将重塑制造业国际分工格局。制造技术与互联网等信息技术融合发展，成为新一轮科技革命和产业变革的重大趋势和主要特征。在这种中国制造业大发展、大变革背景之下，化学工业出版社主动顺应技术和产业发展趋势，组织出版《“中国制造2025”出版工程》丛书可谓勇于引领、恰逢其时。

《“中国制造2025”出版工程》丛书是紧紧围绕国务院发布的实施制造强国战略的第一个十年的行动纲领——“中国制造2025”的一套高水平、原创性强的学术专著。丛书立足智能制造及装备、控制及信息技术两大领域，涵盖了物联网、大数据、3D 打印、机器人、智能装备、工业网络安全、知识自动化、人工智能等一系列的核心技术。丛书的选题策划紧密结合“中国制造 2025”规划及 11 个配套实施指南、行动计划或专项规划，每个分册针对各个领域的一些核心技术组织内容，集中体现了国内制造业领域的技术发展成果，旨在加强先进技术的研发、推广和应用，为“中国制造 2025”行动纲领的落地生根提供了有针对性的方向引导和系统性的技术参考。

这套书集中体现以下几大特点：

首先，丛书内容都力求原创，以网络化、智能化技术为核心，汇集了许多前沿科技，反映了国内外最新的一些技术成果，尤其使国内的相关原创性科技成果得到了体现。这些图书中，包含了获得国家与省部级诸多科技奖励的许多新技术，因此，图书的出版对新技术的推广应用很有帮助！这些内容不仅为技术人员解决实际问题，也为研究提供新方向、拓展新思路。

其次，丛书各分册在介绍相应专业领域的新技术、新理论和新方法的同时，优先介绍有应用前景的新技术及其推广应用的范例，以促进优秀科研成果向产业的转化。

丛书由我国控制工程专家孙优贤院士牵头并担任编委会主任，吴澄、王天然、郑南宁等多位院士参与策划组织工作，众多长江学者、杰青、优青等中青年学者参与具体的编写工作，具有较高的学术水平与编写质量。

相信本套丛书的出版对推动“中国制造 2025”国家重要战略规划的实施具有积极的意义，可以有效促进我国智能制造技术的研发和创新，推动装备制造业的技术转型和升级，提高产品的设计能力和技术水平，从而多角度地提升中国制造业的核心竞争力。

中国工程院院士 潘云鹤

前言

增材制造（俗称 3D 打印）属于一种先进制造技术，但与传统制造工艺相比，它在成形原理、材料形态、制件性能上发生了根本性改变，对从事该技术教学、科研和工程应用的人员提出了全新挑战。特别是随着增材制造技术规模化和产业化的发展与进步，传统的工艺流程、生产线、工厂模式和产业链组合都将面临深度调整，增材制造带来的影响远远超出了制造范畴，给生产甚至是生活带来了重大影响，被认为是有望深度影响未来的战略前沿技术。

金属粉床激光增材制造技术是目前金属增材制造工艺中制件精度最高、综合性能优良的工艺方法。但是，技术发展并不成熟，新材料、新工艺和新装备不断涌现，技术进步快，缺少较新、全面和系统的专业书籍。华中科技大学快速制造中心是我国最早开展该技术研究的团队之一，在十多年科研和产业化基础上，综合国内外相关成果编著了本书。本书侧重基本原理，兼顾关键技术；以典型材料和工艺为主，兼顾最新动态；注重学术前沿，融合工程实践。本书既可作为科研和工程人员的参考用书，也可作为高等院校相关专业的教学教材。

全书分为 7 章。第 1 章概述技术原理、特点及应用；第 2～6 章阐述工艺原理与系统组成、原材料特性要求、数据处理技术、制造流程及质量控制以及制件的组织及性能，涵盖原理、材料、数据、质量和性能五方面内容；第 7 章以实际案例阐述增材制造技术在随形冷却模具、个性化医疗器件和轻量化构件三方面的应用，重点展示在复杂结构制造和特殊性能构建上的独特优势，达到举一反三、启迪创新的目的。

本书由华中科技大学魏青松组织编写。编写分工如下：第 1 章、第 2 章、第 5 章、第 7 章由华中科技大学魏青松和文世峰、中国地质大学（武汉）周燕编写；第 3 章、第 6 章由华中科技大学宋波编写；第 4 章由华中科技大学文世峰和蔡道生编写；华中科技大学史玉升主审了全书内容。博士后李伟，研究生韩昌骏、王倩、李宪泰、严倩、王志伟、章媛洁、张金良、张磊、王敏参与了编写工作，博士后陈辉、朱文志、蔡超，研究生毛贻桅、杨益、李岩、田健等参与了资料整理。

由于笔者水平有限，书中难免有不足之处，恳请广大读者批评指正。

编著者

目录

中国制造
2025

第1章

概　述

1.1 金属增材制造技术

增材制造技术是指根据三维数字模型，采取逐层叠加的方式直接加工出零件的一类技术，也称作三维（3D）打印、直接数字化制造、快速原型等，是20世纪80年代后期发展起来的一项新兴前沿技术，被认为是制造技术领域的一次重大突破。不少专家认为，增材制造具有数字化、网络化、个性化和定制化等特点，以其为代表的新制造技术将推动第三次工业革命[1]。

直接制造金属零件及部件，甚至是组装好的功能性金属零件，无疑是制造业对增材制造技术提出的终极目标。早在20世纪90年代增材制造技术发展的初期（当时称为“快速原型制造技术”或“快速成形技术”），研究人员便已经尝试基于各种快速原型制造方法制备非金属原型，通过后续工艺实现了金属零件的制备[2]。与立体光造型（Stereo Lithography，SLA）、叠层制造（Laminated Object Manufacturing，LOM）、熔融沉积成形（Fused Deposition Modeling，FDM）、三维打印（Three-Dimensional Printing，3DP）等快速原型制造技术相比，激光选区烧结技术（Selective Laser Sintering，SLS）由于其使用粉末材料的特点，为制备金属零件提供了一种最直接的可能。SLS技术利用激光束扫描照射包覆有机胶黏剂的金属粉末，获得具有金属骨架的零件原型，通过高温烧结、金属浸润、热等静压等后续处理，烧蚀有机胶黏剂并填充其他液态金属材料，从而获得致密的金属零件。随着大功率激光器在快速成形技术中的逐步应用，SLS技术随之发展到激光选区熔化技术（Selective Laser Melting，SLM）。SLM技术利用高能量的激光束照射预先铺覆好的金属粉末材料，将其直接熔化并凝固、成形，获得金属制件。在SLM技术发展的同时，基于激光熔覆技术逐渐形成了金属增材制造技术研究的另一重要分支——激光快速成形技术（Laser Rapid Forming，LRF）或激光立体成形技术（Laser Solid Forming，LSF），国内习惯称这类成形技术为激光近净成形技术（Laser Engineering Net Shaping，LENS）。该技术起源于美国Sandia国家实验室的LENS技术，利用高能量激光束将与光束同轴喷射或侧向喷射的金属粉末直接熔化为液态，通过运动控制将熔化后的液态金属按照预定的轨迹堆积凝固成形，获得尺寸和形状非常接近于最终零件的“近形”制件，经过后续的小余量加工以及必要的后处理获得最终的金属制件。SLM 技术和 LENS 技术作为金属增材制造技术的两个主要研究热点，引领着当前金属增材制造技术的发展。由于具有极高的制造效率、材料利用率以及良好的成形性能等优势，金属增材制造技术从一开始便被应用于高性能和稀有金属材料零部件的制造。经过 20 余年的发展，国内金属增材制造技术在材料、工艺、装备以及成形性能等各个方面均取得了长足的发展，在结构复杂、材料昂贵的产品，以及小批量定制生产方面，成本、效率和质量优势突出，并且已经在航空航天等高端制造领域实现了初步应用。

除了上述两种金属增材制造方式，还有另外两种金属增材制造方式也得到了广泛的关注：电子束选区熔化技术（Electron Beam Selective Melting，EBSM）和电子束熔丝沉积技术（Electron Beam Free Form Fabrication，EBF^3）。其中 SLM 和 EBSM 的材料填充方式均基于粉床，制造复杂精密结构件具有优势，但目前该类技术存在产品尺寸小（一般小于 300mm），加工效率低，对金属粉末性能要求高，生产成本高昂等问题。LENS 和 EBF^3 技术的材料填充方式分别基于送粉和送丝，更适合于中大型零件的快速制造[3]。

1.1.1 激光选区熔化（SLM）

激光选区熔化技术是集计算机辅助设计、数控技术、增材制造于一体的先进制造技术。采用 SLM 技术可直接制造精密复杂的金属零件，是增材制造技术的主要发展方向之一。激光选区熔化技术利用直径 30～50μm 的聚焦激光束，把金属或合金粉末逐层选区熔化，堆积成一个冶金结合、组织致密的实体。采用激光选区熔化技术，可以实现精密零件及个性化、定制化器件的制造。该技术不像传统的金属零件制造方法那样，需要制作木模、塑料模和陶瓷模等，可以直接制造金属零件，大大缩短了产品开发周期，减少了开发成本。SLM 技术的发展给制造业带来了无限活力，尤其是给快速加工、快速模具制造、个性化医学产品、航空航天零部件和汽车零配件生产行业的发展注入了新的动力[4]。

(1) 工艺原理

激光选区熔化工艺过程如图 1-1 所示。首先将三维 CAD 模型切片离散并规划扫描路径，得到可控制激光束扫描的路径信息。其次计算机逐层调入路径信息，通过扫描振镜控制激光束选择性地熔化金属粉末，未被激光照射区域的粉末仍呈松散状。加工完一层后，粉缸上升，成形缸降低切片层厚的高度，铺粉辊将粉末从粉缸刮到成形平台上，激光将新铺的粉末熔化，与上一层熔为一体。重复上述过程，直至成形过程完成，得到与三维实体模型相同的金属零件[5]。

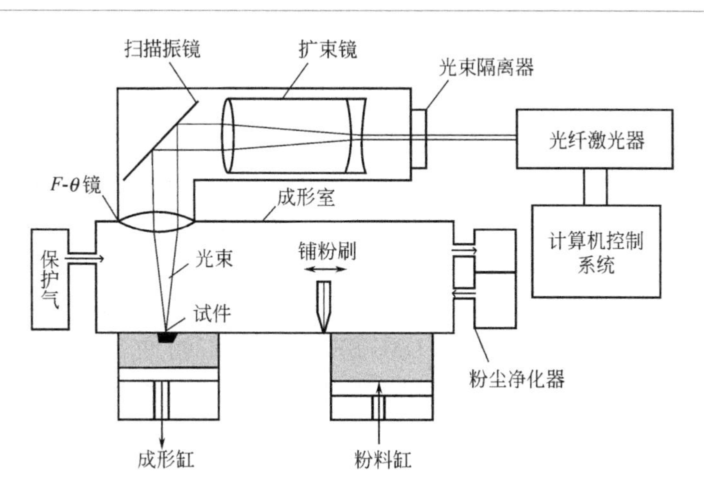

图 1-1 典型的双缸 SLM 工艺过程

(2) 材料与精度

激光选区熔化能够直接由三维实体模型制成最终的金属零件，对于复杂金属零件，无须制作模具。使用材料目前主要包括钴合金、镍合金、钢、铝合金和生物医用合金。粉末主要是气雾化球形粉，粒径 10～50μm。该工艺加工层厚 20～50μm，激光光束小，微熔池特征尺寸在 100μm 左右，所以精度一般为 0.05～0.1mm，表面粗糙度 10～20μm，可以满足大部分无需装配的金属零件快速制造，也是目前精度最高的金属增材制造工艺。

(3) 应用领域

SLM 工艺适合加工形状复杂的零件，尤其是具有复杂内腔结构和具有个性化需求的零件，适合单件或者小批量生产。目前国外 EOS 公司、SLM Solutions 公司、Concept Laser 公司和 MCP 公司已经将 SLM 工艺应用到航空航天、汽车、家电、模具、工业设计、珠宝首饰、医学生物等方面，国内华中科技大学、华南理工大学等单位在生物医学、工业模具和个性化零部件等方面开展了应用研究[6]。

(4) 成形装备

激光选区熔化成形设备主要由激光器、光路传输单元、密封成形室（包括铺粉装置）、机械单元、控制系统、工艺软件等几个部分组成。激光器是 SLM 成形设备的核心部件，直接决定了 SLM 零部件的质量。目前国内外的 SLM 成形设备主要采用光纤激光器，其光束质量 $M^2<1.1$，光束直径内能量呈现高斯分布，具有效率高、使用寿命长、维护成本低等特点，是 SLM 技术的最好选择。

在SLM装备生产方面，主要集中在德国、英国、日本、法国等国家。其中，德国是从事SLM技术研究最早与最深入的国家。第一台SLM设备是1999年德国Fockele和Schwarze（F&S）研发的，这是与德国弗朗霍夫研究所一起研发的基于不锈钢粉末的SLM成形设备。2004年，F&S与原MCP（现为MTT公司）一起发布了第一台商业化激光选区熔化设备MCP Realizer 250，后来升级为SLM Realizer250；2005年，高精度SLM Realizer100研发成功。自从MCP发布了SLM Realizer设备后，其他设备制造商（Trumph，EOS和Concept Laser）也以不同名称发布了他们的设备，如直接金属烧结（DMLS）和激光熔融（LC）。其中EOS发布的DMLSEOSINT M290也是目前金属成形最常见的机型。图1-2给出了目前国际上主要的SLM成形装备。

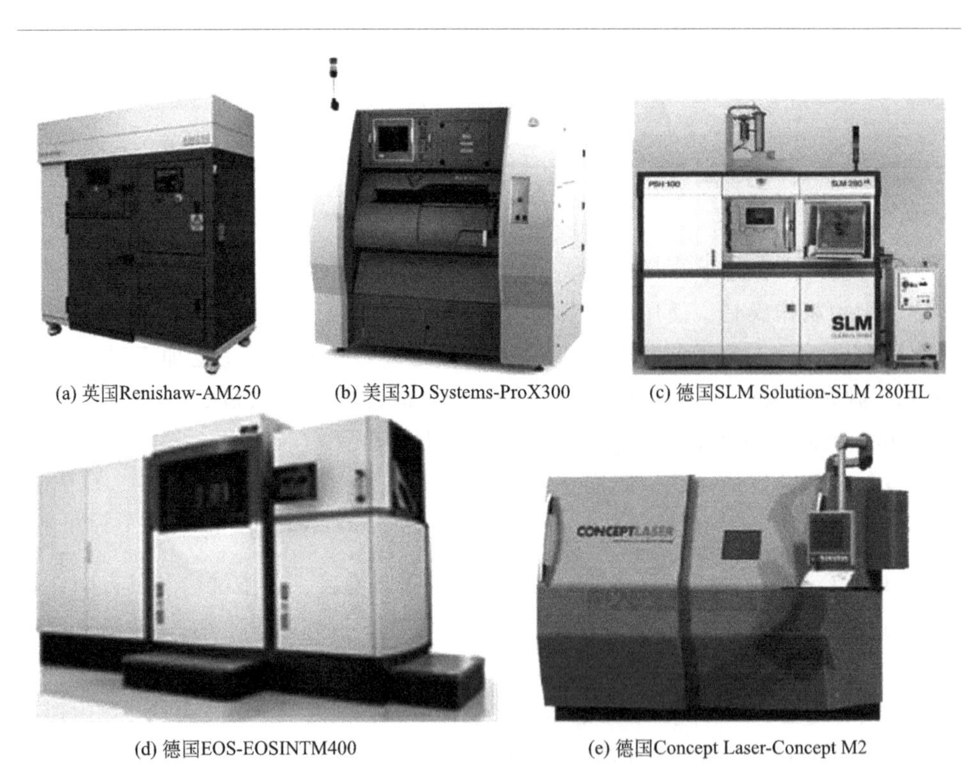

(a) 英国Renishaw-AM250
(b) 美国3D Systems-ProX300
(c) 德国SLM Solution-SLM 280HL
(d) 德国EOS-EOSINTM400
(e) 德国Concept Laser-Concept M2

图1-2 国际上主要SLM装备

在我国，华中科技大学快速制造中心于2003年推出了采用半导体泵浦150W YAG激光器和采用100W光纤激光器的SLM设备，拉开了我国对SLM研究的序幕。2007年，华南理工大学在DiMteal-240基础上，开发出第二代SLM设备DiMteal-280，该设备采用的激光器为Yb光纤激光器，光斑直径50～200μm，典型扫描速度 200～600mm/s，制品尺寸精度 20～100μm。北京航空制造工程研究所开发出大台面 SLM 设备样机 LSF-M360，成形范围达 350mm×350mm×400mm。目前，国内 SLM 设备研究取得了一定进展，但是国内 SLM 设备的关键部件，如激光器、聚焦镜、高速扫描振镜等仍以进口为主。

（5）关键技术

SLM 工艺主要包括激光光路优化以及成形零部件致密度、表面质量、尺寸精度、残余应力、强度和硬度的控制。研究表明，SLM 工艺的影响因素有上百个，其中有 10 多个因素具有决定作用。工艺参数组合的选择能够决定成形质量的好坏，甚至成形过程的成败。

1.1.2 激光近净成形

激光近净成形技术（Laser Engineering Net Shaping，LENS）是将信息化增材成形原理与激光熔覆技术相结合，通过激光熔化/快速凝固逐层沉积“生长/增材制造”，由零件 CAD 模型一步完成全致密、高性能整体金属结构件的“近净成形”[7]。目前国际上提及的激光立体成形（Laser Solid Forming，LSF）、激光熔化沉积（Laser Melted Deposition，LMD）、激光快速成形（Laser Rapid Forming，LRF）、激光增材制造（Laser Additive Manufacturing，LAM）、光控制造（Direct Light Fabrication，DLF）和激光固化（Laser Consolidation，LC）等均属于这类工艺的范畴。

（1）工艺原理

激光近净成形技术的基本过程如图 1-3 所示。首先在计算机中生成零件的三维 CAD 实体模型，然后将模型按一定的厚度切片分层，即将零件的三维形状信息转换成一系列二维轮廓信息，随后在数控系统的控制下，用同步送粉激光熔覆的方法将金属粉末材料按照一定的填充路径在一定的基材上逐点熔化，重复这一过程逐层堆积形成三维实体零件。原则上也可以采用同步送丝激光熔覆的方法来成形零件[8]。

（2）材料及精度

激光近净成形技术以成形可直接使用的能够承载力学载荷的金属零件为目标，不仅关注其三维成形特性，同时也注重成形件的力学性能。这项技术成形材料广泛，目前主要包括钛合金、高温合金、钢和难熔合金等，从理论上讲，任何能够吸收激光能量的粉末材料都可以用于激光近净成形工艺。同时，同步送粉/丝的材料送进特点，使得激光近净成形技术还能够制造具有结构梯度和功能梯度的复合材料。目前这项技术一般还需要进行少量的后续机械加工才能最终完成零件的制造，其精度较 SLM 工艺低。

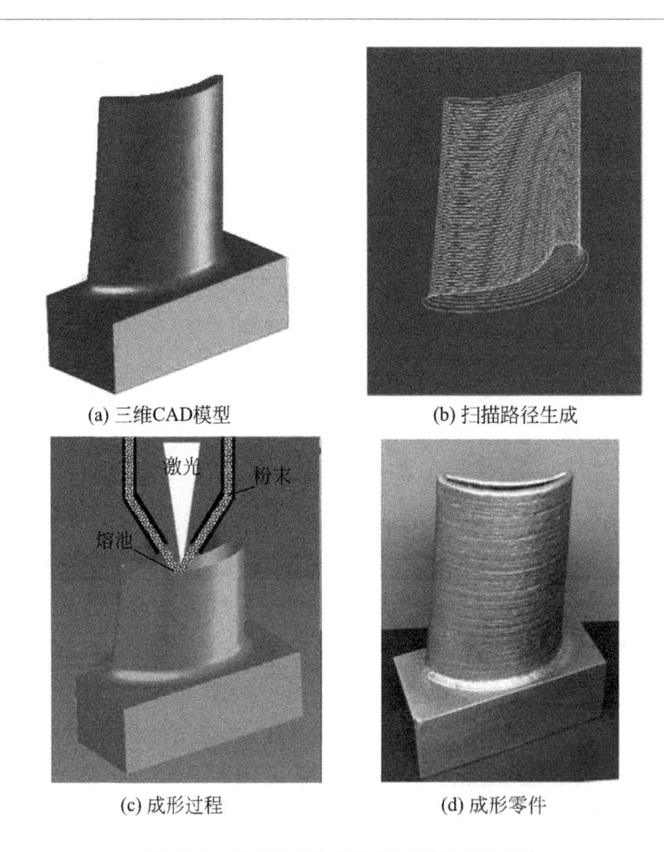

(a) 三维CAD模型　(b) 扫描路径生成　(c) 成形过程　(d) 成形零件

图 1-3　激光近净成形技术过程示意图

(3) 应用领域

由于激光近净成形零件的性能可以达到锻件水平（表 1-1），而且能够直接成形制造具有复杂结构的零件，国外众多的研究机构和研究者，包括美国 Sandia 国家实验室和 Los Alamos 国家实验室，美国密歇根大学 Mazumder 教授的研究组，英国利物浦大学 Steen 教授的研究组，瑞士洛桑理工学院 Kurz 教授的研究组，加拿大国家研究委员会，英国伯明翰大学交叉学科研究中心，美国南卫理工大学先进制造研究中心，美国 AeroMet 公司和 Optomec 公司等，都已将激光近净成形技术推广应用于航空、航天、医学植入体、船舶、机械、能源和动力等领域的复杂整体构件的高性能直接成形和快速修复等。几乎与国外同步，国内的西北工业大学、北京航空航天大学和西安交通大学等院校同样在航空、航天、能源、动力、生物医疗等领域就激光近净成形技术进行了大量的成功应用及示范推广。不过，总体来说，激光近净成形技术应用最为广泛的领域还是航空航天领域。需要指出的是，从具体零件制造的角度，激光近净成形的增材制造原理决定了该技术尤其适用于需要去除大量材料才能完成的几何形状复杂的零件的制造。图 1-4 列出了零件结构特点相对激光近净成形技术的适宜度。对于具有图 1-4(b)～(d) 所示结构特点的金属零件，相比于传统加工方法，采用激光近净成形将大幅度降低制造成本、缩短加工周期，从而为产品制造商带来巨大效益。除此之外，重大装备高性能零部件低成本快速修复及再制造也是激光近净成形技术的一个重要应用领域。

表 1-1 激光近净成形金属材料的室温力学性能

材料	成形工艺及状态	σ_b/MPa	$\sigma_{0.2}$/MPa	δ/%
Ti6Al4V	激光近净成形沉积态	955～1000	890～955	10～18
	激光近净成形热处理态	1050～1130	920～1080	13～15
	锻件标准	≥895	≥825	≥8～10
	美国 AeroMet 公司数据	896～999	827～896	9～12
Inconel 718	激光近净成形热处理态	1350～1380	1100～1170	17.5～33.5
	锻件标准	≥1240	≥1030	≥6～12
17-4PH	激光近净成形热处理态	1045～1358	990～1250	14.6～16.1
	锻造标准	≥930～1310	≥725～1180	≥10～16
300M	激光近净成形热处理态	1895～1965	1748～1849	5.5～8
	锻造标准	≥1862	≥1517	≥8

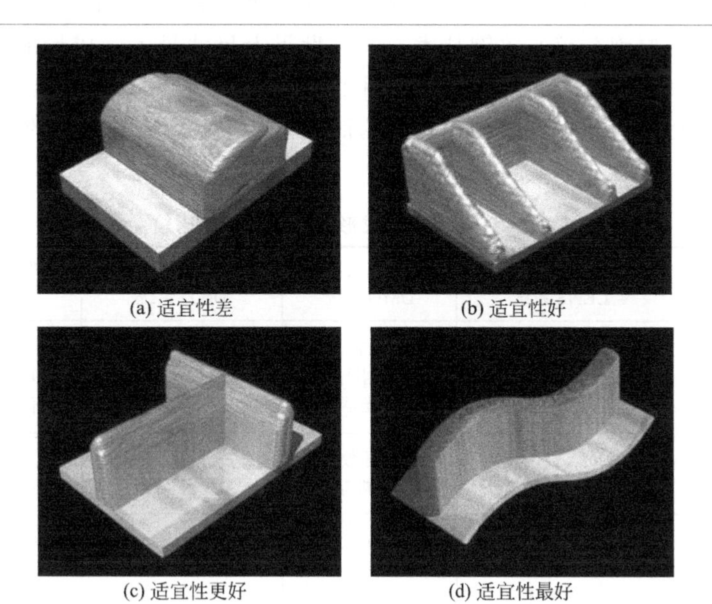

(a) 适宜性差　(b) 适宜性好　(c) 适宜性更好　(d) 适宜性最好

图 1-4 激光近净成形技术适宜的零件结构

(4) 成形装备

作为一种涉及激光、数控、计算机、材料等多学科交叉集成的先进新技术，激光近净成形技术的发展也伴随着专用装备技术的发展。激光近净成形的技术水平不仅取决于相关的科学技术研究基础，也取决于装备的技术水平。目前，在激光近净成形方面，国际上只有Optomec公司的LENSTM系统、POM和Trumpf公司的DMDTM系统、西北工业大学开发的LSF系统有商品化产品。其中，西北工业大学于1995年开始在国内率先提出以获得极高性能（相当于锻件）构件为目标的激光近净成形的技术构思，并持续进行了激光近净成形技术的系统化研究工作，形成了包括材料、工艺、装备和应用技术在内的完整的技术体系。到2012年为止，西北工业大学已向多家国内外航空航天领域大型企业和研究院所销售了激光近净成形与修复装备。目前，西北工业大学已经开发出了具有核心自主知识产权的系列固定式和移动式激光立体成形工艺装备。针对不同应用特点，分别采用CO_2气体激光器、YAG固体激光器、光纤激光器和半导体激光器，成形气氛中氧含量可控制在10×10^{-6}以内，具有熔池温度、尺寸和沉积层高度的实时监测和反馈控制系统，配备自主开发的材料送进装置、成形CAPP/CAM及集成控制软件，能够实现多种金属材料，包括高活性的钛合金、铝合金和锆合金复杂结构零件的无模具、快速、近净成形以及修复再制造。北京航空航天大学则针对大型钛合金零件的激光近净成形，提出了“外置式”大型激光近净成形成套装备设计思路及其柔性密封方法，自主研制出具有“原创”核心关键技术，迄今世界上尺寸最大、成形能力达4m×3m×2m的激光近净成形成套装备。图1-5给出了目前国际上主要的激光近净成形装备。目前，技术成熟度比较高的商业化激光近净成形装备的主要特性如表1-2所示。

表1-2 激光近净成形装备主要特性比较

项目	Optomec公司 LENS系统	POM公司 DMD系统	Trumpf公司 DMD系统	西北工业大学 LSF系统
光源	500W～4kW YAG或光纤激光器	1kW 盘式/半导体 激光器	2～6kW CO_2激光器	300W～8kW CO_2/YAG/光纤/ 半导体激光器
运动系统	五坐标数控机床	五坐标数控 机床/机器手	五坐标数控 系统/机器手	三至五坐标数控 系统/机器手
沉积效率	5～50cm^3/h	10～70cm^3/h	10～160cm^3/h	5～500cm^3/h
熔覆材料	金属粉末	金属粉末	金属粉末	金属粉末

续表

项目	Optomec 公司 LENS 系统	POM 公司 DMD 系统	Trumpf 公司 DMD 系统	西北工业大学 LSF 系统
材料利用率	—	约 75%	—	约 80%
成形零件最大外廓尺寸/mm	$L900\times W1500\times H900$	$L300\times W300\times H300$	$L2000\times W1000\times H750$	$L5000\times W2500\times H600$
气氛氧含量	$\leqslant 10\times10^{-6}$	可配真空加工室	无气氛加工室	$5\times10^{-6}\sim 100\times10^{-6}$ 可控
监测环节	有	无	无	有

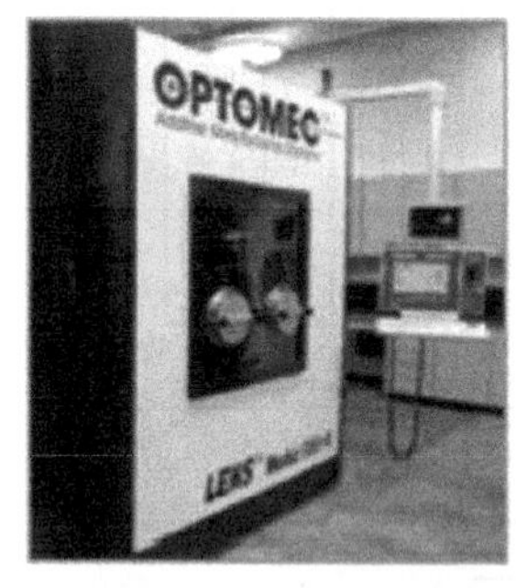

(a) Optomec公司-LENS850R装备

(b) POM公司-DMD150D装备

(c) Trumpf-DMD 505装备

(d) 西北工业大学-LSF-V装备

(e) LMD装备

图 1-5 国际上主要的激光近净成形装备

(5) 关键技术

激光近净成形技术总体思路是：信息化增材成形过程中，使金属材料逐点堆积而成的复杂结构实体零件的形状、成分、组织和性能得到最优化控制，同步实现金属零件的快速自由精确成形和高强度控制目标。为达此目标，必须建立相关的材料科学与技术、过程科学与技术和工程科学与技术的激光近净成形的整体科学与技术架构，突破激光熔池温度和几何形状控制技术、应力与变形控制技术、组织和性能控制技术及冶金缺陷控制和检测技术，如图 1-6 所示。

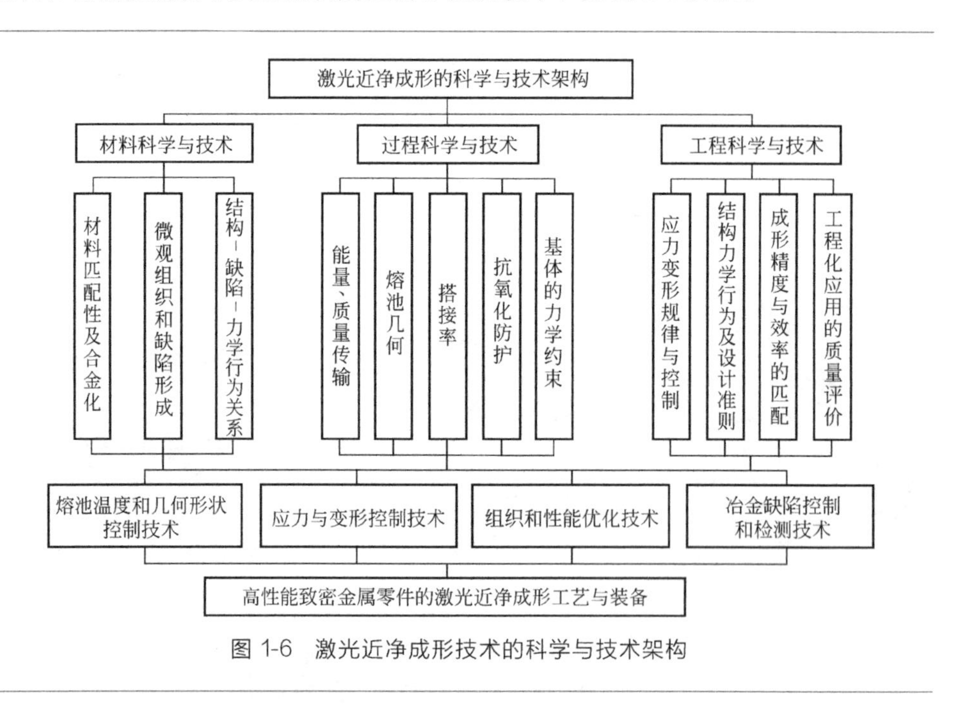

图 1-6 激光近净成形技术的科学与技术架构

1.1.3 电子束熔丝沉积

电子束熔丝沉积技术（Electron Beam Free Form Fabrication，EBF[3]），又称为电子束直接制造技术（Electron Beam Direct Manufacturing，EBDM），是一种利用金属丝材作为原材料直接制造大型复杂金属结构的新型增材加工技术，具有成形速度快（最高可达 20kg/h），保护效果好（真空环境）、无需模具的特点。该工艺最初为美国航空航天局（NASA）兰利研究中心开发，其合同商 Sciaky 是当前该工艺开发方面的最领先公司，目前已经加入 DARPA“创新金属加工—直接数字化沉积（CIMP-3D）”中心的研究。

（1）工艺原理

电子束熔丝沉积技术的工作原理如图 1-7 所示，在真空环境中，利用高能量密度的电子束熔化送进的金属丝材，按照计算机预先规划的路径层层堆积，形成致密的冶金结合，直至制造出近净成形的零件与毛坯。由于成形速度快，往往尺寸精度及表面质量不高，成形后还需进行少量的数控加工。适用于航空航天飞行器大型整体金属结构的快速、低成本制造[9]。

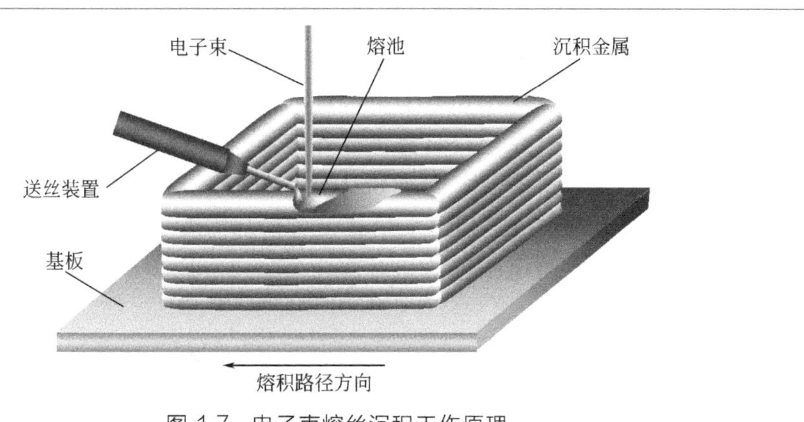

图 1-7 电子束熔丝沉积工作原理

(2) 材料与精度

电子束熔丝沉积技术适用的金属材料有钛合金、铝合金、镍基合金、高强钢等。美国航空航天局兰利研究中心针对 2219、2319 铝合金开展了大量的研究，通过后期的热处理，性能能够达到锻造铝合金水平。Boeing、Lockheed Martin 等公司与 Sciaky 公司针对 Ti6Al4V 合金共同进行了测试评估，在 AMS4999 标准中规定了针对 EBF^3 成形 Ti6Al4V 合金的技术要求。国内北京航空制造工程研究所针对钛合金、超高强度钢开展了研究。其中 TC4 合金的研究较为成熟，目前已开发出 900MPa 级、930MPa 级 TC4 合金材料，以及 TA15、TC11、TC17、TC18、TC21、A100 钢等专用合金材料。相应的材料还要与成形工艺及热处理工艺配合才能达到预期的性能。大量测试表明，电子束熔丝沉积成形的 TC4 合金综合性能能够达到 TC4 自由锻及模锻件水平。目前，采用 TC4 合金研制的部分零件已经装机使用。在成形精度方面，电子束熔池较深，可有效消除层间未熔合现象，获得的制品内部质量可达到 AA 级。但是精度略低，与 LENS 工艺一样，需要后续机加工提高加工精度。

(3) 成形装备

电子束熔丝沉积成形设备主要由真空室及真空机组、电子枪及高压电源、送丝系统、多自由度运动机构、监控系统及控制软件构成。其关键装置是高可靠电子枪及电源和成形过程在线监控系统。

(4) 应用范围

该技术沉积效率高，特别适用于大型结构件制造，主要用于航空航天领域。

该工艺可替代锻造技术，大幅降低成本和缩短交付周期。它不仅能用于低成本制造和飞机结构件设计，也为宇航员在国际空间站或月球、火星表面加工备用结构件和新型工具等提供了一种便捷的途径。

目前，世界上进行电子束熔丝沉积设备开发的单位主要有美国航空航天局兰利研究中心、美国 Sciaky 公司以及中国的北京航空制造工程研究所（625 所）。

与电子束焊接设备相比，电子束熔丝沉积设备的自由度较多，且必须有 Z 向升降功能；具有送丝系统；具有多层连续堆积功能。电子束熔丝沉积设备的送丝系统由储丝轮、矫直机、送丝机、导丝软管、对准装置及出丝导嘴组成，如图 1-8 所示。无论定枪式还是动枪式设备，都需要固定丝端与熔池的相对位置，即固定出丝导嘴与电子枪的相对位置。

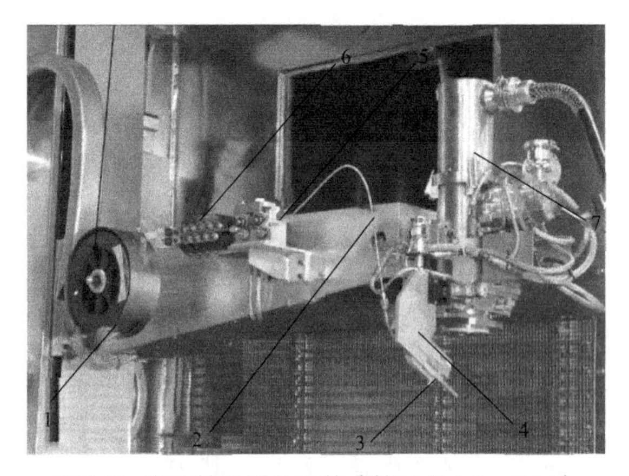

图 1-8 电子枪及送丝系统（美国 Sciaky 公司）

1—储丝轮；2—导丝软管；3—对准装置；4—出丝导嘴；5—送丝机；6—矫直机；7—电子枪

Sciaky 公司的专业电子束熔丝沉积设备见图 1-9，其具有以下特点：运动系统自由度多（最多达到 7 个），能够加工十分复杂的零件；功率大，达 60kV/42kW，因而成形速度快（最高可达 20kg/h）；具有熔池温度监控、送丝精度控制、成形工艺模拟与优化等功能，其最大加工能力达到 5.8m×1.2m×1.2m。

北京航空制造工程研究所于 2006 年开发了国内第一台 EBF^3 设备样机，在此基础上，于 2010 年研制了一台大型工程应用型 EBF^3 设备，该设备采用真空室内动枪结构，电子枪功率为 60kV/60kW，有效加工范围 2.1m×0.6m×0.85m，具有 X、Y、Z 三个自由度和双通道送丝系统，见图 1-10。正在开发的大型立式设备基本参数为：电子枪 60kV/15kW，真空室 $46m^3$，有效加工范围 1.5m×0.8m×3m，5 轴联动，双通道送丝，具有独特的丝材快速补给系统，可以大大提高加工效率，如图 1-11 所示。

(a) 5坐标设备

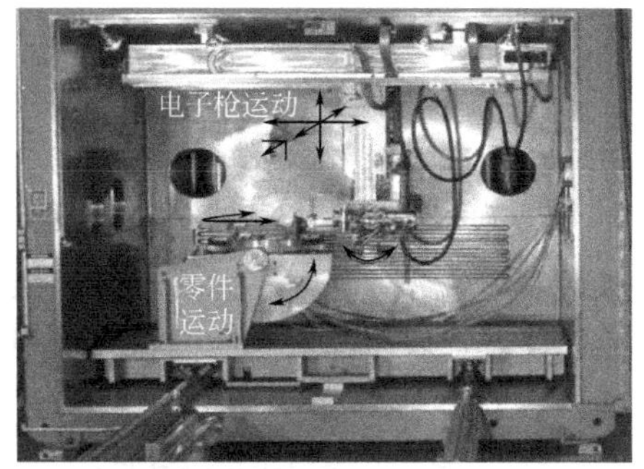

(b) 6坐标设备

图 1-9 美国 Sciaky 公司的专业电子束熔丝沉积设备

图 1-10 北京航空制造工程研究所的 60kV/60kW 动枪式 EBF^3 设备

图 1-11 北京航空制造工程研究所的 60kV/15kW 大型立式 EBF^3 设备

(5) 关键技术

电子束熔丝沉积技术具有两大关键技术。

① 成形过程在线监测与实时反馈技术。通过对熔池温度、零件温度、零件尺寸等进行实时监测，并调整成形参数，以保证丝材的高速稳定熔凝。

② 成形材料性能综合调控技术。影响材料力学性能的主要因素有化学成分、成形工艺及后处理，不同材料的性能影响机制有较大差异，为了获得良好的综合力学性能，需要针对不同的材料分别开展研究。

1.1.4 电子束选区熔化

电子束选区熔化成形技术（Electron Beam Selective Melting，EBSM）是利用电子束为能量源，在真空保护下高速扫描加热预置的粉末，通过逐层熔化叠加，直接自由成形多孔、致密或多孔-致密复合三维产品的技术[10]。

(1) 工艺原理

电子束选区熔化成形技术的工作原理如图 1-12 所示。首先，在工作台上铺一薄层粉末，电子束在电磁偏转线圈的作用下由计算机控制，根据制件各层截面的 CAD 数据有选择地对粉末层进行扫描熔化，未被熔化的粉末仍呈松散状，可作为支撑；一层加工完成后，工作台下降一个层厚的高度，再进行下一层铺粉和熔化，同时新熔化层与前一层熔合为一体；重复上述过程，直到制件加工完后从真空箱中取出，用高压空气吹出松散粉末，得到三维零件[11]。

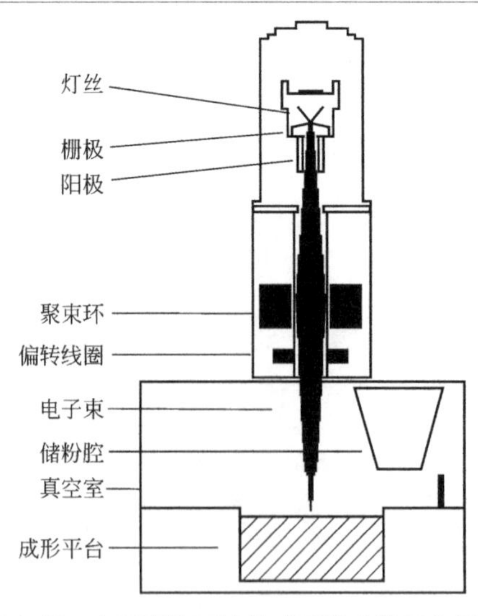

图 1-12 电子束选区熔化成形技术的工作原理

(2) 材料与精度

电子束选区熔化技术可成形多种金属材料，由于具有高真空保护、电子束能量利用率高及成形残余应力小等特点，该技术尤其适用于成形稀有难熔金属及脆性材料。目前，CoCrMo、316L不锈钢，TC4、TA7、纯Ti等钛合金，Inc718、Inc625等高温合金，Ti2AlNb、TiAl等金属间化合物的研究已较为成熟，正在开发的主要有新型生物医用金属材料、MoSiB系金属间化合物、SiC增强复合材料等。就成形精度而言，瑞典Arcam公司的成形设备成形零件精度±0.3mm。

(3) 应用领域

该技术可成形几乎所有金属材料以及金属间化合物等脆性材料，可精确成形多孔、致密或多孔-致密复合结构，在航空航天、医疗、石油化工及汽车等领域有巨大需求。

(4) 成形装备

最早的集成化电子束选区熔化成形设备是由瑞典Arcam公司开发的EBM S-12和EBM S-12T，该公司拥有电子束选区熔化成形设备多项核心专利，并提供系列成形设备。商业化的A1和A2两个型号分别用于医疗以及航空航天领域，近期针对医疗批量生产的Q10也已投入市场。西北有色金属研究院、中科院沈阳金属研究所先后引进瑞典Arcam公司A2及A1设备，最大成形尺寸可达ϕ300mm×200mm、成形零件精度±0.3mm。国内清华大学与西北有色金属研究院在电子束选区熔化成形装备方面进行了研究，清华大学研制出了国内第一台EBSM-150装置，取得国内多项专利，并与西北有色金属研究院联合开发研制了第二代EBSM-250成形系统（图1-13)，最大成形尺寸可达230mm×230mm×250mm（长×宽×高)，成形零件精度±1mm。清华大学同时开发了电子束选区熔化工艺的控制软件，实现了电子束选区熔化工艺加工过程的控制、CLI文件层片信息处理、系统手动调试、参数管理等功能。但是，相对于国外，国内电子束成形设备还不成熟，在电子枪、扫描偏转、智能化等方面与国外差距较大。表现在扫描速度、范围、精度、能量密度分布等方面，同时缺少扫描加热温度场控制核心算法及实时监测和反馈装置，在CAPP/CAM、集成控制及专家系统软件方面明显不足，造成复杂零件长时间成形过程稳定性差，易形成缺陷及组织不均匀等问题，所以，在电子束选区熔化成形设备工程化方面急需推进。

(5) 关键技术

EBSM技术虽然取得了快速发展，但离规模化应用相差甚远，需解决的关键技术包括但不局限于如下几点。

① 适用于EBSM的专用合金成分设计，以适应真空条件下非平衡瞬态凝固过程。

② 适用于EBSM的专用粉末制备技术，以满足EBSM送、铺粉过程需要并避免吹粉、球化现象。

③ 多枪协同扫描技术，以扩大成形零件尺寸。

④ 集成精密电子束成形与电火花精铣技术，以达到高精度要求。

图1-13 清华大学与西北有色金属研究院联合开发的EBSM-250成形系统

1.2 金属粉床激光选区熔化增材制造技术

SLM技术实际上是在激光选区烧结（Selective Laser Sintering，SLS）技术基础上发展起来的一种激光增材制造技术。SLS技术最早由得克萨斯大学奥斯汀分校（University of Texas at Austin）提出，但是在SLS成形过程中存在粉末连接强度较低的问题，为了解决这一问题，1995年德国弗劳恩霍夫（Fraunhofer）激光技术研究所提出了基于金属粉末熔凝的选区激光熔化技术构思，并且在1999年研发了第一台基于不锈钢粉末的SLM成形设备，随后许多国家的研究人员都对SLM技术开展了大量的研究。

SLM技术集成了先进的激光技术、计算机辅助设计与制造（CAD/CAM）技术、计算机控制技术、真空技术、粉末冶金技术。SLM技术的出现给复杂金属零件的制造带来了一场革命。当前，SLM技术的研究正成为热点，并受到国内外学术界和制造界的广泛重视。在国外，研究SLM的国家主要集中在德国、日本、比利时、法国等。其中德国是研究该技术最早、技术最成熟的国家。德国的 MCP 公司和 EOS 公司、法国的 Phenix 公司推出了商品化的激光熔化成形设备，并在国际上处于领先地位。国内从事 SLM 设备与工艺研发的单位主要有华中科技大学快速成形中心、华中科技大学激光技术国家重点实验室、华南理工大学、南京航空航天大学等。

目前，SLM 技术在国内外已经用于航空航天、生物医学、军事装备等领域关键零部件的制造，并取得了一些成果。但是，由于 SLM 伴随复杂的物理化学冶金等过程，成形时易产生球化、孔隙、裂纹等缺陷；同时，成形材料的广泛性也受到限制。这些因素严重影响了 SLM 技术的推广与应用。本节对 SLM 技术涉及的关键理论问题，如球化、孔隙、成形材料等基础理论问题进行简单介绍。

1.2.1 球化

在 SLM 过程中，金属粉末经激光熔化后如果不能均匀地铺展于前一层，而是形成大量彼此隔离的金属球，这种现象被称为 SLM 过程的球化现象[12]。球化现象对 SLM 技术来讲是一种普遍存在的成形缺陷，严重影响了 SLM 成形质量，其危害主要表现在以下两个方面。

① 球化的产生导致了金属件内部形成孔隙。由于球化后金属球之间都是彼此隔离开的，隔离的金属球之间存在孔隙，大大降低了成形件的力学性能，并增加了成形件的表面粗糙度，如图 1-14 所示。

② 球化的产生会使铺粉辊在铺粉过程中与前一层产生较大的摩擦力。这不仅会损坏金属表面质量，严重时还会阻碍铺粉辊，使其无法运动，最终导致零件成形失败。

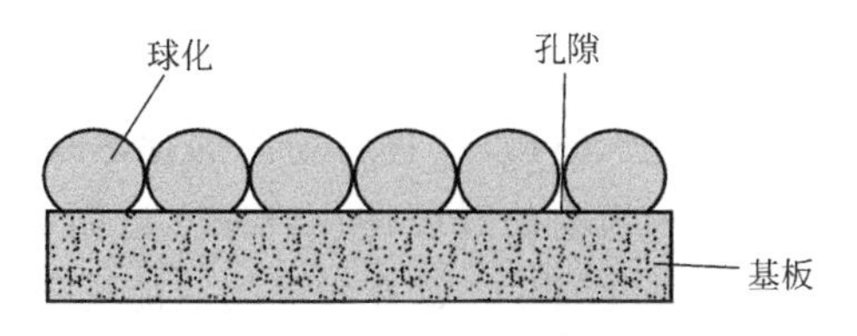

图 1-14 球化形成孔隙示意图

球化现象产生归结为液态金属与固态表面的润湿问题[4]。图 1-15 所示为熔池与基板润湿状况示意图。三应力接触点达到平衡状态时合力为零，即

$$\sigma_{V/S}=\sigma_{L/V}\cos\theta+\sigma_{L/S} \tag{1-1}$$

式中，θ 为气液间表面张力 $\sigma_{L/V}$ 与液固间表面张力 $\sigma_{S/L}$ 的夹角。

当 $\theta<90°$时，SLM 熔池可以均匀地铺展在前一层上，不形成球化；反之，当 $\theta>90°$时，SLM 熔池将凝固成金属球后黏附于前一层上。这时，$-1<\cos\theta<0$，可以得出球化时界面张力之间的关系为

$$\sigma_{V/S}+\sigma_{L/V}>\sigma_{L/S} \tag{1-2}$$

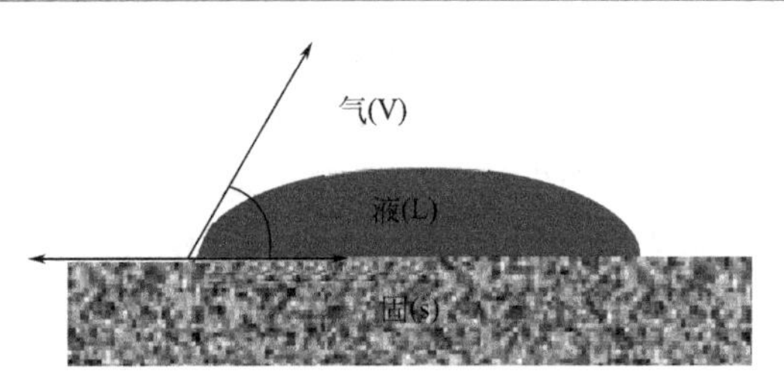

图 1-15 熔池与基板的润湿示意图

由此可见，对激光熔化金属粉末而言，液态金属润湿后的表面能小于润湿前的表面能，从热力学的角度上讲，SLM 的润湿是自由能降低的过程。产生球化的原因主要是吉布斯自由能的能量最低原理。金属熔池凝固过程中，在表面张力的作用下，熔池形成球形以降低其表面能。目前，SLM 球化的形成过程、机理与控制方法是技术难点。

白俄罗斯科学院的 Tolochko 学者研究了激光与金属粉末作用时球化形成的具体过程[13]。该研究将球化过程分别描述为几种典型的形状——碟状、杯状、球状，并分析了它们各自形成的机理。但是 SLM 过程涉及复杂的线、面、体成形，该研究并没有指出 SLM 在多层成形过程中球化的形成特点、机理与控制方法。

南京航空航天大学的顾冬冬博士研究了铜基合金与不锈钢在 CO_2 激光器直接成形时的球化行为，分析了球化产生的机理[14]。该研究指出铜基合金激光直接成形时的球化特征可分为以下几种类型：①由初始扫描道分裂形成的较为粗大的球体，被称作“第一线球化”，可以通过对粉床的预热来消除；②在较高的扫描速度下，熔化道进行纵向和横向的过度体积收缩，进而形成“收缩球化”，可以通过降低扫描速度来抑制球化发生；③在较高的线能量密度（高的激光功率和低的扫描速度）下，容易产生过多液相，从而产生“自球化”。激光成形不锈钢粉末时的球化可以分为两种类型：①在低的激光功率下，熔体具有较低的温度和不足的液相量，熔化道从而分裂为若干粗大的金属球，这种大尺寸球化可以采用较高激光功率来抑制；②在较高的扫描速度下，熔体易飞溅，从而形成大量微米级的细小金属球。

比利时鲁汶大学的 Kruth 教授自配了一种铁基复合粉末，分析了其 SLM 成

形过程的球化行为[15]。该研究首先指出：激光扫描道可以看作是半圆柱体，其长度与宽度的比值越大，熔化道则具有较大的比表面积，不利于熔化道与金属基体的润湿，从而形成球形；其次，研究了不同功率与速度下的球化特征并依次建立了加工窗口，结果表明较低的扫描速度与激光功率下能够得到较为平坦的表面，而不会产生球化；最后，该研究指出，球化的产生还与表面氧化有关，可以通过采用较高激光能量来打破连续的氧化膜，进而净化固/液界面，也可以采用添加脱氧剂（如磷铁）以降低表面张力。

伊朗 Simchi 学者分析了纯铁粉激光熔化成形时的表面状况，研究了不同扫描间距对球化的影响[16]。该学者同样指明球化是由于毛细不稳定性产生的，且伴随表面能的减少。通过减少扫描间距进行重复熔化，可以减少球化的产生，获得较平坦的成形件表面。

英国利兹大学的 Childs 学者研究了 SLM 成形时激光束单道扫描规律，在不同的扫描速度与激光功率下，建立了功率-速度-熔化线特性的加工窗口，从而揭示了球化的规律[17]。该加工窗口对于 SLM 多层成形时选择合适的加工参数具有重要指导作用。

综上所述，国内外针对 SLM 成形球化的系统研究并不多见，已有的报道主要针对表征与工艺的研究，缺乏对 SLM 多参数下的线、面、体过程球化现象的综合调控研究。

1.2.2 孔隙

SLM 技术的另一个重要缺陷是成形过程中容易产生孔隙，降低金属件的力学性能，严重影响 SLM 成形零件的实用性。SLM 的最终目标是制造出高致密的金属零件，因此，研究孔隙的形成以及孔隙率的影响因素对提高成形件性能，提升 SLM 技术的实用性具有非常重要的作用。目前，国内外学者在 SLM 孔隙率的研究方面主要集中在摸索工艺参数对孔隙率影响的经验规律，以选取合理的成形工艺制造出致密的金属零件。

伊朗 Simchi 学者在激光直接成形铁基粉末的孔隙率方面做了较为系统的研究，取得了一系列理论与实际成果[16]。该学者使用 EOS M250 设备进行成形参数与孔隙率关联性的研究。这种直接激光成形的机制为熔化/凝固机制，不需要对零件进行后处理，因此，这种成形技术与 SLM 成形本质是相同的，只是概念上的说法不同。由于 SLM 技术是基于线、面、体的成形思路，其致密化行为受到多种加工参数，如扫描速度 v、激光功率 P、切片层厚 d、扫描间距 h 的影响。这些参数可以用一个“体能量密度” $\psi=P/(vhd)$ 来表示。该学者指出，随着体能量密度的提高，成形件的相对致密度随之增加，但随着体能量密度更进一步提高，成形件相对致密度上升趋势减缓并趋近于某一固定值；最后，该学者通过数据拟合，指出成形件的相对致密度与能量密度满足指数关系，并推导出了致密化方程。

德国鲁尔大学 Meier 学者利用 MCP Realizer250 SLM 设备对不锈钢成形进行了研究[18]。图 1-16 为成形不锈钢件的抛光截面与表面形貌照片。

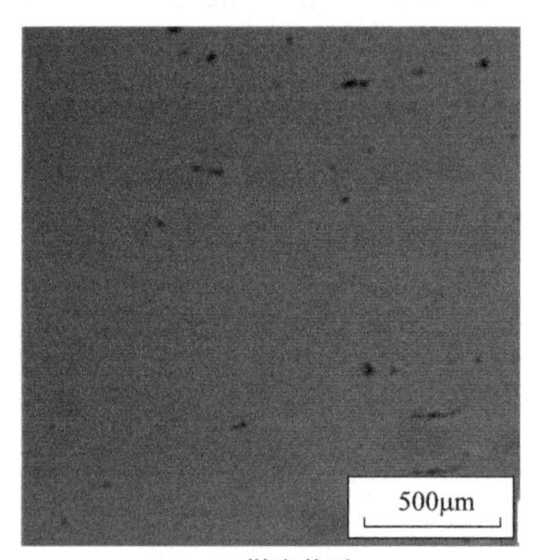
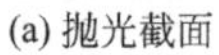
(a) 抛光截面

(b) 表面形貌

图 1-16　德国鲁尔大学利用 MCP Realizer 250 SLM 成形高致密金属件的微观照片

从图 1-16 可以看出，孔隙较少，表面熔化道搭接良好并较为平坦，因此该成形件具有接近 100%的相对致密度与较高的力学性能。该学者研究了不锈钢粉末 SLM 成形的相对致密度与加工参数的关系，得出了以下主要结论：高激光功率有利于成形出高密度的金属零件；高的扫描速度容易造成扫描线的分裂，低的扫描速度有利于扫描线的连续，促进致密化；能量密度的增大有利于成形件相对致密度的提高，但继续提高能量密度，相对致密度的增幅平缓并趋近于 100%。

南京航空航天大学顾冬冬等人研究了铜基合金的孔隙率与加工参数的关系[19]。该学者指出：体能量密度是影响孔隙的关键因素，较高的能量密度有利于致密化，消除孔隙，但过高的体能量密度反而会导致孔隙率的上升；因而要合理控制体能量密度，避免因能量输入不足或能量输入过高导致孔隙等成形缺陷。

类似于成形参数-孔隙率关联性的研究还有以下文献报道：日本大阪大学 Abe 等学者采用自主研发的 SLM 设备成形对 Ti 粉 SLM 成形相对致密度进行了研究，成形出了相对致密度为 96%的纯钛零件，并讨论了激光功率与扫描速度对相对致密度的影响[20]；新加坡国立大学的 Tang 学者研究了铜基合金直接激光成形的相对致密度与成形参数的关系，最高相对致密度达到 82.2%。

目前，利用 SLM 制造金属多孔材料及零件是另一个发展方向。这是因为金属多孔材料具有独特的物理性能，如低密度、高透过性、高热导率、良好的生物相容性，已被广泛用于过滤、热交换、生物医学、液体存储等领域。因此，研究在SLM成形条件下如何控制金属零件的孔隙率、形状、分布对发展SLM成形多孔材料具有重要的推进作用，目前已有文献对此报道。南京航空航天大学顾冬冬博士进行了多孔不锈钢激光成形的工作，研究了孔隙可控的工艺与形成机理。英国利物浦大学的Stamp等人研究了使用SLM技术进行空间三维编织，以成形孔隙可控的钛零件，可以应用在生物医学领域。

从以上综述可以看出，目前国内外在SLM孔隙的研究方面主要有以下两个方向。

① 优化工艺以成形出高致密、高性能的金属零部件。

② 调整工艺以获得较多孔隙，并控制孔形、孔径及孔隙率，制造出多孔金属零件。

针对SLM成形孔隙这个重要问题，目前国内外研究主要通过大量试验，得出工艺参数对孔隙率影响的经验规律。但是，孔隙的形成机理极其复杂，目前国内外文献缺少对SLM孔隙形成基础理论的研究，如孔隙尺寸、分布、形状的分类，以及形成机制与调控方法。

1.2.3 应力和裂纹

SLM成形过程中容易产生裂纹，裂纹的产生也是SLM成形件具有孔隙的一个原因，如图1-17所示。这是由于SLM是一个快速熔化-凝固的过程，熔体具有较高的温度梯度与冷却速度，这个过程在很短的时间内瞬间发生，将产生较大的热应力，SLM的热应力是由于激光热源对金属作用时各部位的热膨胀与收缩变形趋势不一致造成的。具体而言，如图1-18(a)所示，在熔化过程中，由于SLM熔池瞬间升至很高的温度，熔池以及熔池周围温度较高的区域有膨胀的趋势，而离熔池较远的区域温度较低，没有膨胀的趋势。由于两部分相互牵制，熔池位置将受到压应力的牵制，而远离熔池的部位受到拉应力；在熔体冷却过程中，如图1-18(b)所示，熔体逐渐收缩，相反地，熔体凝固部位受到拉应力，而远离熔体部位则受到压应力。积累的应力最后以裂纹的形式释放。可以看出，SLM过程的不均匀受热是产生热应力的主要原因。

热应力具有普遍性，是SLM过程产生裂纹的主要因素。当SLM制件内部应力超过材料的屈服强度时，即产生裂纹以释放热应力。微裂纹的存在会降低零件的力学性能，损害零件的质量并限制实际应用。目前，消除SLM零件内部裂纹的方法为热等静压。英国伯明翰大学F. Wang与X. Wu教授采用SLM方法成功成形了复杂形状的Hastelloy X镍基高温合金[21]。然而由于镍基合金与其他金属相比，具有较高的热胀系数，所以镍基合金内部的热应力较高，从而形成裂纹。对 Hastelloy X 镍基合金 SLM 成形件进行 HIP 处理之后，从断口形貌来看，内部裂纹均得到闭合，力学性能也得到大幅度提高。

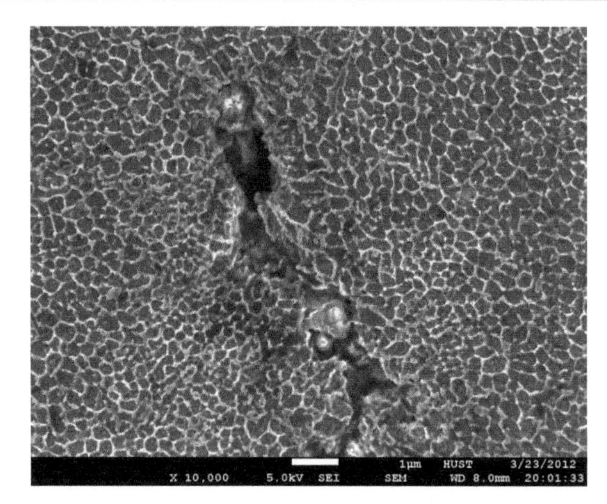

图 1-17 SLM 制件裂纹

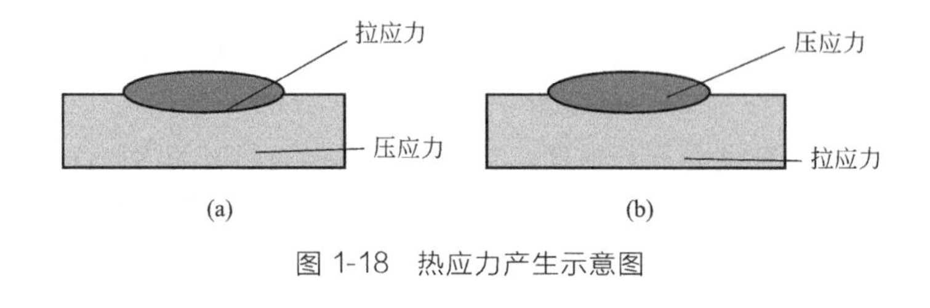

图 1-18 热应力产生示意图

1.2.4 成形材料

SLM 成形技术的最大优点就是能够逐层熔化各种金属粉末生成复杂形状的金属零件。然而，SLM 技术在熔化金属粉末时，在其相应的热力学与动力学规律作用下，有些粉末的成形易伴随球化、孔隙、裂纹等缺陷[22]。大量文献指出，并非所有的金属粉末都适合于 SLM 成形，因此有必要研究适用于 SLM 成形的金属粉末材料并分析相应的冶金机理。

(1) 铁基合金

铁基合金是工程技术中最重要、用量最大的金属材料，因此铁基粉末的 SLM 成形是研究最广泛、最深入的一种合金类型。目前，SLM 成形的铁基合金材料主要有316L不锈钢、304L不锈钢、904L不锈钢、H13工具钢、S136模具钢、M2/M3高速钢、18Ni-300钢以及17-4PH工具钢等。SLM成形的铁基合金零件致密度可达99.9%，无须二次熔浸、烧结或热等静压。SLM成形的不锈钢零件的强度高于同质铸件，综合力学性能与锻件相当；SLM成形的模具钢的硬度和强度接近锻件水平，可用于一般塑料模具，但SLM成形的热作钢还未见应用报道。

Simchi学者系统地研究了铁基粉末的激光直接成形，主要针对以下粉末：纯Fe粉、Fe-C混合粉、Fe-C-Cu-P混合粉、316L不锈钢合金粉末、M2高速钢合金粉末。Simchi的研究结果表明，纯铁粉直接激光熔化时容易伴随大量孔洞产生，而通过合金化可以提升成形动力学，改善成形性能，提高其相对致密度。主要表现在：①Cu粉作为黏结元素，可以降低熔化温度，添加Cu粉有利于提高反应活性；②添加石墨粉有利于降低熔化温度，减小表面张力与液体黏度，减少Fe的氧化。另外，该学者还指出，通过工艺参数优化，SLM成形件力学性能与相对致密度可以达到传统粉末冶金水平。比利时鲁汶大学的Kruth通过球磨法制备了Fe-20Ni-15Cu-15Fe_3P混合粉末以用于SLM成形。其中加入磷铁的目的是为了减少合金元素的氧化，提高熔池的润湿性能。试验结果表明这种合金粉末取得了良好的成形效果：成形表面为平坦鱼鳞状特征，未出现球化现象，成形件致密度达到91%，弯曲强度超过900MPa。华中科技大学的赵晓采用SLM成形420不锈钢，获得的制件密度最高可达99.62%；拉伸强度、显微硬度高于铸件，伸长率有所降低。

(2) 镍基合金

镍基合金具有良好的综合性能，如好的抗氧化和抗腐蚀性能、良好的力学性能，因此被广泛用于航空、航天、船舶、石油化工等领域。例如，镍基高温合金可以用在航空发动机的涡轮叶片与涡轮盘方面。由于SLM技术的主要优势体现在成形复杂形状的金属零件，因此SLM技术被尝试应用于成形镍基合金材质的发动机涡轮零件。

镍基合金SLM成形的研究主要集中在镍基高温合金粉末的成形。英国拉夫堡大学的Mumtaz学者研究了Waspaloy(R)合金与Inconel 625合金的SLM成形。该合金是一种时效硬化超强合金，具有优异的高温强度与抗氧化性、耐腐蚀性能，通过SLM成形，致密度高达99.7%，被用于航空航天的发动机涡轮零件。法国圣太田国立工程师学院Yadroitsev学者研究了Inconel 625合金的成形，得到了带有内螺旋管道的零件。在新型镍基合金材料成形方面，华南理工大学杨永强教授与英国利物浦大学的Chalker研究了SLM成形镍钛形状记忆合金，取得了较好的成果，为镍基合金在更新的领域应用开辟了研究方向。

(3) 钛基合金

钛基合金具有优良的抗腐蚀性能以及良好的生物相容性，因此钛合金零件可以用于航空航天、生物医学等领域。钛的熔点为1720℃，低于882℃时晶体结构为密排六方，高于882℃时晶体结构为体心立方。通过添加合金元素，可使相结构与相变温度发生改变。钛合金存在三种基体组织，分别是α、(α+β)和β。例如，铝是稳定α元素，钼、铌和钒是稳定β元素。目前，钛合金SLM成形主要集中在纯钛粉、Ti-6Al-7Nb与Ti-6Al-4V合金粉末方面，主要应用在航空航天和生物骨骼及其医学替代器件方面。

(4) 铜基合金

铜合金具有良好的导热、导电性能，又具有较好的耐磨与减摩性能，广泛应用在电子、机械、航空航天等领域。由于铜粉比较容易氧化，SLM成形时容易产生球化等缺陷，故铜基合金材料成分设计尤为重要。一般来讲，CuSn由于熔点较低，主要用作黏结剂；而CuP可以作为脱氧剂，以减少成形的球化。

综上所述，SLM成形材料主要针对航空航天工业、生物医学领域中最常见的材料进行研究，如铁基、镍基、钛基、铜基粉末。然而，SLM成形还缺少对材料的多样性进行研究，如有关难熔金属、金属间化合物、金属基复合材料的SLM成形的报道相对较少。

1.3 金属粉床激光选区熔化增材制造装备

激光选区熔化技术是2000年左右出现的一种新型增材制造技术。它利用高能激光热源将金属粉末完全熔化后快速冷却凝固成形，从而得到高致密度、高精度的金属零部件。其思想来源于SLS技术并在其基础上得以发展，但它克服了SLS技术间接制造金属零部件的复杂工艺难题。得益于计算机科学的快速发展及激光器制造技术的逐渐成熟，德国Fraunhofer激光技术研究所(Fraunhofer Institute for Laser Technology，ILT)最早深入探索了激光完全熔化金属粉末的成形，并于1995年首次提出了SLM技术。在其技术支持下，德国EOS公司于1995年底制造了第一台SLM设备。随后，英国、德国、美国等欧美众多的商业化公司都开始生产商品化的SLM设备，但早期SLM零件的致密度、粗糙度和性能都较差。随着激光技术的不断发展，直到2000年以后，光纤激光器成熟的制造并引入SLM设备中，其制件的质量才有了明显的改善。世界上第一台应用光纤激光器的SLM设备(SLM-50)由英国MCP(Mining and

Chemical Products Limited）集团旗下的德国 MCP-HEK 分公司 Realizer 于 2003 年底推出。

SLM 设备的研发涉及光学（激光）、机械、自动化控制及材料等一系列专业知识，目前欧美等发达国家在 SLM 设备的研发及商业化进程上处于世界领先地位。英国 MCP 公司自推出第一台 SLM-50 设备之后又相继推出了 SLM-100 以及第三代 SLM-250 设备。德国 EOS GmbH 公司现在已经成为全球最大同时也是技术最领先的激光粉末增材制造系统的制造商。近来，EOS 公司的 EOSINT M280 增材制造设备是该公司最新开发的 SLM 设备，其采用了“纤维激光”的新系统，可形成更加精细的激光聚焦点以及产生更高的激光能量，可以将金属粉末直接熔化而得到最终产品，大大提高了生产效率。美国 3D systems 公司推出的 SPro 250 SLM 商用 3D 打印机使用高功率激光器，根据 CAD 数据逐层熔化金属粉末，以成形功能性金属零部件。该 3D 打印机能够满足长达 320mm（12.6in）的工艺金属零件的成形，零件具有出色的表面光洁度、精细的功能性细节与严格的公差。此外，法国的 Phenix、德国 Concept Laser 公司及日本的 Trumpf 等公司的 SLM 设备均已商业化。

美国 3D Systems 公司是历史最悠久的增材制造装备生产商之一，目前，主要提供 SPro 系列 SLM 装备。SLM 装备采用 100W 和 200W 光纤激光器，采用高精度振镜扫描系统，扫描速度为 1m/s，最大成形空间为 250mm×250mm×320mm，粉末层厚为 0.02～0.1mm。

德国 EOS 公司成立于 1989 年。EOS 发布的 DMLS EOSINT M270，也是目前金属快速成形最常见的装机机型，2011 年 EOSINT M280 开始销售。M280 型 SLM 装备采用 200W 和 400W 光纤激光器，最小层厚为 0.02mm。该型 SLM 装备固定了工艺参数以及成形公司指定的金属材料，用户无须过多优化即可获得性能稳定的高性能金属零件，整体性能与锻件相当。利用该设备可在 20h 内制造出多达 400 颗金属牙冠，而传统工艺中一位熟练的牙科技术人员一天仅能生产 8～10 颗牙冠。

SLM Solutions 公司 2012 年底最新推出了全球最大的 SLM 设备 SLM500HL。该系统成形体积（500×320×280）mm^3，系统可以配置两台 1000W 光纤激光器和两台 400W 光纤激光器，成形效率目前为全球之最。此外 SLM solutions 公司也在销售 SLM 280HL、SLM125HL 型号设备，除与 BEGO 合作采用已经取得医用许可证的牙科材料外，为了方便客户自主研发材料，配置了材料工艺研发模块，多种材料工艺成熟、多种材料可同时加工的铺粉系统、自动粉末收集系统和自动监控系统等先进技术的集成，提高了制造的可操作性和智能化程度。

除了 3D systems、EOS 和 SLM Solutions 外，还包括多家专业生产 SLM 装

备的知名公司。德国 Concept Laser 公司从 2002 年开始生产和销售 LaserCUSIN 型 SLM 装备。采用 200W 和 400W 的光纤激光器，最大成形尺寸超过了 300mm。该公司生产的 SLM 装备与 3D systems 和 EOS 公司的产品存在一个明显的区别。以 *X-Y* 轴移动系统取代振镜，在扩大成形空间方面具有一定的便利性。安装了实时监测熔池模块，可实时跟踪每秒数千次的扫描并获取图像，分析熔池成形质量，进而自动调节成形工艺，有效提高成形质量。法国 Phenix 公司生产的 SLM 装备最大的不同之处在于对成形腔预热，并使用更细的粉末材料。上述设计保证成形更高精度的微细零件，特别是可以直接成形高性能陶瓷零件，在成形精细牙齿方面具有突出技术优势。另外，还包括几家专业生产和销售商品化 SLM 装备的公司，如英国的 MTT 和 Renishaw 公司、德国的 Realizer 和日本松浦机械制造所等。表 1-3 为国外典型商业化 SLM 设备对比。

表 1-3 国外典型商业化 SLM 设备对比

单位	型号	成形尺寸/mm^3	激光器	成形效率	扫描速度/(m/s)	典型材料
EOS（德国）	M290	250×250×325	400W光纤	2～30 mm^3/s	7	不锈钢、工具钢、钛合金、镍基合金、铝合金
	M400	400×400×400	1000W光纤	—	7	
3D Systems（美国）	ProX300	250×250×300	500W光纤	—	—	不锈钢、工具钢、有色合金、超级合金、金属陶瓷
Concept Laser（德国）	Concept M2	250×250×280	200～400W光纤	2～10cm^3/h	7	不锈钢、铝合金、钛合金、热作钢、钴铬合金、镍合金
Renishaw（英国）	AM250	245×245×300	200～400W光纤	5～20cm^3/h	2	不锈钢、模具钢、铝合金、钛合金、钴铬合金、铬镍铁合金
SLM Solutions（德国）	SLM 280HL	280×280×350	2×400/1000光纤	35cm^3/h	15	不锈钢、工具钢、模具钢、钛合金、钴铬合金、铝合金、高温镍基合金
	SLM 500HL	500×280×325	400/1000W光纤	70cm^3/h	15	
Sodick（日本）	OPM 250L	250×250×250	500W 光纤	—	—	马氏体时效钢与 STAVAX

国内 SLM 设备的研发与欧美发达国家相比，整体性能相当，但在设备的稳

定性方面略微落后。目前国内 SLM 设备研发单位主要包括华中科技大学、华南理工大学、西北工业大学和北京航空制造研究所等。各科研单位均建立了产业化公司，生产的 SLM 装备在技术上与美国 3D Systems 和德国 EOS 公司的同类产品类似，采用 100～400W 光纤激光器和高速振镜扫描系统。设备成形台面均为 250mm×250mm，最小层厚可达 0.02mm，可成形近全致密的金属零件。表 1-4 为国内典型商业化 SLM 设备对比。

表 1-4 国内典型商业化 SLM 设备对比

单位	型号	成形尺寸/mm^3	激光器	成形效率	扫描速度/(m/s)	典型材料
华中科技大学（华科三维）	M125	125×125×125	500W 光纤	—	8	不锈钢、钛合金、钴铬合金、铁镍高温合金等
	M250	250×250×250	500W 光纤	—	8	
湖南华曙高科	FS271M	275×275×1860	500W 光纤	$20cm^3/h$	15.2	不锈钢、模具钢、钴铬合金、钛合金、铝合金、铁镍合金、铜锡合金、钨、钽等
	FS121M	120×120×100	200W 光纤	$5cm^3/h$	15.2	不锈钢、钴铬合金钛合金、铜锡合金等
	FS121M-D	120×120×100	200W 光纤	$5cm^3/h$	15.2	钴铬钼合金
西北工业大学（西安铂力特）	BLT-S200	105×105×200	200/500W 光纤	—	—	钛合金、高温合金、铝合金、铜合金、不锈钢、模具钢、高强钢等
	BLT-S310	250×250×400	500/1000 光纤	—	—	
	BLT-S320	250×250×400	500/1000 光纤	—	—	
	BLT-S400	250×400×400	2×500 光纤	—	—	
北京隆源	AFS-M260	260×260×350	500W 光纤	2～$15cm^3/h$	6	不锈钢、钛合金、模具钢、钴铬合金、镍基合金等
	AFS-M120	120×120×150	200/500W 光纤	1～$5cm^3/h$	6	

1.4 金属粉床激光选区熔化增材制造技术应用及发展趋势

1.4.1 SLM 技术的应用

SLM 技术是目前用于金属增材制造的主要工艺之一。粉床工艺以及高能束微细激光束使其较其他工艺在成形复杂结构、零件精度、表面质量等方面更具优势，在整体化航空航天复杂零件、个性化生物医疗器件以及具有复杂内流道的模具镶块等领域具有广泛应用前景。

（1）轻量化结构

SLM 技术能实现传统方法无法制造的多孔轻量化结构成形。多孔结构的特征在于孔隙率大，能够以实体线或面进行单元的集合。多孔轻量化结构将力学和热力学性能结合，如高刚度与低重量比，高能量吸收和低热导率，因此被广泛用在航空航天、汽车结构件、生物植入体、土木结构、减振器及绝热体等领域。与传统工艺相比，SLM 可以实现复杂多孔结构的精确可控成形。面向不同领域，SLM 成形多孔轻量化结构的材料主要有钛合金、不锈钢、钴铬合金及纯钛等，根据材料的不同，SLM 的最优成形工艺也有所变化。图 1-19 展示了 SLM 成形多材料多类型复杂空间多孔零件。图 1-20 为采用 SLM 技术制造的内空复杂零件[23]。

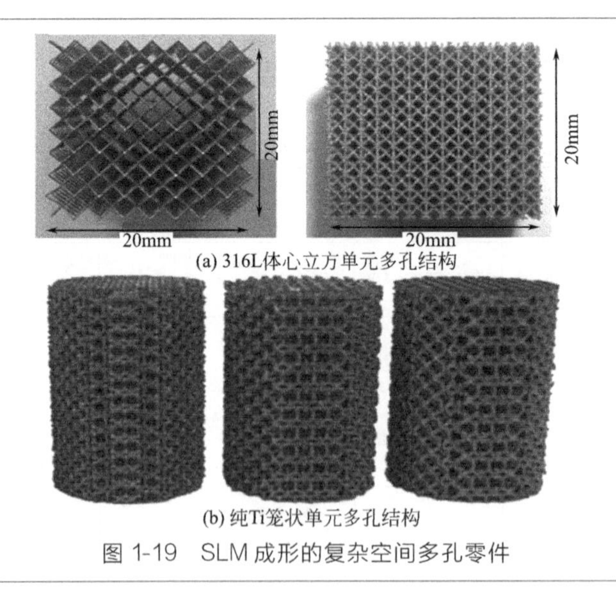

(a) 316L体心立方单元多孔结构

(b) 纯Ti笼状单元多孔结构

图 1-19　SLM 成形的复杂空间多孔零件

(a) 金属样件

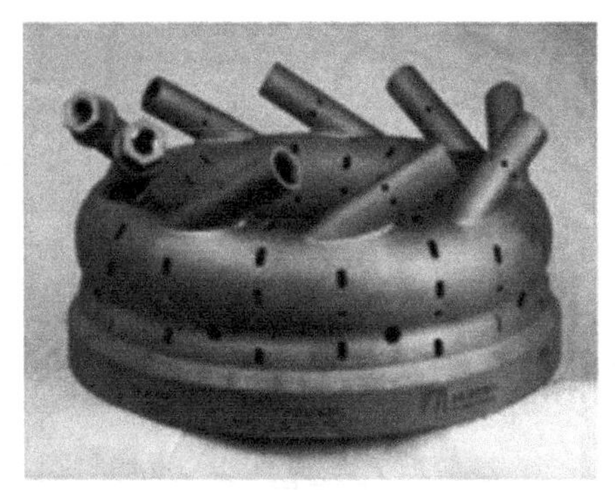

(b) 高温合金零件

图 1-20 SLM 技术制造的内空复杂零件

(2) 航空航天零件

美国的 GE 公司收购了 Coucept Laser 公司并且利用其 SLM 设备与工艺技术制造出了喷气式飞机专用的发动机组件，如图 1-21 所示，GE 公司明确地将激光增材制造技术认定为推动未来航空发动机发展的关键技术。

(a) 航空发动机叶轮

(b) 燃油喷嘴

图 1-21 美国 GE 公司采用 SLM 技术制造的零件

2015 年，德国 MTU 航空发动机公司已开始使用 EOS 的增材制造机器生产镍合金管道内窥镜套筒（图 1-22），这是 A320neo 上 GTF 发动机涡轮机壳体的一部分，可以让维护人员通过内窥镜来检查涡轮叶片的磨损和损坏程度。在 MTU 应用增材制造技术之前，这些套筒通常是使用铸造和铣床加工的方式制造的，成本高昂而且费时。

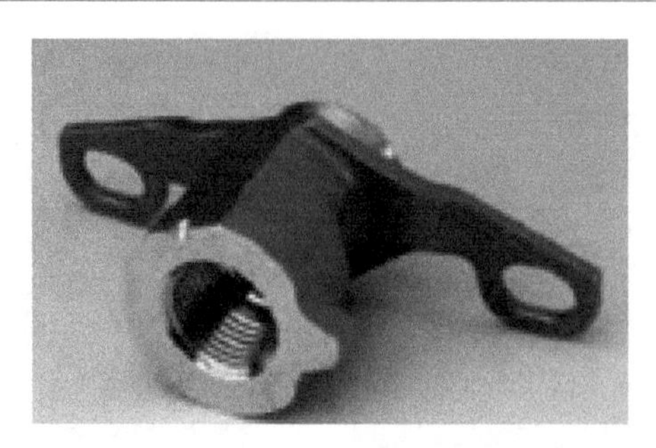

图 1-22 德国 MTU 航空发动机公司使用 EOS 增材制造机器生产的镍合金管道内窥镜套筒

（3）随形水道模具

模具在汽车、医疗器械、电子产品及航空航天领域应用十分广泛。例如，汽车覆盖件全部采用冲压模具，内饰塑料件采用注塑模具，发动机铸件铸型需模具成形等。模具功能多样化带来了模具结构的复杂化。例如，飞机叶片、模具等零件由于受长期高温作用，往往需要在零件内部设计随形复杂冷却流道，以提高其使用寿命。直流道与型腔几何形状匹配性差，导致温度场不均，易引起制件变形，并降低模具寿命。使设计的冷却水道与型腔几何形状基本一致，可提升温度场均匀性，但异形水道传统机加工难加工甚至无法加工。SLM 技术逐层堆积成形，在制造模具复杂结构方面较传统工艺具有明显优势，可实现复杂冷却流道的增材制造。主要采用材料有 S136、420 和 H13 等模具钢系列，图 1-23 为德国 EOS 公司采用 SLM 技术制造的具有复杂内部流道的 S136 零件及模具，冷却周期从 24s 减少到 7s，温度梯度由 12℃减至 4℃，产品缺陷率由 60%降为 0，制造效率增加 3 件/min。图 1-24 为其他厂商制造的随形冷却流道模具。

图 1-23 德国 EOS 公司采用 SLM 技术制造的具有内部随形冷却水道的模具

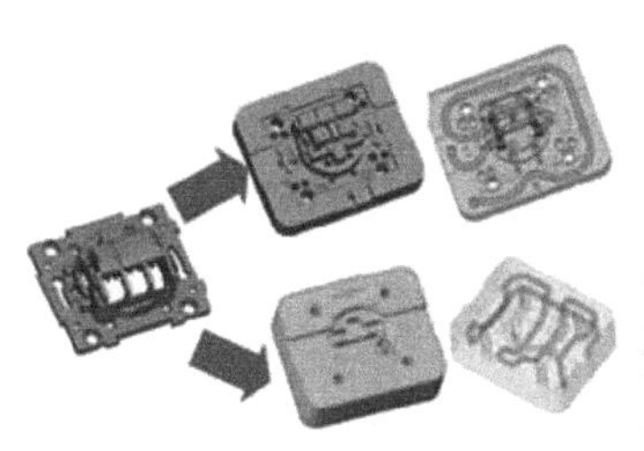
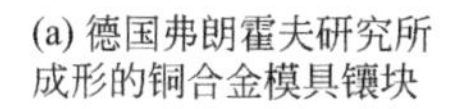

(a) 德国弗朗霍夫研究所成形的铜合金模具镶块

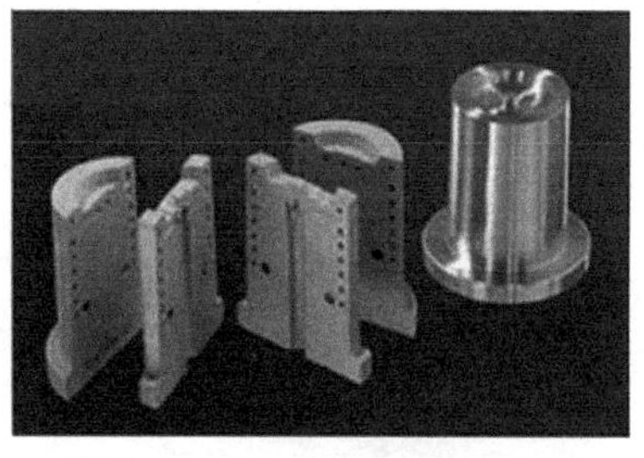

(b) 法国PEP公司成形的随形冷却通道模具

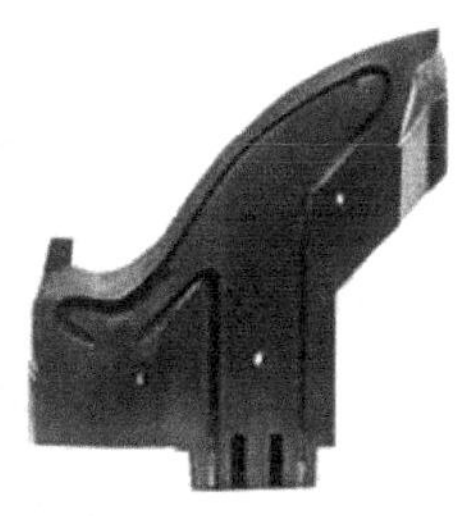

(c) 意大利Inglass公司成形的高复杂回火系统模具

图 1-24 SLM成形的复杂水道模具镶块

(4) 医学植入体

由于SLM工艺可以直接获得几乎任意形状、具有完全冶金结合、高精度的近乎全致密的金属零件，因此被广泛地应用到医疗领域，用以成形具有复杂结构且与生物体具有良好相容性的植入体，包括个性化骨科手术模板、个性化股骨植入体和个性化牙冠牙桥植入体等，如图1-25所示[24]。

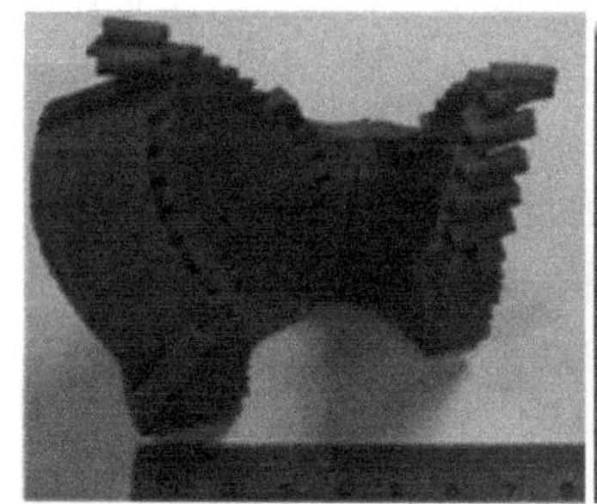

(a) 骨科手术导板

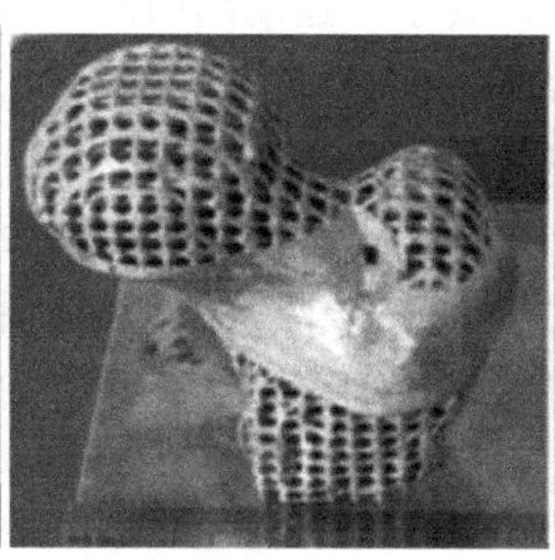

(b) 股骨植入体

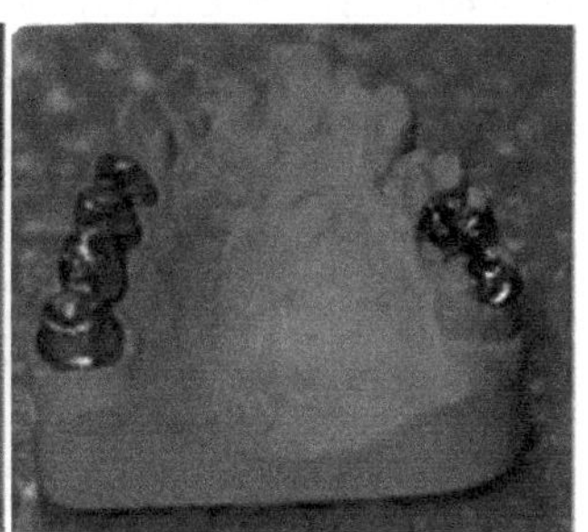

(c) 牙冠牙桥

图 1-25 SLM成形不锈钢个性化植入体

西班牙的Salamanca大学利用SLM成功制造出了钛合金胸骨与肋骨，如图1-26所示，并成功植入了罹患胸廓癌的患者体内。采用SLM技术后，可以大大缩短包括口腔植入体在内的各类人体金属植入体和代用器官的制造周期，并且可以针对个体情况，进行个性化优化设计，大大缩短手术周期，提高患者的生活质量。

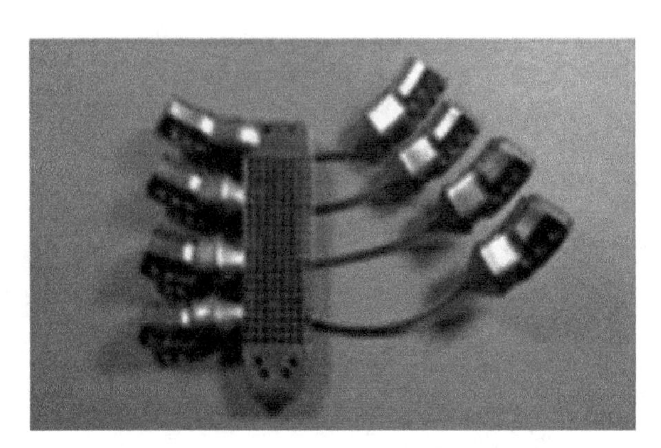

图 1-26 西班牙 Salamanca 大学利用 SLM 打印的钛合金胸骨与肋骨

(5) 免组装机构

现代制造业将是向着节能环保、工艺流程简单的方向发展，免组装机构的概念就是在这种背景下提出来的，即采用数字化设计和装配并采用 SLM 技术一次性直接成形、无需实际装配工序的机构。免组装机构具有无须装配、避免装配误差、多自由度设计、无设计局限等优势，但是免组装机构是一次性制造出来，相对运动的零件仍是通过运动副连接，仍然存在运动属性的约束，需要保证成形后的运动副能够满足机构的运动要求。运动副的间隙特征对免组装机构的性能有直接的影响。间隙尺寸过大会增大离心惯力，导致机构运动不平稳；设计过小则会导致成形后的间隙特征模糊，间隙表面粗糙则会影响机构的运动性能。因此，SLM 直接成形免组装机构的关键问题就是运动副的间隙特征成形。图 1-27～图 1-30 为 SLM 成形的典型免组装结构，如万向机构、珠算算盘、平面连杆机构、万向节及自行车模型等。华南理工大学在该方向做了大量研究工作。

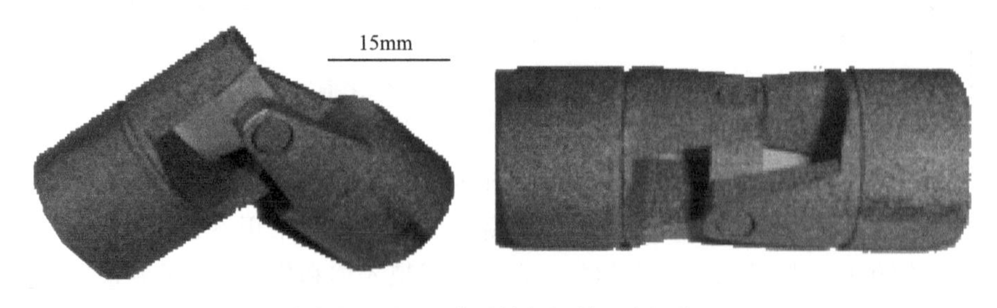

图 1-27 SLM 成形的免组装万向机构

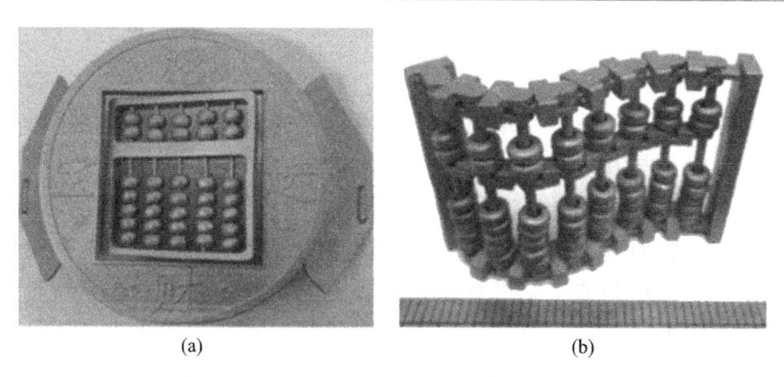

(a) (b)

图 1-28 采用 SLM 技术成形的铜钱珠算和折叠算盘

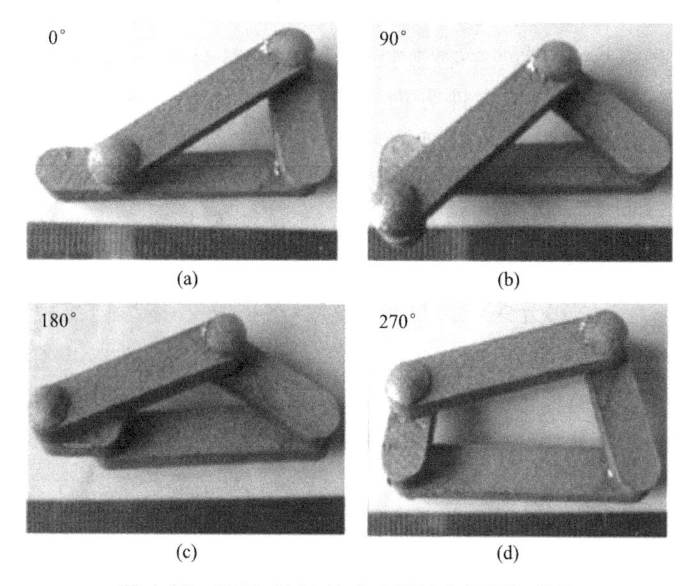

(a) (b) (c) (d)

图 1-29 采用 SLM 技术成形的曲柄摇杆机构

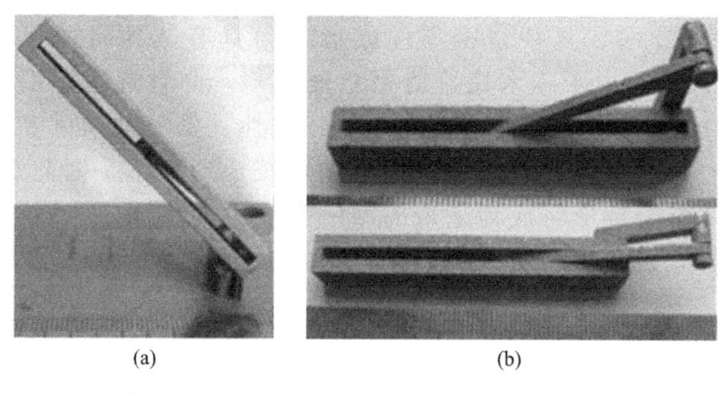

(a) (b)

图 1-30 采用 SLM 技术成形的摇杆滑块机构

1.4.2 SLM技术的发展趋势

激光选区熔化成形技术是增材制造技术重要的分支之一，代表了增材制造技术未来发展方向。与其他高能束流制造技术类似，未来该技术的应用发展主要呈现两方面趋势：一方面是针对技术本身的研究，将进一步侧重于更纯净细小的粉体制备技术、更高的成形效率和大规格整体化的制造能力；另一方面是以工程应用为目标，突破传统制造工艺思维模式束缚的配套技术研究，包括设计方式、检测手段、加工装配等研究，以适应不断发展的新型制造技术需求。具体包括如下几个方面。

（1）SLM工艺向近无缺陷、高精度、新材料成形方向发展

SLM制造精度最高，在制造钛合金、高温合金等典型航天材料高性能、高精度复杂薄壁型腔构件方面具有一定的优势，是近年来国内外研究的热点。根据目前检索到的文献资料，SLM离实现工程化应用仍然存在较多基础问题需要解决，未来需要在使用粉末技术条件、成形表面球化、内部缺陷形成机理、组织性能与高精度协同调控等方面开展深入的技术基础研究[25]。

（2）SLM装备向多光束、大成形尺寸、高制造效率方向发展

现有的单光束SLM成形设备的适用范围较小，生产效率还较低，不能满足较大尺寸复杂构件的整体制造。但从航空、航天型号需求来看，对较大尺寸复杂构件的需求仍比较迫切，因此未来SLM设备将会向多光束、大成形尺寸、高制造效率方向发展[26]。SLM除在钛合金、高温合金材料上应用外，还将向高熔点合金（如钨合金、铼铱合金等）以及陶瓷材料方向应用延伸。

（3）SLM技术与传统加工技术复合成形

虽然SLM技术在复杂精密零件成形方面具有其独特的优势，但是在SLM成形过程中，由于粉末快速熔化急速冷却，并且逐道逐层的加工方式造成了SLM成形件组织、性能、应用的特殊性。虽然其硬度和强度得到大幅度的提升，但延展性和表面质量仍不如传统成形方法。因此SLM技术与传统加工技术复合成形将成为未来的又一发展方向，如SLM技术与机加工复合制造零件，既可以利用SLM成形的独特优势，又可以采用机加工来提高表面质量。

参考文献

[1] Wong K V, Hernandez A. A review of additive manufacturing [J]. ISRN Mechanical Engineering, 2012.

[2] T. DebRoy, H. Wei, J. Zuback, T. Mukherjee, J. Elmer, J. Milewski, A. Beese, A. Wilson-Heid, A. De, W. Zhang, Additive manufacturing of metallic components-process, structure and properties, Progress in Materials Science 2017.

[3] 杨全占，魏彦鹏，高鹏，等.金属增材制造技术及其专用材料研究进展[J].材料导报：纳米与新材料专辑，2016，30(1)：107-111.

[4] 李瑞迪，魏青松，刘锦辉，等.选择性激光熔化成形关键基础问题的研究进展[J].航空制造技术，2012，401(5)：26-31.

[5] Yap C Y, Chua C K, Dong Z L, et al. Review of selective laser melting: Materials and applications [J]. Applied Physics Reviews, 2015, 2 (4): 041101.

[6] 张学军，唐思熠，肇恒跃，等.3D打印技术研究现状和关键技术[J].材料工程，2016，44(2)：122-128.

[7] Palčičl, Balažic M, Milfelner M, et al. Potential of laser engineered net shaping (LENS) technology [J]. Materials and Manufacturing Processes, 2009, 24 (7-8): 750-753.

[8] 黄卫东，林鑫，陈静.激光立体成形——高性能致密金属零件的快速自由成形[M].西安：西北工业大学出版社，2007.

[9] Ding D, Pan Z, Cuiuri D, et al. Wire-feed additive manufacturing of metal components: technologies, developments and future interests [J]. The International Journal of Advanced Manufacturing Technology, 2015, 81 (1-4): 465-481.

[10] Sing S L, An J, Yeong W Y, et al. Laser and electron-beam powder-bed additive manufacturing of metallic implants: A review on processes, materials and designs [J]. Journal of Orthopaedic Research, 2016, 34 (3): 369-385.

[11] Gong X, Anderson T, Chou K. Review on powder-based electron beam additive manufacturing technology[C]// ASME/ISCIE 2012 international symposium on flexible automation. American Society of Mechanical Engineers, 2012: 507-515.

[12] 张格，王建宏，张浩.金属粉末选区激光熔化球化现象研究[J].铸造技术，2017，38(2)：262-265.

[13] Tolochko N K, Mozzharov S E, Yadroitsev I A, et al. Balling processes during selective laser treatment of powders [J]. Rapid Prototyping Journal, 2004, 10 (2): 78-87.

[14] 顾冬冬，沈以赴，杨家林，等.多组分铜基金属粉末选区激光烧结试验研究[J].航空学报，2005，26(4)：510-514.

[15] Kruth J P, Froyen L, Van Vaerenbergh J, et al. Selective laser melting of iron-based powder [J]. Journal of materials processing technology, 2004, 149 (1-3): 616-622.

[16] Simchi A. Direct laser sintering of metal powders: Mechanism, kinetics and microstructural features [J]. Materials

Science and Engineering a-Structural Materials Properties Microstructure and Processing, 2006, 428 (1-2): 148-158.

[17] Badrossamay M, Childs T H C. Further studies in selective laser melting of stainless and tool steel powders [J]. International Journal of Machine Tools and Manufacture, 2007, 47 (5): 779-784.

[18] Meier H, Haberland C. Experimental studies on selective laser melting of metallic parts [J]. Materialwissenschaft und Werkstofftechnik, 2008, 39 (9): 665-670.

[19] Gu D, Shen Y. Effects of processing parameters on consolidation and microstructure of W-Cu components by DMLS[J]. Journal of Alloys and Compounds, 2009, 473 (1-2): 107-115.

[20] Abe F, Costa Santos E, Kitamura Y, et al. Influence of forming conditions on the titanium model in rapid prototyping with the selective laser melting process [J]. Proceedings of the Institution of Mechanical Engineers, Part C: Journal of Mechanical Engineering Science, 2003, 217 (1): 119-126.

[21] Wang F. Mechanical property study on rapid additive layer manufacture Hastelloy® X alloy by selective laser melting technology [J]. The International Journal of Advanced Manufacturing Technology, 2012, 58 (5-8): 545-551.

[22] Singh S, Ramakrishna S, Singh R. Material issues in additive manufacturing: A review [J]. Journal of Manufacturing Processes, 2017, 25: 185-200.

[23] 赵志国，柏林，李黎，等. 激光选区熔化成形技术的发展现状及研究进展[J]. 航空制造技术，2014，463 (19): 46-49.

[24] 杨永强，刘洋，宋长辉. 金属零件 3D 打印技术现状及研究进展[J]. 机电工程技术，2013 (4): 1-7.

[25] 尹华，白培康，刘斌，等. 金属粉末选区激光熔化技术的研究现状及其发展趋势[J]. 热加工工艺，2010，39 (1): 140-144.

[26] 宋长辉，翁昌威，杨永强，等. 激光选区熔化设备发展现状与趋势[J]. 机电工程技术，2017，46 (10): 1-5.

第2章

工艺原理与系统组成

2.1 工艺原理及实现

2.1.1 工艺原理

激光选区熔化（Selective Laser Melting，SLM）技术借助于计算机辅助设计（Computer Aided Design，CAD），基于离散-分层-叠加的原理，利用高能激光束将金属粉末材料直接成形为致密的三维实体制件，成形过程不需要任何工装模具，也不受制件形状复杂程度的限制，是当今世界最先进的、发展速度最快的一种金属增材制造（Metal Additive Manufacturing，MAM）技术[1]。相比于传统制造金属零件去除材料的加工思路，MAM 基于增材制造（Additive Manufacturing，AM）原理，从计算机辅助设计的三维零件模型出发，通过软件对模型分层离散，利用数控成形系统将复杂的三维制造转化为一系列的平面二维制造的叠加。可以在没有工装夹具或模具的条件下，利用高能束流将成形粉末材料熔化堆积而快速制造出任意复杂形状且具有一定功能的三维金属零部件，其原理如图 2-1 所示[2]。

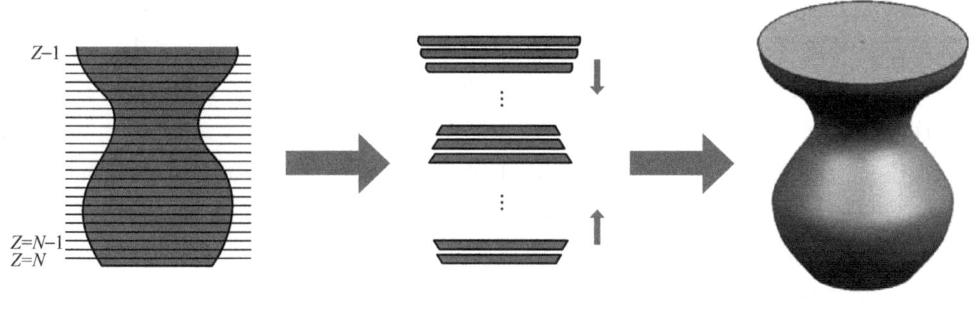

图 2-1 金属增材制造技术原理示意

2.1.2 实现方式

SLM 技术是利用激光选择性逐行、逐层熔化金属粉末，最终达到制造金属零件的目的。其典型的成形工艺过程如图 2-2 所示[3]。

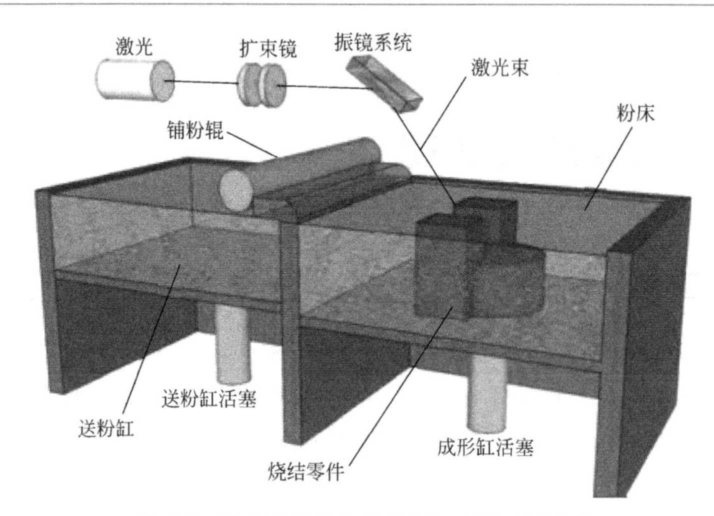

图 2-2 激光选区熔化（SLM）成形工艺过程

激光束开始扫描前，先在工作台安装相同材料的基板，提供金属零件生长所需的基体，将基板调整到与工作台面平齐的位置后，送粉缸上升送粉，铺粉辊滚动将粉末带到工作平面的基板上，形成一个均匀铺展的粉层；在计算机控制下，激光束根据零件 CAD 模型的二维切片轮廓信息扫描熔化粉层中对应区域的粉末，以成形零件的一个水平方向的二维截面；该层轮廓扫描完毕后，工作缸下降一个切片层厚的距离，送粉缸再上升一定高度，铺粉辊滚动将粉末送到已经熔化的金属层上部，形成一个铺粉层厚的均匀粉层，计算机调入下一个层面的二维轮廓信息，并进行加工；如此层层加工，直至整个三维零件实体制造完毕。

利用 SLM 技术直接成形金属零件，相对于传统加工技术，SLM 技术具有以下优点[4]。

① 成形材料广泛　从理论上讲，任何金属粉末都可以被高能束的激光束熔化，故只要将金属材料制备成金属粉末，就可以通过 SLM 技术直接成形具有一定性能和功能的金属零部件。

② 复杂零件制造工艺简单，周期短　传统复杂金属零件的制造需要多种工艺配合才能完成，如人工关节的制造就需要模具、精密铸造、切削、打孔等多种工艺的并行制造，同时需要多种专业技术人员才能完成最终的零件制造，不但工

艺繁琐，而且制件的周期较长。SLM 技术是由金属粉末原材料直接一次成形最终制件，与制件的复杂程度无关，简化了复杂金属制件的制造工序，缩短了复杂金属制件的制造时间，提高了制造效率，如图 2-3 所示。

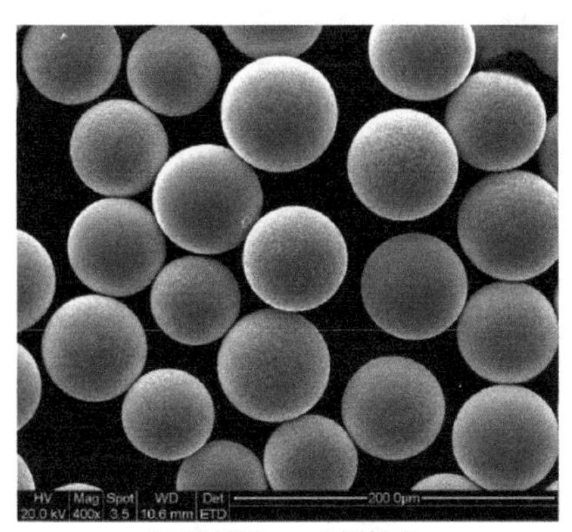

(a) 原材料——金属粉末

(b) SLM产品——义齿

图 2-3 激光选区熔化直接制造终端功能件

③ 制件材料利用率高，节省成本 用传统的铸造技术制造金属零件主要是通过去除毛坯上多余的材料来获得所需的金属制件，因此往往需要大块的坯料，但最终零件的用料远小于坯料的用料。而用 SLM 技术制造零件耗费的材料基本上和零件实际用料相等，在加工过程中未用完的粉末材料可以重复利用，其材料利用率一般高达 90%以上。特别对于一些贵重的金属材料（如黄金等），材料的成本占整个制造成本的大部分，大量浪费的材料使加工制造费用提高数倍，节省材料的优势往往就能够更加凸显出来。

④ 制件综合力学性能优良 金属制件的力学性能是由其内部组织决定的，晶粒越细小，其综合力学性能一般就越好。相比较铸造、锻造而言，SLM 制件是利用高能束的激光选择性地熔化金属粉末，其激光光斑小、能量高，制件内部缺陷少。制件的内部组织是在快速熔化/凝固的条件下形成的，显微组织往往具有晶粒尺寸小、组织细化、增强相弥散分布等优点，从而使制件表现出优良的综合力学性能，通常情况下，其大部分力学性能指标都优于同种材质的锻件性能。

⑤ 适合轻量化多孔制件的制造 对一些具有复杂细微结构的多孔零件，传统方法无法加工出制件内部的复杂孔隙，而采用 SLM 工艺，通过调整工艺参数或者数据模型即可达到上述目的，实现零件的轻量化的需求。如人工关节往往需要内部具有一定尺寸的孔隙来满足生物力学和细胞生长的需求，但传统的制造方式无法制造出满足设计要求的多孔人工关节，而采用 SLM 技术，通过修改数据模型或工艺参数，即可成形出任意形状复杂的多孔结构，从而使其更好地满足实

际需求，如图 2-4 所示。

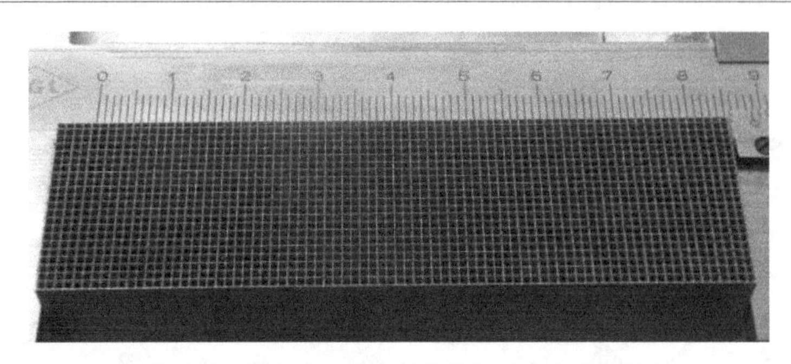

图 2-4　激光选区熔化制造的轻量化多孔零件

⑥ 满足个性化金属零件制造需求　利用 SLM 技术可以很便利地满足一些个性化金属零件制造，摆脱了传统金属零件制造对模具的依赖性。如一些个性化的人工金属修复体，设计者只需设计出自己的产品，即可利用 SLM 技术直接成形出自己设计的产品，而无需专业技术人员来制造，满足现代人的个性需求，如图 2-5 所示。

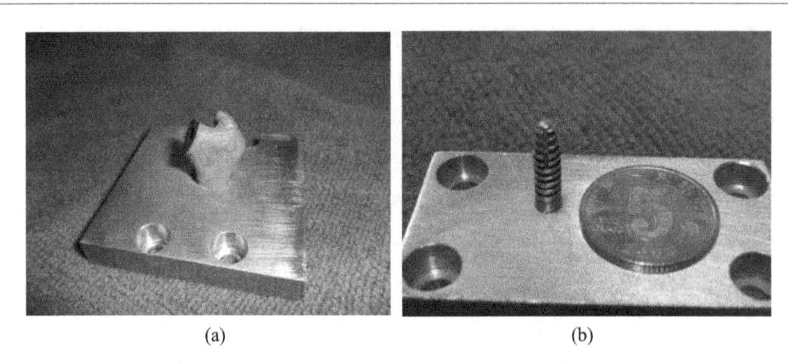

(a)　　(b)

图 2-5　激光选区熔化制造的个性化人工修复体

2.1.3　大台面多激光实现技术

在航空航天、军工、汽车、船舶等重要领域，其核心部件一般为金属或轻质复合材料的复杂结构零件，绝大部分零部件不但具有尺寸大的特点，而且形状上是非对称性的、有着不规则曲面或复杂内部结构。

大型金属零部件按空间形状可分为箱体类、壳体类、薄壁壳体类和异形零件等，采用传统的模具开发制造时，产品的定型往往需要多次的设计、测试和改进，不仅周期长、费用高，而且从模具设计到加工制造是一个多环节的复杂过程，返工率高，一些复杂结构甚至无法制造，成为高端产品开发和制造的“瓶颈”。在传统铸造生产中，模板、芯盒、压蜡型、压铸模的制造往往采用机加工的方法来完成，有时还需要钳工进行修整，其周期长、耗资大，略有失误就可能会导致全部返工。特别是对一些形状复杂的铸件，如叶片、叶轮、发动机缸体和缸盖等，模具的制造难度更大。即使使用5轴以上高档数控加工中心等昂贵的装备，在加工技术与工艺可行性方面仍存在很大困难，因此极大地限制了航空航天、军工、船舶等重要领域大型复杂零部件的研发和生产。

SLM技术作为增材制造（或称3D打印）技术的一种，可在无需模具的情况下，快速制造出各种材料的复杂结构，是解决上述传统模具在制造复杂零件时所面临难题的重要手段。航空航天发动机中的大尺寸燃气涡轮罩、涡轮盘、机匣、空心涡轮叶片，汽车新型发动机排气管、缸体和缸盖，以及船舶的大型泵轮等一般采用传统铸造工艺制造。这些典型铸件具有结构复杂（如空心涡轮叶片具有空心冷却的流道内腔，壁厚很薄，最薄处为1～2mm）、尺寸大（一般都在1m以上）、精度要求严格等特点。采用传统铸造工艺，需要昂贵的多套模具来压制蜡模或成形砂型（芯），试制周期长、成本高。而且大尺寸蜡模是采用多个小尺寸蜡模拼接组装成一体，难以达到大型复杂精铸件的高精度要求。因此，航空航天、汽车等重要领域急需新的技术装备来研制与生产大尺寸复杂零部件和模具，需要大型SLM装备在保持现有精度的同时进一步扩大成形空间。

但目前国内外商品化SLM装备的台面较小，无法一次整体成形大尺寸复杂零件，通常采用分段制造再拼接的方法，使得制件精度及性能下降、效率降低、成本升高。当台面足够大时，已有的激光扫描系统随着成形腔的进一步扩大，激光聚焦光斑以及成形效率无法满足要求，必须采用多激光扫描系统，但是存在多激光协同扫描、多激光负载均衡以及多激光精度校准等一系列技术难题；成形过程中大范围立体温度场的均匀性难以准确控制，在冷却过程中降温不受控，使得大尺寸制件在冷却收缩过程中极易产生严重翘曲变形，导致制件精度下降，甚至报废。

上述技术难题决定了现有SLM装备的台面无法简单地放大，而是需要解决一系列关键共性技术，才能实现大台面多激光技术。

① 多激光器扫描区域之间如果采用直线分割或梯度重叠等传统方法，将导致在多激光器扫描的邻接区域出现表面质量劣化、性能降低等问题，严重影响最终制件质量。采用基于随机扰动分割多激光器加工区域的大尺寸、高性能制件的加工方法，可以实现大台面金属零件的SLM加工并保证制件的质量。该方法是基于多重随机权因子、具备局部非规则性的可控随机扰动曲线动态生成方法来实时设计不同扫描区域间的分割路径。能保证每一层的区域分割路径都是各不相同

的随机曲线，从各个方向看各激光扫描区域之间都是犬牙交错的，可以显著提高连接强度，并且对于各种规则或者不规则的实体模型都具有良好的适应性，应力应变分布较为均匀，不会出现分割面形状正好与相邻模型表面基本吻合而导致扫描质量劣化的可能性。该方法可显著提高多激光器拼合处连接性能、表面质量及整体尺寸精度，使其达到与单激光器扫描基本一致甚至更好的 SLM 成形质量。

② 由于大尺寸制件的几何形状不可能完全对称，简单地将加工区域划分成多个等面积的区域无法实现多个激光器工作负载的一致性，存在几个激光器工作完成后等待另一个激光器工作完成的情况，因此，将严重影响大尺寸 SLM 制件的成形效率。采用负载均衡、区域自适应划分技术即可解决上述难题，同时实现大台面多激光加工成形质量良好的 SLM 制件，也会在一定程度上影响整个成形区域的温度场、应力场均匀性。对于微小细节区域，受振镜扫描系统加减速性能的影响，简单地将其划分成多个区域扫描加工效率不一定比单激光器整体扫描细节区域高，并且 SLM 制件力学性能反而会受到很大影响，因此根据负载均衡方法，可均匀分配各个激光束的任务，且尽量避开对细节轮廓区域的切割，可使各个激光器负载基本一致，达到最高的扫描效率，粉床温度场也可更加均匀，实现大台面多激光加工。

③ 受机械安装精度影响，多个激光器的工作区域不可能组成一个理想工作平面，且各个振镜的畸变及动态聚焦精度也不完全相同，因此，将会严重影响 SLM 制件在拼合处的力学性能、表面质量及精度，所以，需要对各个光路进行一致性校正。然而，当激光器增加到一定数量后，其调整难度急剧上升，将难以完全依靠人工进行校正。可采用基于机器视觉的方法自动完成整个系统的检测工作，测量出各个扫描系统的畸变、平行度、垂直度误差及功率误差，由此基于软件最优化算法提出一种全局最优的调整方案，辅助人工完成机械、光路的初步调整后基于软件可自动完成高精度的扫描区域、功率、光斑的校正工作。测试用基板在整个测试过程中无需更换和反复安装，提高了校正精度，降低了测试成本。

④ 由于大尺寸 SLM 制件在成形过程中，成形腔内部温度分布不均匀，可通过多点温控技术结合立体加热方式实现大尺寸粉床预热温度场的高均匀性控制，提取大型预热温度场的各个关键以及特征区域，结合加热单元经过细分的多层可调式辐射加热装置，采用工作面整体加热与各个区域单独加热相结合的方式，保证工作面的预热温度场均匀；同时在零件成形过程中，通过对工作缸的其余各个方向进行加热控温，保证零件所处的立体温度场的温度均匀性。

⑤ 大台面的 SLM 设备如果不对冷却过程采取适当的温度控制措施，将会导致冷却过程中的温度场不均匀度急剧上升，制件在这个时候易发生严重的翘曲变形问题，导致成形精度受到很大影响，甚至加工失败。利用受控降温方法，可以有效地缓解大尺寸 SLM 制件冷却过程中的翘曲变形问题。基于对制件 CAD 模

型形貌特征的自动分析，根据制件精度要求，自动规划出一条合理的降温曲线。温控系统根据预先设计的降温曲线，持续进行立体控温，确保整个 SLM 制件的冷却过程得到全面的控制，从而有效地抑制大尺寸 SLM 制件翘曲变形的问题。

⑥ 由于铺粉辊对 SLM 熔融区域的摩擦力因素，SLM 装备在成形过程中存在一定的细节特征损伤问题，制件的细微特征结构有微小的概率在加工初期被铺粉辊刮伤，如果不及时采取措施，该微小损伤将导致整个制件的加工失败。这是 SLM 装备的固有特性，只是在加工小型、简单零件时表现不明显。但当零件尺寸增大或同时加工多个零件时，模型体积将呈三次方增长，该损伤概率将急剧增大，严重影响 SLM 制件的整体成功率。利用一种基于高温机器视觉的 SLM 智能制造、监控方法，可实现大台面多激光加工。同时基于高温机器视觉技术的智能检测方法，在加工过程实时监控激光扫描熔融区域，当感知到细节损伤（粉末熔融区域与加工区域不重合时），能实时改变加工工艺路径，回避该细节特征并继续成形，以避免局部的损伤影响全局制造，从而可显著提高大尺寸 SLM 制件的制造成功率。

2.2 关键功能部件

2.2.1 光路系统

光路系统作为 SLM 加工的能量源，是 SLM 设备系统的重要组成，其工作的稳定性直接决定成形加工的质量[5,6]。光路系统要实现在较小的光斑范围内具有极高的激光能量密度。为此，必须通过扩束镜先将发散的激光全部矫正为准直平行光，然后通过聚焦透镜来调整获得符合高能量密度的光斑尺寸。光路系统包括激光器、扩束镜及扫描装置等，如图 2-6 所示。

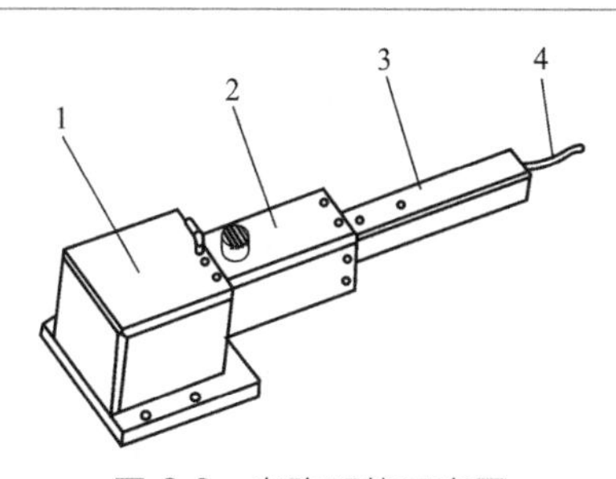

图 2-6 光路系统示意图

1—扫描装置；2—扩束镜；3—准直器；4—光纤

（1）激光扩束系统

如果激光束需要传输较长距离，为了得到合适的聚焦光斑以及扫描一定大小的工作面，通常在选择合适的透镜焦距的同时，需要将激光束进行扩束。激光束扩束的基本方法有两种：开普勒法和伽利略法，如图 2-7 所示。

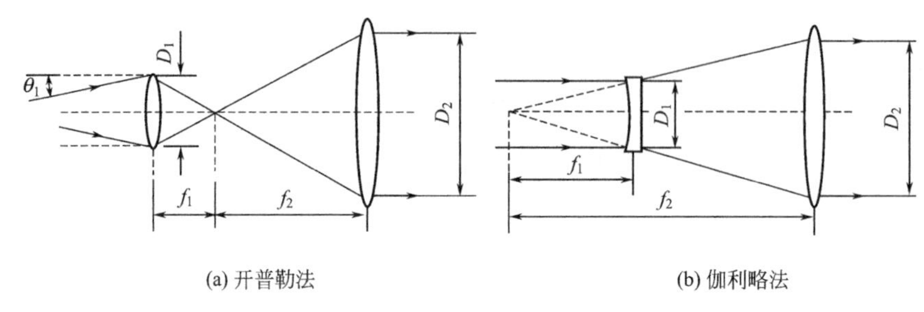

(a) 开普勒法 (b) 伽利略法

图 2-7 扩束镜光路原理

扩束镜工作原理类似于逆置的望远镜（图 2-7），起着对入射光束扩大或准直的作用，激光经过扩束后，激光光斑被扩大，从而减少了激光束传输过程中光学器件表面激光束的功率密度，减小了激光束通过时光学组件的热应力，有利于保护光路上的光学组件。扩束后的激光束的发散角被压缩，减小了激光的衍射，从而能够获得较小的聚焦光斑，提升光束质量（如能量密度）。光束经过扩束镜后，直径变为输入直径与扩束倍数的乘积。在选用扩束镜时，其入射镜片直径应大于输入光束直径，输出的光束直径应小于与其连接的下一组光路组件的输入直径。例如：激光器光束直径为 5mm，选用的扩束镜输入镜片直径应大于 5mm，经扩束镜放大 3 倍后，激光束直径变为 15mm，后续选用的振镜（扫描系统）的输入直径应大于 15mm。

（2）激光聚焦系统

激光扫描系统通常需要辅以合适的聚焦系统才能工作，根据聚焦物镜在整个光学系统中的不同位置，振镜式激光扫描方式通常可分为物镜前扫描和物镜后扫描[7]。物镜前扫描方式一般采用 F-Theta 透镜作为聚焦物镜，其聚焦面为一个平面，在焦平面上的激光聚焦光斑大小一致；物镜后扫描方式可采用普通物镜聚焦方式或动态聚焦方式，根据实际中激光束的不同、工作面的大小以及聚焦要求进行选择。

在进行小幅面扫描时，一般可以采用聚焦透镜为 F-Theta 透镜的物镜前扫描方式，其可以保证整个工作面内激光聚焦光斑较小而且均匀，并且扫描的图形畸变在可控制范围内；而在需要扫描较大幅面的工作场时，采用 F-Theta 透镜由于激光聚集光斑过大以及扫描图形畸变严重而不再适用，所以一般采用动态聚焦方式的物镜后扫描方式。

① 物镜前扫描方式　激光束被扩束后，先经扫描系统偏转再进入 F-Theta 透镜，由 F-Theta 透镜将激光束会聚在工作平面上，即为物镜前扫描方式，如图 2-8 所示。

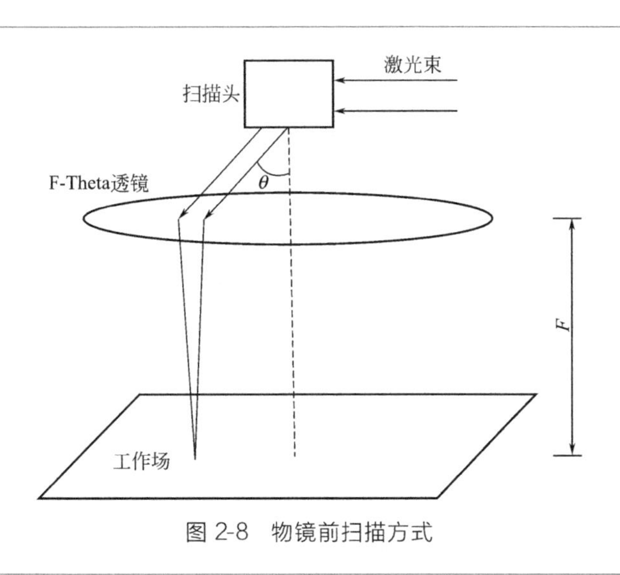

图 2-8　物镜前扫描方式

近似平行的入射激光束经过振镜扫描后再由 F-Theta 透镜聚焦于工作面上。F-Theta 透镜聚焦为平面聚焦，激光束聚焦光斑大小在整个工作面内大小一致。通过改变入射激光束与 F-Theta 透镜轴线之间的夹角 θ 来改变工作面上焦点的坐标。SLM 系统工作面较小时，采用 F-Theta 透镜聚焦的物镜前扫描方式一般可以满足要求。相对于采用动态聚焦方式的物镜后扫描方式，采用 F-Theta 透镜聚焦的物镜前扫描方式结构简单紧凑、成本低廉，而且能够保证在工作面内的聚焦光斑大小一致。但是 F-Theta 透镜不适合大工作面的 SLM 系统。首先，设计和制造具有较大工作面的 F-Theta 透镜成本昂贵；同时，为了获得较大的扫描范围，具有较大工作面积的 F-Theta 透镜的焦距都较长，从而装备的高度需要相应增高，给其应用带来很大的困难；由于焦距的拉长，其焦平面上的光斑变大，同时由于设计和制造工艺方面的原因，工作面上扫描图形的畸变变大，甚至无法通过扫描图形校正来满足精度要求，导致无法满足应用的要求。

② 物镜后扫描方式　如图 2-9 所示，激光束被扩束后，先经过聚焦系统形成会聚光束，再通过振镜的偏转，形成工作面上的扫描点，即为物镜后扫描方式。当采用静态聚焦方式时，激光束经过扫描系统后的聚焦面为一个球弧面，如果以工作面中心为聚焦面与工作面的相切点，则越远离工作面中心，工作面上扫描点的离焦误差越大。如果在整个工作面内扫描点的离焦误差可控制在焦深范围

之内，则可以采用静态聚焦方式。如在小工作面的光固化成形系统中，采用长聚焦透镜，能够保证在聚焦光斑较小的情况下获得较大的焦深，整个工作面内的扫描点的离焦误差在焦深范围之内，所以可以采用静态聚焦方式的振镜式物镜前扫描方式。

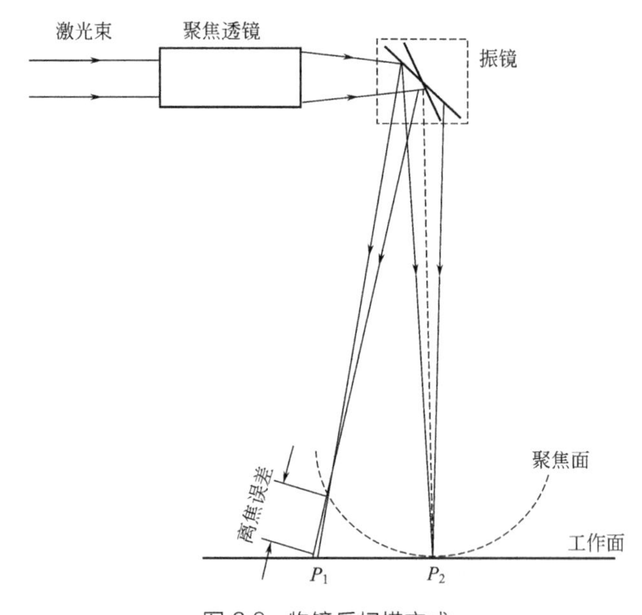

图 2-9 物镜后扫描方式

当激光器的激光波长较长时，很难在较小聚焦光斑情况下取得大的焦深，所以不能采用静态聚焦方式的振镜式物镜前扫描方式，在扫描幅面较大时一般采用动态聚焦方式。动态聚焦系统一般由执行电动机、一个可移动的聚焦镜和静止的物镜组成。为了提高动态聚焦系统的响应速度，动态聚焦系统聚焦镜的移动距离较短，一般为 5mm 以内，辅助的物镜可以将聚焦镜的调节作用进行放大，从而在整个工作面内将扫描点的聚焦光斑控制在一定范围之内。

在工作台面较小的 SLM 装备中，采用 F-Theta 透镜作为聚焦透镜的物镜前扫描方式，由于其焦距以及工作面光斑都在合适的范围之内，且成本低廉，故可以采用。而在大工作幅面的选择性激光烧结系统中，如果采用 F-Theta 透镜作为聚焦透镜，由于焦距太长以及聚焦光斑太大，所以并不适合。一般在需要进行大幅面扫描时采用动态聚焦的扫描系统，通过动态聚焦的焦距调节，可以保证扫描时整个工作场内的扫描点都处在焦点位置，同时由于扫描角度以及聚焦距离的不同，边缘扫描点的聚焦光斑一般比中心聚焦光斑稍大。

2.2.2 缸体运动系统

缸体运动系统主要为缸体升降系统，实现送粉、铺粉和零件的上下运动，通常采用电动机驱动丝杠的传动方式[8]。

(1) 工作缸缸体设计

工作缸缸体形状一般有方形和圆形两种。方形缸具有以下优势：加工方便，成本低。采用拼接方式加工制作，不需要大型的加工设备即可完成加工。同时，由于成形缸内部装有微米级的细小粉末，缸壁和基板的配合精度高，缸壁必须有一定的精度，方形缸的精度容易保证。铺粉辊铺送的粉层为矩形，如采用圆形缸，则缸体周围的工作台面上将会铺送有大量的粉末，方形缸可以节约粉末，降低成本。

(2) 传动装置

目前常用的传动装置有链传动、带传动、精密滚珠丝杠传动。链传动易磨损，易脱落，传动速度低且只能用于两平行轴之间的传动，无法进行竖直方向的进给传动。带传动滑动系数大，传动精度低，实现困难。相比其他传动方式，滚珠丝杠传动具有以下优点。

① 传动精度高　高精度的滚珠丝杠副，导程累计误差可以控制在 5μm/300mm 以下。滚珠螺旋转动的摩擦力小，运行的温升小，通过预拉伸可以消除热补偿。采用预紧螺母可消除轴向间隙，若预紧力适当，在一定程度上可以提高传动系统的刚度和定位精度。

② 传动效率好　滚珠丝杠的传动效率可以高达 90%～98%，是滑动螺旋传动的 2～4 倍，在机械结构小型化、能源节约等方面有重要作用。

③ 同步性能好　SLM 成形加工的粉末层厚约为 20μm，每次进给量小，滚珠丝杠的高节拍运动能够达到逐层下降、层层熔化的效果。

④ 滚珠丝杠传动还具备了低速无爬行、运行平稳、灵敏度准确度高的特点。

滚珠丝杠作为直线运动和回转运动相互转换的进给传动件，优势显著，因此 SLM 平台常采用滚珠丝杠作为成形缸竖直进给系统的传动装置。滚珠丝杠主要包括丝杠、螺母、滚珠、预压片等零件，它有四种运动方式，具体特点如表 2-1 所示。

表 2-1　滚珠丝杠四种运动方式的特点

运动方式	特点
丝杠旋转 螺母直线运动	结构紧凑，丝杠刚性较好，但需要设计导向装置来限制螺母的转动

续表

运动方式	特点
螺母旋转 丝杠直线运动	结构复杂，占用空间大，需要限制螺母移动和丝杠的转动，因此应用较少
螺母固定 丝杠旋转并直线运动	结构简单，传动精度高，螺母可支撑丝杠轴，可消除附加轴向窜动，丝杠轴的刚性较差，只适用于成形较小的场合
丝杠固定 螺母旋转并直线运动	结构紧凑，但在多数情况下使用极不方便，因此较少应用

SLM要求传动装置具有结构紧凑、刚性较好的运动特点，因此竖直进给系统采用丝杠旋转、螺母移动的方式实现成形缸内基板的上下运动。丝杠轴的一端与电动机相连，控制丝杠做旋转运动，借助滚珠丝杠副中滚珠在闭合回路中的循环作用推动螺母做直线移动。

(3) 基板活塞结构

基板活塞结构包括连接杆托板、移动托板、连接杆与基板座及基板。滚珠丝杠副的螺母与连接杆托板和移动托板固定连接，连接杆托板与移动托板利用标准圆柱件通过焊接方式固定连接；此结构通过连接杆与工作缸内部的基板座固定连接；滚珠丝杠副的螺母通过推动基板活塞结构整体运动来带动基板和成形件进行上下运动。

工作缸内装有微米级细小粉末的情况下，竖直铺粉进给系统能够精密运行的关键之一是保证基板与缸壁之间有合理的配合间隙。当粉末颗粒直径与间隙数值相当时，很容易出现粉末卡在基板和缸壁之间的情况，在基板向下运动过程中，颗粒和基板与缸壁产生研磨，致使两者出现塑性划痕，使得缸壁与基板的滑动摩擦系数增大，随着基板向下运动，两者接触面积增大，摩擦力增大，最终出现卡死的情况；若间隙过大，则出现大量漏粉的问题。在设计中，基板尺寸精度为六级精度，表面粗糙度$Ra \leqslant 0.8\mu m$。

基板材料的热物理性质与是否预热也直接影响零件的成形质量：基板材料的热膨胀系数要求与粉末颗粒材料相近，否则在激光扫描加工粉末时，基板和成形零件受热，两者变形差距大，在熔化层产生热应力，使熔化层出现裂纹和翘曲变形；基板的熔点与粉末颗粒材料相近，这样熔化层能够与基板有很好的冶金结合，SLM成形的支承结构可以很好地与基板黏结，不至于脱落；基板要与第一层熔化层有良好的润湿性，使得基板和熔化层的冶金结合更好，因此在加工不同粉末材料时，需要不同材料的基板，基板设计为可拆卸更换。

为了方便拆卸，基板和基板座通过螺纹连接。基板和基板座之间安装有一圈基板垫，基板垫的主要材料是毛毡和橡胶，一方面可以吸纳部分下落粉末，另一方面，当激光扫描加工产生的热量使得基板热胀冷缩的时候可以起到缓冲作用，基板不至于因此而被卡死。

工作缸内部装有微米级的细小粉末，在基板活塞结构上下运动中，可能会沿着基板和缸壁之间的缝隙下落。平台中在工作缸体底部安装缸体托板，一方面将进给传动结构与工作缸相连接；另一方面在一定程度上隔绝了内部粉末与外部滚珠丝杠等机械元件的直接接触。

SLM 加工过程中，激光束根据当前层信息有选择性地扫描粉末，被扫描的粉末温度瞬间升高至熔点形成熔池，而激光束扫描完成离开该区域，熔融的粉末瞬间凝固冷却成形。对于一些脆性材料，高温快速熔化、瞬时凝固冷却的过程温差大，材料内部热应力高，很难通过形变方式将热应力完全消除，极易产生翘曲和裂纹。因此，加工这些脆性材料时需要对基板进行预热。

目前，基板加热的方式主要有电阻丝加热、微波加热、感应加热等。其中电阻丝加热升温速度慢，加热温度低，无法长期在近千摄氏度的高温下工作；微波加热对材料具有选择性，加热的材料不同，加热温度也会随之发生改变，且需要密闭空间，在 SLM 成形中对激光器扫描振镜等部件存在潜在的隐患；感应加热升温速度快，加热温度易控制，是一种较为不错的预热方式。感应加热的工作过程为：当接通外置电源，变压器对铜管线圈通以高频交流电，线圈周围产生高密度磁场，线圈上方的基板对磁场产生感应，使得基板内部产生强大的感应电流形成涡流而升温。该方式可以使得基板在短时间内达到 1000℃的高温。

2.2.3 送铺粉机构

要实现送铺粉以及零件的储存，就必须有相应的送铺粉机构[9]。

(1) 送粉系统

送粉系统分为上送粉系统和下送粉系统。

① 上送粉系统　上送粉系统通过步进电动机驱动辊槽转动，控制粉末下落量。上送粉系统的主要特点有：粉末输送量均匀；输送同样体积粉末，上送粉系统所占空间比下送粉系统所占空间小；可使装备结构紧凑。

② 下送粉系统　下送粉系统经步进电动机控制丝杠转角，控制送粉缸运动量，从而控制粉末层厚度。下送粉系统的主要特点有：粉末输送量均匀；粉末不会扬起，成形腔环境较洁净，减少激光在传输过程的损耗。

(2) 铺粉系统

① 铺粉系统的关键参数　由于在不发生气化情况下，激光直接穿透金属材料的深度为 0.1mm 量级。为保证指定深度的金属粉末完全熔化，且表层粉末温度不超过气化温度，SLM 中需要使铺粉厚度较小。同时，扫描速度越快，底层

粉末受激光作用的时间越短，则温度有可能达不到熔点，因此，较小的铺粉厚度，对扩大扫描速度调节范围也是有利的。此外，由于每个切片不可能做到无限薄，多个具有一定厚度的切片堆积，就产生了“台阶效应”，“台阶效应”与切片厚度密切相关，为提高成形精度，宜采用小的切片厚度，其最小值取决于系统的最小铺粉厚度。采用小的铺粉厚度有利于消除球化。因此，对铺粉系统而言，最重要的设计参数是最小铺粉厚度。

铺粉系统主要由铺粉装置、步进电动机、电动机控制器、成形升降台和盛粉升降台等组成。最小铺粉厚度是由铺粉装置与成形升降台之间的最小间隙决定的，铺粉装置、成形升降台的结构设计及运动控制很重要。

影响最小铺粉厚度的因素有铺粉辊或刮板的制造及安装误差、成形升降台的运动控制和成形升降台形位公差。

② 铺粉装置　铺粉装置主要有铺粉辊和刮刀两种，如图 2-10 所示。对于辊筒式铺粉，由于辊筒具有压实作用，因此，这种方式的优点是铺粉致密性高。但是，当制造零件发生变形时，压辊容易被损伤，压辊一旦损坏就必须进行更换，且更换过程较为繁琐，还会造成粉末浪费。同时，辊筒铺粉方式对粉量需求较大，一般铺粉层厚在 0.05～0.25mm 之间，而刮板式铺粉能够达到较小的铺粉层厚。

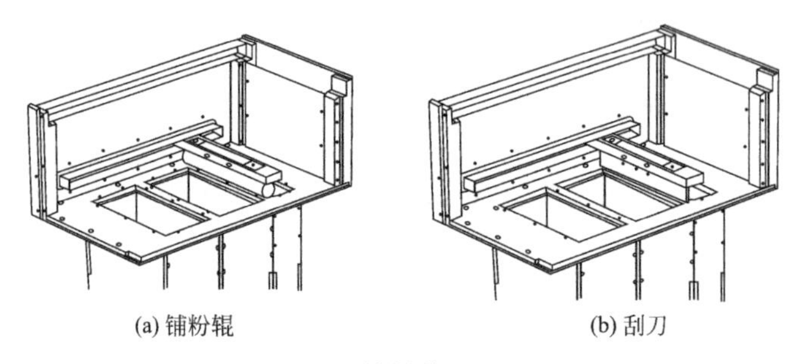

(a) 铺粉辊　(b) 刮刀

图 2-10　铺粉装置

在实际加工过程中，由于受工艺参数选择不当、热应力变形和粉末氧化等不利因素影响，很容易导致扫描后的制件表面出现球化、翘曲等凹凸不平的缺陷。当凸起部分高于铺粉厚度时，将与铺粉机构发生干涉。若采用钢性铺粉机构，将导致铺粉过程中出现卡顿，甚至造成已成形部分或铺粉机构损坏。因此，在设计铺粉机构时在其底部增加了硅橡胶条，可以实现柔性铺粉，避免出现以上情况。铺粉机构底部的硅橡胶条凸出于铺粉机构底板，柔性铺粉过程如图 2-11 所示。

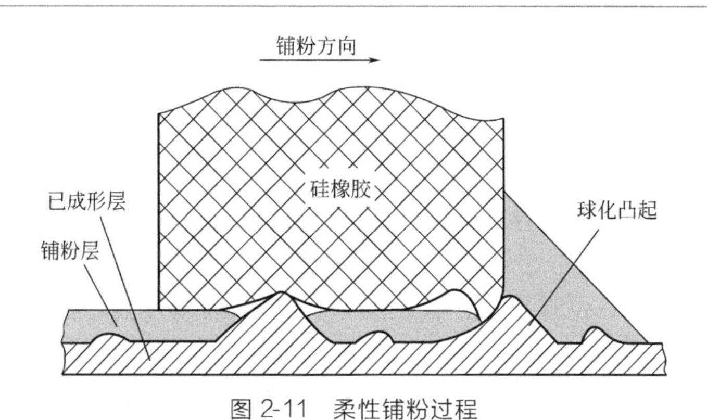

图 2-11 柔性铺粉过程

③ 影响铺粉的因素

a. 粉末特性。一般来说，粉末的球形度越高，流动性越好，铺粉的质量越好。角形颗粒的内摩擦角较大，铺粉过程粉末颗粒之间作用力大，容易产生整体推动现象，在成形区域发生滑动，铺覆的粉层的均匀性较差。此外，粉末黏性大，易黏结在铺粉辊上，较难形成粉层。

b. 铺粉辊的运行速度。铺粉辊的速度包括自转频率和水平移动速度，不同大小的匹配对铺粉造成不同的结果，导致铺粉失败的因素主要有已成形件被挤压变形或推动、速度过大引起的粉层飘散。最优的铺粉效果是在铺粉辊摩擦力作用下，前侧表层粉末向前推动，里层粉末则处于不动状态。

c. 铺粉辊的机械结构。转轴偏心、径向跳动、弯曲变形与工作平面不平行四种设计制造安装误差和铺粉辊长期与粉末作用，表面磨损引起粉层不均匀是铺粉辊机械结构的两类主要误差。在铺粉辊的制造装配过程中应该避免第一类误差，同时定期检查检修各个零部件，并定期更换，提高铺粉质量。

d. 进给量以及进给精度。铺粉进给系统用于控制加工过程中成形缸内基板活塞结构的移动量，即铺粉层厚，粉层厚度过薄或者过厚均不适合，铺粉厚度影响铺粉层的质量。进给精度决定了粉层的厚度精度，主要包括进给结构承受外力的变形精度以及闭环反馈系统的控制精度。

2.3 核心元器件

SLM 的核心器件由主机、激光器、光路传输系统、控制系统和软件系统等几个部分组成。下面分别介绍各个组成部分的功能、构成及特点[10]。

2.3.1 激光器

在 SLM 工艺中，需要在成形过程中完全熔化扫描所经过的金属粉末，并且保证熔化深度能穿透每层粉末的厚度，将两个金属层熔结起来，形成冶金结合的组织，并且也要求成形过程中消除大的热变形、提高成形精度。因此对激光光束的性能要求很高[11]。

在成形过程中，提高激光功率虽然可以快速使粉末升温，但热影响区也会增大，使成形件的变形量增大，不利于提高成形精度，甚至可能使成形件发生断裂。如果单一减小扫描速度，会导致扫描的热影响区增大，不利于提高成形精度，也会显著降低成形效率。因此通过采用减小激光聚焦光斑的方法可获得高的激光功率密度，实现快速升温的目的，同时为提高成形精度和成形效率，采用了中低功率激光器。

其次，不同的激光波长下，材料对激光能量的吸收率是不一样的，对金属材料而言，短波长更有利于材料对激光能量的吸收，SLM 工艺中优先选择短波长类型的激光器。

（1）激光器类型

激光器按工作物质分类，可分为气体激光器、液体激光器、固体激光器、准分子激光器和半导体激光器等。

固体激光器特性：输出能量或功率高；输出相同光能时，固体激光器的体积比气体激光器的要小得多，便于携带与使用；固体激光器的种类和输出谱线数有限。

气体激光器特性：其工作物质为气体，由于气体密度比固体小，因此在输出相同功率情况下气体激光器比固体激光器的尺寸大。为了输出较高功率，气体激光器的主要工作介质为 CO_2。

液体激光器特性：其工作物质为无机液体或有机染料液体，能得到输出波长连续可调的激光束。

半导体激光器特性：其工作物质为半导体，具有体积小的特点。

符合 SLM 成形要求的激光器主要有光纤激光器、半导体激光器、准分子激光器、盘形激光器等。半导体泵浦全固态激光器及光纤激光器更具有应用前景，这里着重介绍这两种激光器。

① 半导体泵浦固体激光器（Diode Pumped Solid State Laser，DPSSL） 这是一种高效率、长寿命、光束质量高、稳定性好、结构紧凑小型化的第二代新型固体激光器。其种类很多，可以是连续的、脉冲的、加倍频混频等非线性转换的。工作物质的形状有圆柱和板条状的。其泵浦的耦合方式可分为端面泵浦和侧

面泵浦。

端面泵浦方式采用的泵浦源为经会聚处理后的半导体激光，光束直接沿垂直于激光晶体端面的方向进入晶体，由于耦合损失较少，并且泵浦光也有一定的模式，产生的振荡光模式与泵浦模式有密切关系，匹配效果好，因此有较好的光束质量。但由于这种泵浦方式中，泵浦光束激活的晶体体积较小，难以实现较大的功率输出，因此在激光加工领域的应用受到了限制。

侧面泵浦方式采用多个激光二极管阵列围成一圈组成泵浦源，可以获得很高的泵浦功率，并且由于采用侧面泵浦的方式，激光通过激光晶体反射传输，这样，激光经过激光晶体的长度就大于激光晶体的外形长度，即提供了更长的有效长度。在有效长度内，激光晶体皆可直接吸收到由激光二极管发射的泵浦光，从而光转换效率更高，更容易获得较高功率的激光输出。尽管这种泵浦方式获得的激光光束质量模式比不上端面泵浦方式获得的激光光束质量，但仍比灯泵浦 Nd：YAG 固体激光器好得多。正是由于侧面泵浦方式具有效率高、光束质量较好的优点，使得这种泵浦方式的半导体泵浦激光器近年来在国际上发展极为迅速，已成为激光学科的重点发展方向之一，在激光打标、激光微加工、激光印刷、激光显示技术、激光医学和科研等领域都有广泛的用途。当前发展最为成熟的半导体侧面泵浦激光器是半导体泵浦 Nd：YAG 激光器，其输出波长为 1.06μm，与目前广泛应用于激光加工业上的灯泵浦 Nd：YAG 激光器的输出波长一样，但半导体泵浦 Nd：YAG 激光器具有灯泵浦 Nd：YAG 激光器所没有的诸多优点，如光束质量可接近基模，激光器的总体效率可达 10%以上，体积更紧凑小巧，工作寿命更长等。因此半导体泵浦 Nd：YAG 激光器是激光选区熔化工艺的理想激光器之一。德国的 Concept Laser 公司的 M3 激光选区熔化快速成形系统就采用了半导体泵浦的单模 Nd：YAG 激光器，激光功率为 100～200W。

② 光纤激光器　被誉为第三代激光器，也是当前激光领域的研究热点。它因具有体积小、效率高、可靠性高、运转成本低、光束质量好（通常仅受衍射限制）和传送光束灵活等优点，被广泛应用于通信、材料加工、医疗等领域。

光纤激光器主要包括掺稀土元素的光纤激光器和非线性效应光纤激光器（光纤受激布里渊散射激光器和光纤受激拉曼散射激光器）。高功率光纤激光器的实现得益于双包层光纤的出现。与单包层光纤相比，双包层光纤只比单包层光纤多了一个内包层，然而就是因为这一内包层，使得双包层光纤比单包层光纤有着更好的光学性能。内包层的横向尺寸和数值孔径都大于纤芯。纤芯中掺杂稀土元素。纤芯的折射率比内包层要高，而内包层的折射率又比外包层要高，这样使得掺杂纤芯振荡产生的激光能限制在纤芯内部传播，使输出激光的模式好、光束质量高，并且由于内包层的折射率要比外包层高，内包层与纤芯一起构成了一个大的纤芯，用于传输泵浦光，泵浦光能反复穿越掺杂纤芯，这就大大提高了泵浦效率。双包层光纤激光器工作过程如下。

泵浦光多次穿过掺杂纤芯，将掺杂纤芯中稀土元素的原子泵浦到高能级，通过泵浦光对掺杂纤芯的不断泵浦，使掺杂纤芯达到粒子数反转，然后通过跃迁产生自发辐射光。在光纤的两端设置了谐振腔腔镜，腔镜可以是反射镜、光纤光栅或是光纤环。现在多采用具有体积小、插入损耗低、与光纤兼容性好的布拉格光纤光栅作为谐振腔腔镜。两个腔镜中，其中一端的布拉格光纤光栅做成对特定波长的自发辐射光全反射形式，另一端的布拉格光纤光栅做成对此特定波长的自发辐射光部分反射、部分透射形式。这样掺杂纤芯就形成了法布里-珀罗（F-P）谐振腔。布拉格光纤光栅对自发辐射光有选频作用。这一特定波长的辐射光作为激发光，使达到粒子数反转的掺杂纤芯内的稀土元素产生受激辐射跃迁。此特定波长的辐射光在谐振腔内被多次放大和反射，最后产生激光，由部分反射光纤光栅端输出。光纤激光器已能满足工业上的使用要求。近两年，国外的金属零件激光选区熔化工艺中已经开始采用光纤激光器，如德国的 EOS GmbH 公司的 EOSINT M270 设备、Phenix-systems 公司的 PM250 都采用固体光纤激光器。光纤激光器结构示意图如图 2-12 所示。

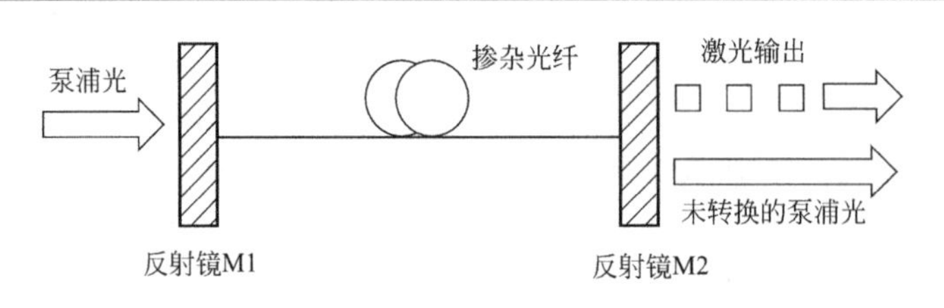

图 2-12 光纤激光器结构

(2) 激光器参数

激光功率：连续激光的功率或者脉冲激光在某一段时间的输出能量，通常以功率 P 计量。如果激光器在时间 t（单位 s）内输出能量为 E_0（单位 J），则输出功率 $P=E_0/t$。

激光波长：光具有波粒二象性，也就是光既可以看做是一种粒子，也可以看做是一种波。波具有周期性，一个波长是一个周期下光波的长度，一般用 λ 表示。

激光光斑：激光光斑是激光器参数，指的是激光器发出激光的光束直径大小。

光束质量：光束质量因子是激光光束质量的评估和控制理论基础，其表示方式为 M^2。其定义为

$$M^2=R\theta/R_0\theta_0$$

式中 R——实际光束的束腰半径；

R_0——基膜高斯光束的束腰半径；

θ——实际光束的远场发散角；

θ_0——基模高斯光束的远场发散角。

光束质量因子为 1 时，具有最好的光束质量。

激光的聚焦特征：激光束经聚焦后能在焦点（衍射极限或束腰）处获得最大的激光功率密度。从以下五个方面讨论激光聚焦特征。

① 激光束的发散 激光束可分为近场区和远场区。对高斯光束，当传播距离小于 d_a^2/λ（λ 为激光波长，d_a 为激光输出孔径）时，光束发散很小，为近场区。当距离大于 d_a^2/λ 时，光束的发散由衍射效应决定，发散角一般为 λ/d_a^2 的数量级。

为确定激光束在材料表面（靶面）上的聚焦情况，引入无维参量 ξ

$$\xi=\pm\frac{z_0 r_1}{\omega_0} \tag{2-1}$$

$$2\theta=d_1/f$$

式中 z_0——靶面到束腰的距离；

$2r_1$——聚焦透镜的孔径；

d_1——光束在透镜上光斑大小；

f——透镜的焦距。

当靶面在束腰之外时，ξ 为＋；当靶面在透镜与束腰之间时，ξ 为－，如图 2-13 所示。

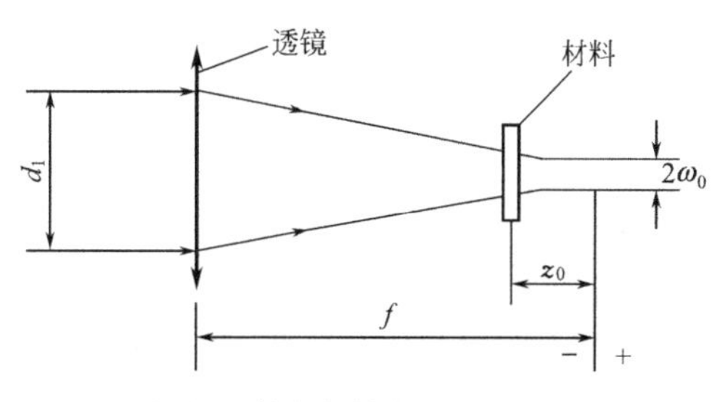

图 2-13 激光在材料表面上的聚焦

激光光束的发散角对聚焦焦斑大小起决定作用，可用激光聚焦特征参数 q（聚焦特征值）来表征光束的聚焦性质，即

$$q=\frac{\text{非高斯光束的发散角}}{\text{高斯光束的发散角}} \tag{2-2}$$

一般而言，q 值越大，光束的聚焦性能越差，对应的焦斑尺寸越大。

② 激光束的准直（发散角的缩小） 激光束有两种准直法，如图 2-14 所示。图中输出光束直径 D_2 和输入的 D_1 的比值为 f_1/f_2，而发散角和光束直径成反比，所以

$$\theta_2=\frac{f_1}{f_2}\theta_1 \tag{2-3}$$

式中 θ_1——输入光束发散角；

θ_2——准直后的发散角。

因为 $f_1<f_2$，使准直后的发散角 θ_2 缩为原来的发散角 θ_1 的 f_1/f_2。

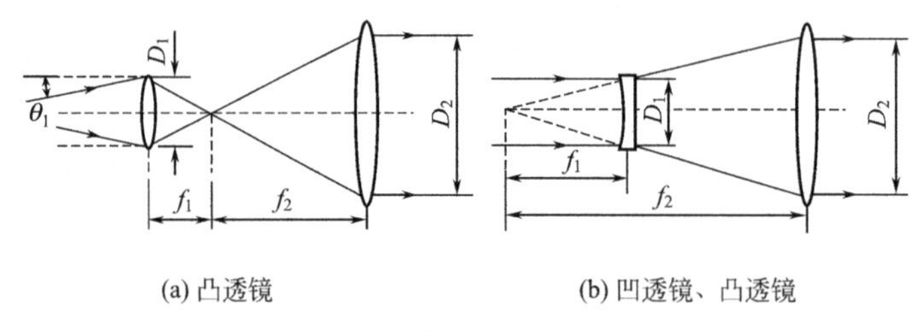

图 2-14 激光束的准直法

图 2-14(b) 所示的由凹透镜和凸透镜组成的准直系统比图 2-14(a) 所示的准直系统更为紧凑，该系统更适合在高功率激光系统中使用，这主要是因为在凹和凸透镜之间没有实焦点存在，从而可避免空气击穿。

③ 光束质量因子和传播因子 可用下面两个特征参数中的一个来描述光束的质量特性，即光束质量因子 M^2 和光束传播因子 K，定义如下

$$K=\frac{1}{M^2}=\frac{\lambda}{\pi}\times\frac{1}{\omega_0\theta_\infty} \tag{2-4}$$

式中 λ——激光波长；

θ_∞——激光束的发散角；

ω_0——束腰的光斑直径。

如果 $M^2=1$（即 $K=1$），那么激光束已经达到了衍射极限，光束发散程度最小且在光路传输过程各处的光斑直径最小；如果 M^2 是其他值，激光束则是 M^2 倍的衍射极限。K 和 M^2 通常用作激光器的光束质量特征参数，工业激光器 K 一般在 0.1～1 之间，而 M^2 则在 1～10 之间。激光束的 M^2 越接近 1，激光束的质量越好。

因为 Nd：YAG 激光器产生的激光束波长较短，所以根据式(2-4) 可知其 M^2 值有较大的数量级。当 M^2 已知，光束半径与激光出口距离之间的双曲线函数关系如图 2-15 所示，则 $\omega(z)$ 的计算式如下

$$\omega(z)=\omega_0\left[1+\left(\lambda M^2\frac{z-z_0}{\pi\omega_0^2}\right)^2\right]^{\frac{1}{2}} \tag{2-5}$$

式中 $\omega(z)$——在激光器出口 z 处的激光半径；

z_0——激光束腰离激光器出口的距离。

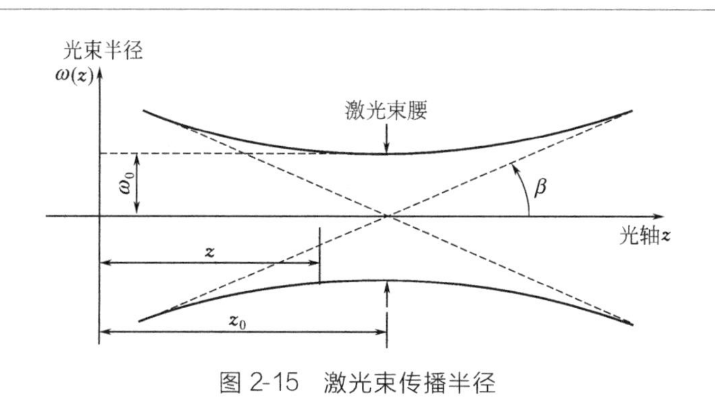

图 2-15 激光束传播半径

④ 光束参数积 光束的束腰 ω_0 和激光束远场发散角 θ_∞ 的乘积定义为光束参数积（Beam Parameter Product，BPP）

$$\omega_0\theta_\infty=\frac{\lambda}{K\pi}=\frac{M^2\lambda}{\pi} \tag{2-6}$$

光束参数积表示光束的传播特性，只要使用的光学系统无变形、无裂缝，那么它在整个光束传播过程都是不变的。

⑤ 光束的聚焦 激光在传输变换过程中，其聚焦前后的束腰直径乘以远场发散角保持不变，为一常数

$$D_0\theta_{0\infty}=D_1\theta_{1\infty}=K_f \tag{2-7}$$

这个常数为激光光束聚焦特征参数 K_f。K_f 越小，表征光束的传输性能和聚焦性能越好，也就是说可以进行远距离传输，而且可以得到最小的聚焦光斑和高度集中的功率密度。

光束经过聚焦镜后的传播如图 2-16 所示，聚焦透镜的焦距为 f，波长为 λ 的圆形对称光束，其在透镜处的光束半径为 r，远场发散角为 θ_∞，传播因子为 K，则焦点半径 r_{foc} 可以通过式(2-8) 计算

$$r_{foc}=\frac{f\lambda}{rK\pi}=\frac{f\omega_0\theta_\infty}{r} \tag{2-8}$$

当采用扩束镜时，其入射光束最好在光束的束腰位置，其原因是因光束在束腰位置具有最高的准直度（平行度，即最小的发散角）和最小的畸变。

因此，对于固定的焦距 f、$2\omega_0$ 及 $2\theta_\infty$，根据式(2-8) 可知，入射较大直径光束经聚焦透镜后能得到较小聚焦光斑。因此，在聚焦镜之前通常使用扩束镜（准直镜），以得到更小的聚焦光斑。

在焦点附近，为焦点处 2 倍的两个光束横截面间的距离称为瑞利（Rayleigh）长度或焦深，可用式(2-9）表示

$$z_{\text{Rayleigh}}=\frac{f^2\lambda}{2r^2K\pi} \tag{2-9}$$

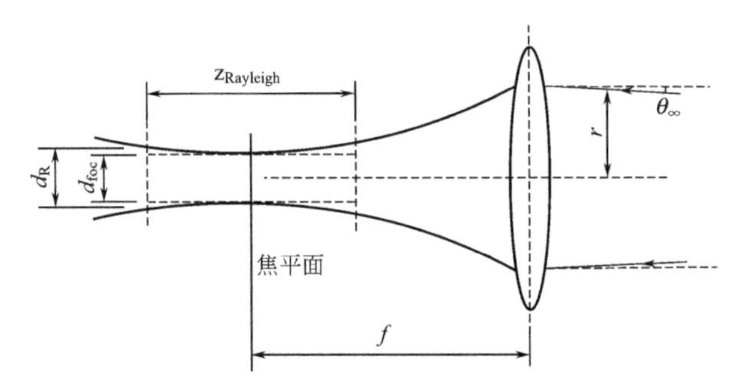

图 2-16　光束经过聚焦镜后的传播示意

商品化光纤激光器主要有英国 SPI 和德国 IPG 两家公司的产品，其主要性能如表 2-2、表 2-3 所示。

表 2-2　SPI 公司 400W 光纤激光器主要参数

参数	参数范围	参数	参数范围
型号	SP-400C-W-S6-A-A	调制频率	100kHz
功率	400W	功率稳定性(8h)	<2%
中心波长	(1070±10)nm	红光指示	波长 630～680nm,1mW
出口光斑	(5.0±0.7)mm	工作电压	200～240(±10%)V AC,47～63Hz,13A
工作模式	CW/Modulated	冷却方式	水冷,冷却量 2500W
光束质量因子 M^2	<1.1		

表 2-3　IPG 公司 400W 光纤激光器参数

参数	参数范围	参数	参数范围
型号	YLR-400-WC-Y11	调制频率	50kHz
功率	400W	功率稳定性(4h)	<3%
中心波长	(1070±5)nm	红光指示	同光路指引
出口光斑	(5.0±0.5)mm	工作电压	200～240VAC,50/60Hz,7A
工作模式	CW/Modulated	冷却方式	水冷,冷却量 1100W
光束质量因子 M^2	<1.1		

(3) 激光器的选用方法

① 选用激光器需要的确定参数　选择激光器首先要保证所选择的激光器具有合适的激光参数。可通过激光器最高输出功率、激光波长、光束束腰直径、光束质量因子四个参数来选择激光器。对于前三个参数，可以预先假定。光束质量因子则需要根据熔化成形的实际要求计算。

光路系统由扩束镜及聚焦镜两组元件组成，对高斯光束，如已确定焦距 f、扩束倍率 n，将聚焦单元近似看成一个薄透镜，则经扩束准直及聚焦后，得到聚焦光斑直径 $D_{\min}$ 与光束质量因子 M^2 的关系如式(2-10) 所示

$$D_{\min}=d_{\mathrm{r}}+d_{\mathrm{t}}=\frac{4\lambda M^2 f}{\pi n D_0}+\frac{k_{\mathrm{n}}(nD_0)^3}{f^2} \tag{2-10}$$

式中，d_{r} 为艾利圆直径；d_{t} 为弥散圆直径；D_0 为光束束腰直径；k_{n} 为透镜折射率的函数，与透镜材料有关。

根据成形工艺条件求得所需的聚焦光斑直径，即可由式(2-10) 求得所要选用的激光器的光束质量。

② 成形所需聚焦光斑尺寸的计算方法　在 SLM 工艺中，为避免材料剧烈气化后气流将粉末或熔液吹跑，选区激光熔化过程一般要求材料表面的温度在气化点以下，即采用保证指定深度粉末达到熔点而表面温度不能超过气化点的浅层熔化方式成形。由于不同材料的热物理性质参数不同，在相同的加工参数下计算所得的聚焦光斑直径必定不相同，因此，不能以单种材料作为计算聚焦光斑的标准，而应综合考虑多种成形材料。

如上所述，激光器的输出功率是可以事先假定的，则最大功率已知。由于铺粉系统的铺粉精度有限，会有一个最小的铺粉厚度，如采用这一最小铺粉厚度成形，则在最大激光功率下，应该可以确定同种材料下成形的最大扫描速度。式(2-10) 中，k_{n} 通常只有 0.01 的量级，而光束束腰直径 D_0 也远比焦距小，因此，式中等号右边第二项对光斑的大小影响很小，于是从等号右边第一项可以看到，当可调扩束镜倍数最大时，聚焦光斑直径最小，可调扩束镜倍数最小时，聚焦光斑直径最大。

由于热物理性质参数不同，对每种金属材料都可求得该种材料成形过程所需的聚焦光斑直径，形成一个聚焦光斑直径数组。如果从这数组中提取出最小的数值（最小聚焦光斑直径），则这个数值可作为激光器选用的依据，因此，可采用图 2-17 所示流程确定所需的聚焦光斑尺寸。

图 2-17 所示的计算流程中，需要对单种材料计算合适的聚焦光斑尺寸。由于激光熔化的精确求解十分困难，其中涉及热传导、对流、辐射等传热方式，如果考虑熔化过程中全部的传热方式，无论是数值法还是解析法都很难得到一个精

确的解，因此求解前需进行一定假设。

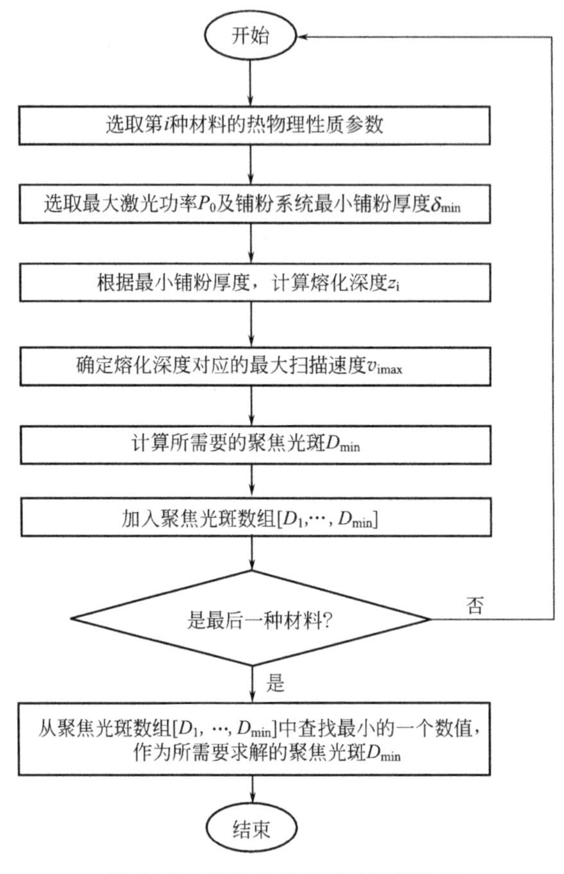

图 2-17　聚焦光斑尺寸的计算流程

如上所述，SLM 过程一般要求粉体表面的温度在气化点以下。考虑到采用的扫描速度通常较高，因此热传导在熔池的热传播过程占主导地位，辐射和对流几乎可以忽略不计。并且由于聚焦光斑细小，熔池非常细小，熔化及凝固速度都很快，可忽略熔池中相变潜热以及热物理参数随温度和状态的变化对传热过程的影响。为简化计算，再假设激光功率密度分布均匀，由于采用逐层成形的原理（如是首层，则对应一个很厚的基板），计算是基于半无限厚物体的温度场来进行的，则单种材料的合适聚焦光斑直径的计算模型可描述如下

$$T_m=\frac{2Bp}{k_q}\sqrt{t_p\psi}\,\mathrm{ierfc}\frac{z}{2\sqrt{t_p\psi}} \tag{2-11}$$

$$T_{q0}=\frac{2Bp}{k}\sqrt{\frac{t_p\psi}{\pi}} \tag{2-12}$$

$$T_{q0}\leqslant T_v \tag{2-13}$$

$$t_p\approx\frac{D_{min}}{v} \tag{2-14}$$

$$p\approx\frac{4P_0}{\pi D_{min}^2} \tag{2-15}$$

$$C_0=\eta\delta_{min} \tag{2-16}$$

式中 p——功率密度；

k_q——热导率；

B——材料对激光的吸收系数；

T_{q0}——材料表面温度；

T_m——材料熔化温度；

T_v——材料气化温度；

ψ——材料热扩散系数；

t_p——激光作用时间；

δ_{min}——系统的最小铺粉厚度；

C_0——熔化深度；

η——铺粉安全系数，$\eta>1$；

$\mathrm{ierfc}(s)$——互补误差函数。

则有

$$\mathrm{ierfc}(s)=\int_s^{\infty}\mathrm{erfc}(s)\mathrm{d}s$$

$$\mathrm{erfc}(s)=1-\mathrm{erf}(s)$$

$$\mathrm{erf}(s)=\frac{2}{\sqrt{\pi}}\int_0^s\mathrm{e}^{-s^2}\mathrm{d}s$$

上述求解的前提条件是激光功率密度均匀分布，对于相同光斑大小的高斯光束，在同等功率下，高斯光束在光斑中心处的功率密度比功率密度均匀分布的光束更高，故在光斑中心处得到的熔化深度也更深，因此采用上述求解得到的激光聚焦光斑直径对于选用高斯光束的激光器是偏于安全的。

③ 激光器的选用示例 假定选用钛粉、镍粉、铜粉、钨粉为成形材料，材料的热物理性质参数如表 2-4 所示（这里假设粉末材料的热物理性质参数与固态材料的热物理性质参数相同）。铺粉安全系数 η 取为 1.5，最大激光功率取为 200W，铺粉系统的最小铺粉厚度 δ_{min} 为 20μm。

表 2-4 材料的热物理性质参数

项目	热导率 k_q /[W/(cm·K)]	熔点 T_m /K	气化温度 T_v /K	热扩散率 ψ /(cm²/s)	吸收率 A (YAG 激光)
Ti	0.216	1941	3562	0.064	0.42
Ni	0.9	1726	3110	0.232	0.26
Cu	4	1356	2855	1.16	0.1
W	1.7	3653	5800	0.657	0.41

a. 确定用于选用激光器的聚焦光斑直径 D_{min}。

• 以钛粉为成形材料所求得的聚焦光斑直径。往式(2-11)～式(2-16) 中代入相关参数，利用 matlab 作图，可得图 2-18 所示的聚焦光斑尺寸与粉末温度曲线。由图 2-15 可知，随着扫描速度的增大，温度与光斑直径关系曲线是不断向左推移的。以 0.755m/s 的扫描速度为分界点（对应曲线 2，2′），在该扫描速度下，最小铺粉厚度对应的指定深度粉末达到深点时，表面温度恰好达到气化点。扫描速度小于或等于 0.755m/s 时，会有合适的聚焦光斑直径，能保证指定深度粉末达到熔点时，表面温度又没有超过气化温度，但以扫描速度等于 0.755m/s 时所对应的聚焦光斑直径最小（图中左界线对应的 X 轴坐标值），即 $D_{1min}=276\mu m$ 为所求的聚焦光斑，0.755m/s 为所求的最大扫描速度，即 $v_{max}=0.755m/s$。

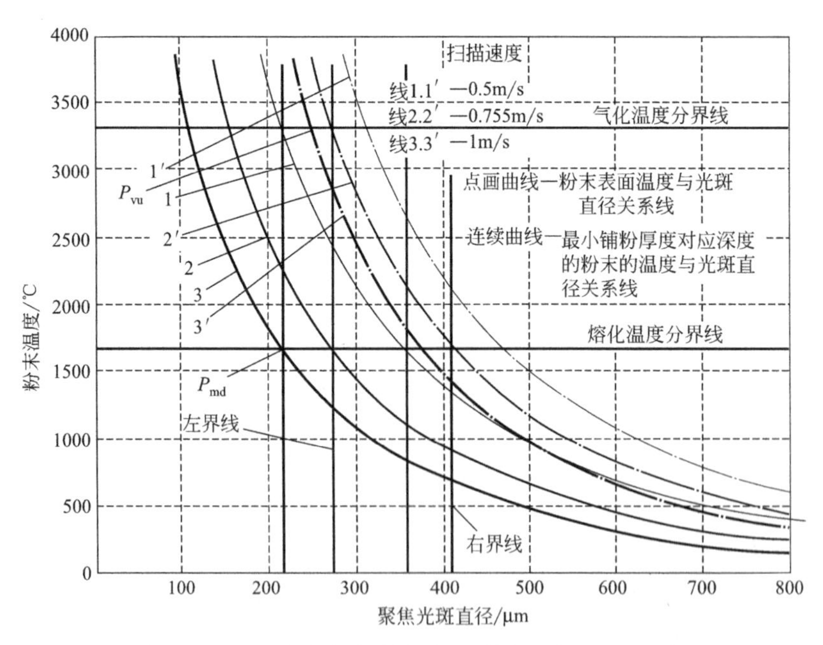

图 2-18 聚焦光斑与粉末温度曲线（材料：钛，激光功率 200W，铺粉厚度 20μm）

由图 2-18 也可发现，聚焦光斑直径并非越小越好，当扫描速度达到 1m/s 时，最小铺粉厚度对应的指定深度粉末在更小的聚焦光斑直径 220μm 处进入熔化区域（图 2-18 的曲线 3），但此时粉末表面温度早已超过气化点，继续增大扫描速度，由于随扫描速度的增大，温度与光斑直径关系曲线不断向左推移，图 2-18 中的表面温度曲线与气化线的交点 P_{vu} 与最小铺粉厚度对应深度粉末温度曲线与熔化线的交点 P_{md} 在 X 方向的距离将越来越大，于是仍然找不到一个聚焦光斑直径，使当最小铺粉厚度对应的指定深度粉末达到熔点时，粉末表面温度在气化点以下。

因此，在确定铺粉厚度及激光功率前提下，对一种成形材料，并非聚焦光斑直径越小越好，而是存在一个能满足浅层熔化方式成形要求的最小值。

• 以镍粉为成形材料所求得的聚焦光斑直径。往式(2-11)～式(2-16) 中代入镍粉的相关参数，利用 matlab 作图，可得图 2-19 所示的聚焦光斑直径与粉末温度曲线。

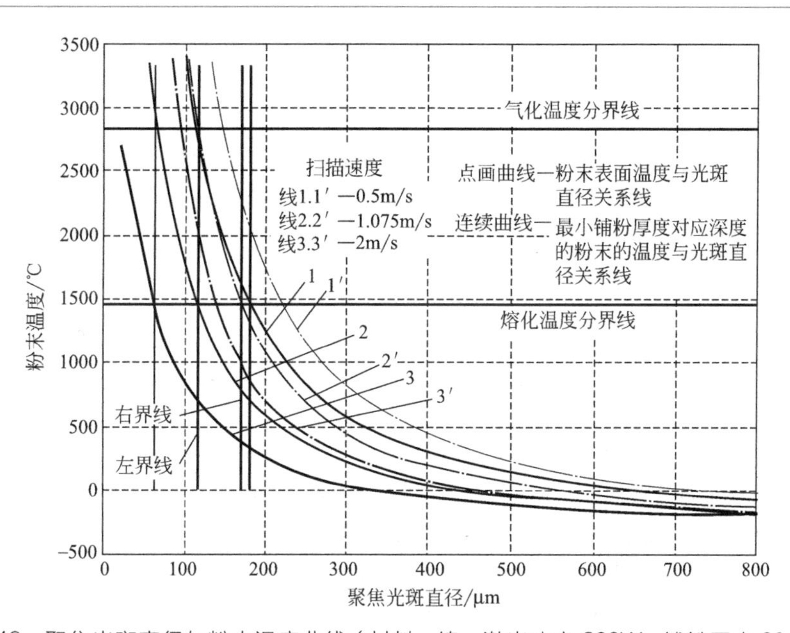

图 2-19 聚焦光斑直径与粉末温度曲线（材料：镍，激光功率 200W，铺粉厚度 20μm）

同理分析，最大扫描速度 $v_{2max}=1.075$m/s，聚焦光斑直径 $D_{2min}=116$μm。

• 以铜粉为成形材料所求得的聚焦光斑直径。往式(2-11)～式(2-16) 中代入铜粉的相关参数，利用 matlab 作图，可得图 2-20 所示的聚焦光斑直径与粉末温度曲线。

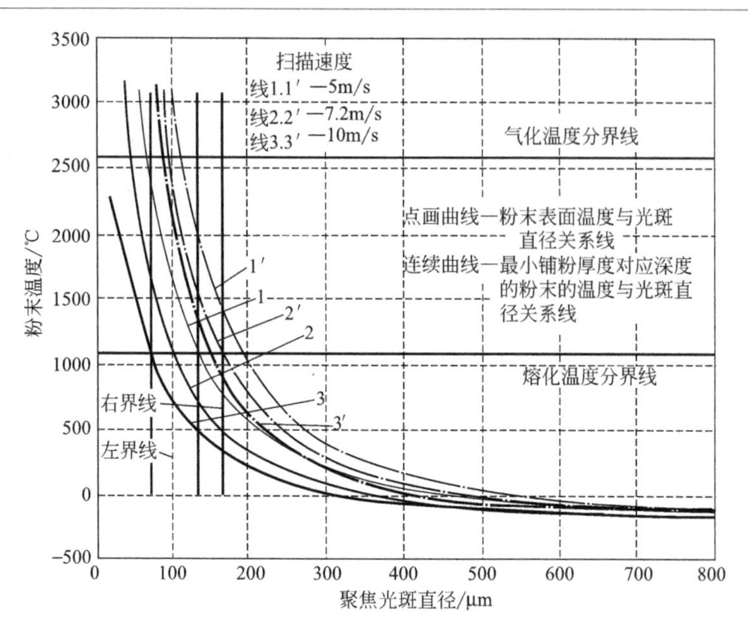

图 2-20 聚焦光斑直径与温度曲线（材料：铜，激光功率 200W，铺粉厚度 20μm）

同理分析，最大扫描速度 $v_{3max}=7.2m/s$，聚焦光斑直径 $D_{3min}=101\mu m$。

• 以钨粉为成形材料所求得的聚焦光斑尺寸。往式(2-11)～式(2-16) 中代入钨粉的相关参数，利用 matlab 作图，可得图 2-21 所示的聚焦光斑直径与粉末温度曲线。

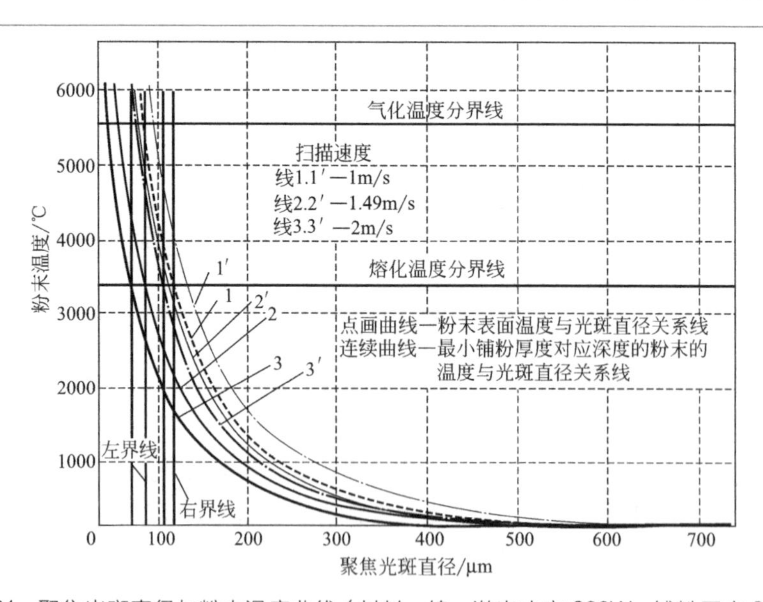

图 2-21 聚焦光斑直径与粉末温度曲线（材料：钨，激光功率 200W，铺粉厚度 20μm）

同理分析，最大扫描速度 $v_{4\max}=1.49\text{m/s}$，聚焦光斑直径 $D_{4\min}=87\mu\text{m}$。

• 求得最小光斑直径数组及用于选择激光器的聚焦光斑直径。归纳上述所求，聚焦光斑直径数组为：

$$\text{Group\_}D_{\min}=[D_{1\min},D_{2\min},D_{3\min},D_{4\min}]=[276,116,101,87]$$

因此，用于选择激光器的最小聚焦光斑直径为 $D_{\min}=87\mu\text{m}$。

同理分析图 2-18～图 2-21，可知在确定铺粉厚度及激光功率前提下，对一种成形材料，并非聚焦光斑直径越小越好，而是存在一个能满足浅层熔化方式成形要求的最小值。因此聚焦光斑直径数组中的值，在成形过程中，都有可能用到，但通过可调扩束镜，可以获得比最小聚焦光斑直径更大的值。EOS 公司的 EOS270SLM 系统，采用的聚焦光斑直径为 100～500μm 可调，其理由可能也是如此。

b. 半导体侧面泵浦 Nd：YAG 激光器的选用。根据系统布局确定透镜焦距 $f=550\text{mm}$，扩束镜最大扩束倍数为 $n=8$，则采用最大扩束倍数时的光斑最小。

为使金属材料吸入更多的激光能量，应当采用短波长的激光束。半导体侧面泵浦 Nd：YAG 激光具有较短的激光波长，很适合应用于选区激光熔化快速成形工艺中，波长为 $\lambda=1.064\mu\text{m}$，下面对这种激光器进行计算选用。

根据式(2-10)，为使激光束能在焦平面上聚集成聚焦光斑直径为 $D_{\min}$ 的激光斑点，应当使

$$M^2\leqslant\left[D_{\min}-\frac{k_{\text{n}}(nD_0)^3}{f^2}\right]\times\frac{\pi nD_0}{4\lambda f} \tag{2-17}$$

已知输出光束束腰直径选为 $D_0=3\text{mm}$。令 $\lambda=1.064\mu\text{m}$，$D_{\min}=87\mu\text{m}$，$f=550\text{mm}$，$n=8$，则对新月形硒化锌透镜，式(2-10) 中的 $k_n=0.0187$。将这些数值代入式(2-17)，可求得激光光束质量因子 M^2

$$M^2\leqslant 2.785$$

所以选用激光器时，应当使 $M^2\leqslant 2.785$。

因此，要选用的半导体侧面泵浦激光器应该具有表 2-5 所示的参数。

表 2-5 拟选用的激光器参数

参数	参数值
最大输出功率 P_0	200W
波长 λ	1.06μm
输出光束束腰直径 D_0	3mm
光束质量因子 M^2	≤2.785

c. 光纤激光器的选用。拟选用掺镱双包层光纤激光器，其波长为 $\lambda=1.09\mu m$。当前市场上商品化的光纤激光器主要有 SPI 公司及 IPG 公司的光纤激光器，50～200W 的掺镱双包层光纤激光器的光束质量因子都是 $M^2<1.1$，输出光束束腰直径都是 $D_0=5mm$。

已知拟采用的最大输出功率为 200W 的光纤激光器，则将 $\lambda=1.09\mu m$，$D_{min}=87\mu m$，$f=550mm$，$n=8$，$D_0=5mm$ 代入式(2-17)，同理求得 $M^2<4.35$。因此采用光纤激光器是明显可以得到更细微的聚焦光斑的。但是如上所述，不同的材料在最大功率、最小铺粉厚度情况下，都对应一个合适的聚焦光斑直径（上述求得的聚焦光斑直径数组）。采用光纤激光器后能不能聚焦到聚焦光斑直径数组中的最大聚焦光斑尺寸，还得验算。

由前面的分析可知，最大聚焦光斑直径对应着最小的扩束倍数，如果验算得到扩束倍数小于 1，则是不合理的，在这种情况下，调整扩束镜倍数，已无法得到聚焦光斑直径数组中的一些值。

为此，采用光纤激光器的情况下，面临的问题是如何得到想要的较大尺寸聚焦光斑。一种方法是采用光阑限制光束束腰直径大小，如采用 3mm 孔径的光阑，则光束束腰直径大小也为 3mm，由于对高斯光束，光束截面外围的能量分布很小，可以忽略光阑的过滤损耗，则前面所求得的聚焦光斑直径数组仍是适合的。更简便的方法是将聚焦透镜设计为位置可调，则在成形过程，根据实际情况选用一定的正离焦量，这样，加工平面不在焦点位置，即可得到一个较大的聚焦光斑。

2.3.2 扫描系统

SLM 的光学扫描系统基本上有两种：X-Y 平面式扫描系统和振镜式扫描系统[12-14]。

X-Y 平面式扫描系统具有结构简单、定位精度高、成本低和数据处理相对简单等优点。该扫描方式由计算机控制光学镜片在 X-Y 平面式内移动以实现扫描，没有对扫描尺寸的限制，无论在工作台的中心或边缘任何位置，都能保证光斑尺寸和入射角度保持不变，不会出现光斑畸变的问题，大大简化了物镜设计。但是它的运动惯性较大，为确保扫描定位精度，其运动速度不能过快。如图 2-22 所示，激光器产生的激光束经光纤传输并从准直镜组输出后，经第一反射镜片反射传输到固定在 X 轴上的第二反射镜片上，然后反射后的激光束被激光扫描头上的反射镜改变为与扫描平面垂直的方向，接着通过聚焦镜片，激光束由平行光变成工作平面上最终的聚焦光斑。

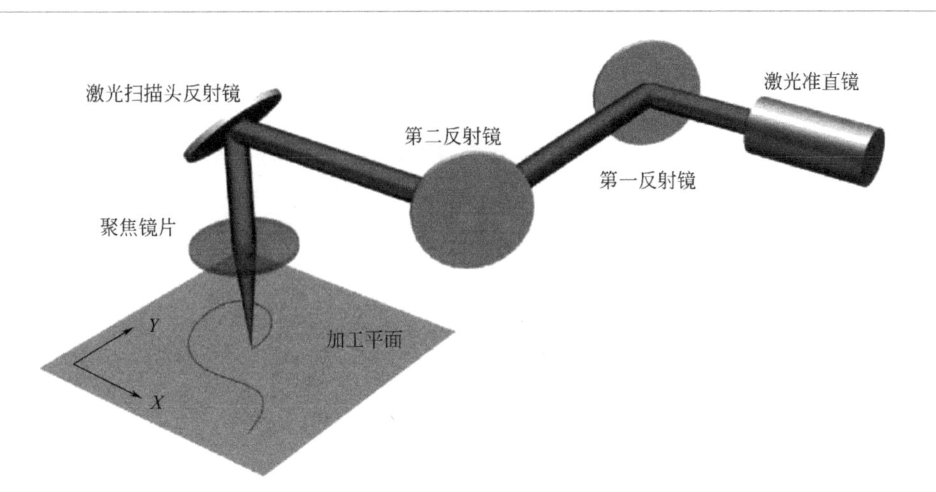

图 2-22 X-Y 平面式光学扫描系统

振镜式扫描是目前国内外 SLM 设备上使用较多的扫描方式。这种扫描方式使用电动机带动两片反射镜分别沿 X 轴和 Y 轴做高速往复偏转，通过两个反射镜的配合运动，从而实现激光束的扫描。在带动态聚焦模块的振镜扫描系统中，还需要控制 Z 轴聚焦镜的往复运动来实现焦距补偿。

振镜扫描系统存在如下几个优点：镜片偏转较小角度即可实现大幅面的扫描，具有更紧凑的结构；镜片偏转的转动惯量很低，配合计算机控制和高速伺服电动机能明显降低激光扫描延迟，提高系统的动态响应速度，具有更高的效率；振镜扫描系统的原理性误差目前已能通过计算机控制的编程调节的方式弥补，具有更高的精度。

基于振镜扫描系统的这些优点，该技术得到了高速发展，产品已在激光加工、激光测量、半导体加工、生物医学等多个领域得到了广泛的应用。目前，推出成熟振镜扫描系统产品的主要有德国的 SCANLAB 公司和美国的 CTI 公司，国内虽然也有科研机构在进行研发，但还没有成熟产品。尤其 SCANLAB 公司针对各种不同应用场合有多套解决方案，能够提供适用于 CO_2、Nd：YAG、HeNe 等激光器的扫描系统方案，为各大激光成形公司所选用。

振镜扫描系统的工作原理如图 2-23 所示，激光光束进入振镜头后，先投射到沿 X 轴偏转的反射镜上，然后反射到沿 Y 轴旋转的反射镜上，最后投射到工作平面 XOY 内。利用两反射镜偏转角度的组合，实现在整个视场内的任意位置的扫描。下面具体介绍振镜扫描系统的构成。

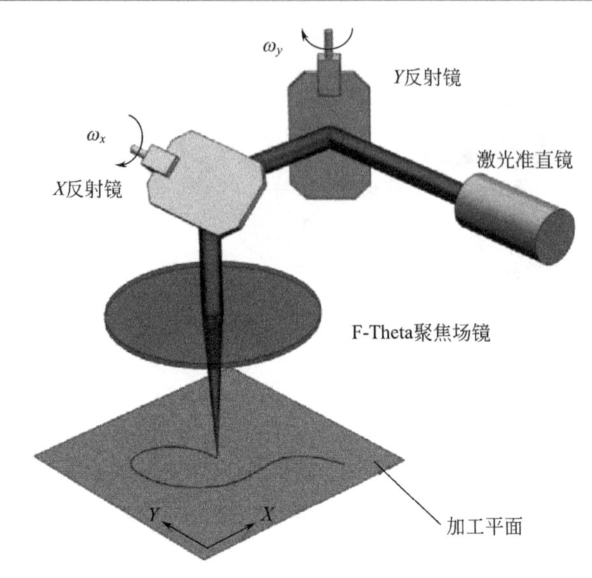

图 2-23 振镜扫描系统工作原理

（1）系统执行电动机及伺服驱动

振镜扫描系统的执行电动机采用检流计式有限转角电动机，按其电磁结构可分为动圈式、动磁式和动铁式三种，为了获得较快的响应速度，需要执行电动机在一定转动惯量时具有最大的转矩。目前振镜扫描系统执行电动机主要是采用动磁式电动机，它的定子由导磁铁芯和定子绕组组成，形成一个具有一定极数的径向磁场；转子由永磁体组成，形成与定子磁极对应的径向磁场。两者电磁作用直接与主磁场有关，动磁式结构的执行电动机电磁转矩较大，可以方便地受定子励磁控制。振镜扫描系统各轴各自形成一个位置随动伺服系统，为了得到较好的频率响应特性和最佳阻尼状态，伺服系统采用带有位置负反馈和速度负反馈的闭环控制系统，位置传感器的输出信号反映振镜偏转的实际位置，用此反馈信号与指令信号之间的偏差来驱动振镜执行电动机的偏转，以修正位置误差。对位置输出信号取微分可得速度反馈信号，改变速度环增益可以方便地调节系统的阻尼系数。振镜扫描系统执行电动机的位置传感器有电容式、电感式和电阻式等几类。振镜扫描系统执行电动机主要是采用差动圆筒形电容传感器。这种传感器转动惯量小，结构牢固，容易获得较大的线性区和较理想的动态响应性能。

在进行扫描时，振镜的扫描方式如图 2-24 所示，主要有三种：空跳扫描、栅格扫描以及矢量扫描，每种扫描方式对振镜的控制要求都不同。

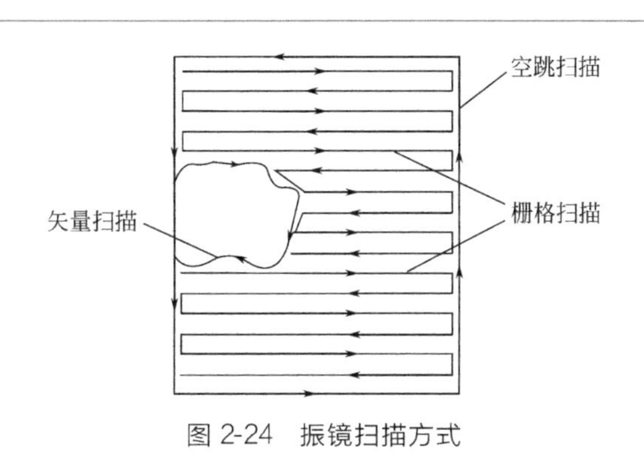

图 2-24 振镜扫描方式

① 空跳扫描　是从一个扫描点到另一个扫描点的快速运动，主要是在从扫描工作面上的一个扫描图形跳跃至另一个扫描图形时发生。空跳扫描需要在运动起点关闭激光，终点开启激光，由于空跳过程中不需要扫描图形，扫描中跳跃运动的速度均匀性和激光功率控制并不重要，只需要保证跳跃终点的准确定位，因此空跳扫描的振镜扫描速度可以非常快，再结合合适的扫描延时和激光控制延时即可实现空跳扫描的精确控制。

② 栅格扫描　是快速成形中最常用的一种扫描方式，振镜按栅格化的图形扫描路径往复扫描一些平行的线段，扫描过程中要求扫描线尽可能保持匀速，扫描中激光功率均匀，以保证扫描质量，这就需要结合振镜扫描系统的动态响应性能对扫描线进行合理的插补，形成一系列的扫描插补点，通过一定的中断周期输出插补点来实现匀速扫描。

③ 矢量扫描　一般在扫描图形轮廓时使用。不同于栅格扫描方式的平行线扫描，矢量扫描主要进行曲线扫描，需要着重考虑振镜式激光扫描系统在精确定位的同时保证扫描线的均匀性，通常需要辅以合适的曲线延时。

在位置伺服控制系统中，执行机构接收的控制命令主要是两种：增量位移和绝对位移。增量位移的控制量为目标位置相对于当前位置的增量，绝对位移的控制量为目标位置相对于坐标中心的绝对位置。增量位移的每一次增量控制都有可能引入误差，而其误差累计效应将使整个扫描的精度很差。因此振镜扫描系统中，其控制方式采用绝对位移控制。同时，振镜扫描系统是一个高精度的数控系统，不管是何种扫描方式，其运动控制都必须通过对扫描路径的插补来实现。高效、高精度的插补算法是振镜扫描系统实现高精度扫描的基础。

（2）反射镜

振镜扫描系统的反射镜片是将激光束最终反射至工作面的执行器件。反射镜固定在执行电动机的转轴上面，根据所需要承受的激光波长和功率不同采用不同的材料。一般在低功率系统中，采用普通玻璃作为反射镜基片，在高功率系统中，反射镜可采用金属铜作为反射基片，以便于冷却散热。同时如果要得到较高的扫描速度，需要减小反射镜的惯量，可采用金属铍制作反射镜基片。反射镜的反射面根据入射激光束波长不同一般要镀高反射膜提高反射率，一般反射率可达99%。

反射镜作为执行电动机的主要负载，其转动惯量是影响扫描速度的主要因素。反射镜的尺寸由入射激光束的直径以及扫描角度决定，并需要有一定的余量。在采用静态聚焦的光固化系统中，激光束的直径较小，振镜的镜片可以做得很小。而在SLM中，由于焦距较长，为了获得较小的聚焦光斑，就需要扩大激光束的直径，尤其是采用动态聚焦的振镜系统中，振镜的入射激光束光斑尺寸可达33mm甚至更大，振镜的镜片尺寸较大，这将导致振镜执行电动机负载的转动惯量加大，影响振镜的扫描速度。

(3) 动态聚焦系统

动态聚焦系统由执行电动机、可移动的聚焦镜和固定的物镜组成，扫描时执行电动机的旋转运动通过特殊设计的机械结构转变为直线运动带动聚焦镜的移动来调节焦距，再通过物镜放大动态聚焦镜的调节作用来实现整个工作面上扫描点的聚焦。

如图2-25所示，动态聚焦系统的光学镜片组主要包括可移动的动态聚焦透镜和起光学放大作用的物镜组。动态聚焦透镜由一片透镜组成，其焦距为f_1，物镜由两片透镜组成，其焦距分别为f_2和f_3。其中$L_1=f_1$，$L_2=f_2$，在调焦过程中，动态聚焦镜移动距离C_1，则工作面上聚焦点的焦距变化量为ΔS。由于在动态调焦过程中，第三个透镜上的光斑大小会随C_1改变，振镜X轴和Y轴反射镜上的光斑也相应变化，如果要使振镜X轴和Y轴反射镜上的光斑保持恒定，可以使$L_3=f_2$，则基本光学成像公式为

$$\frac{1}{u}+\frac{1}{v}=\frac{1}{f} \tag{2-18}$$

根据式(2-18)可得焦点位置的变化量ΔS与透镜移动量C_1之间的关系为

$$\Delta S=\frac{C_1 f_3^2}{f_2^2-z f_3} \tag{2-19}$$

实际中，动态聚焦的聚焦透镜和物镜组的调焦值在应用之前需要对其进行标定，通过在光具座上移动动态聚焦来确定动态聚焦透镜移动距离与工作面上扫描点的聚焦长度变化之间的数学关系，通常为了得到较好的动态聚焦响应性能，动态聚焦镜的移动距离都非常小，需要靠物镜组来对动态聚焦镜的调焦作用进行放大。动态聚焦透镜与物镜间的初始距离为31.05mm，通过向物镜方向移动，动态聚焦透镜可以扩展扫描系统的聚焦长度，动态聚焦的标定值如表2-6所示。

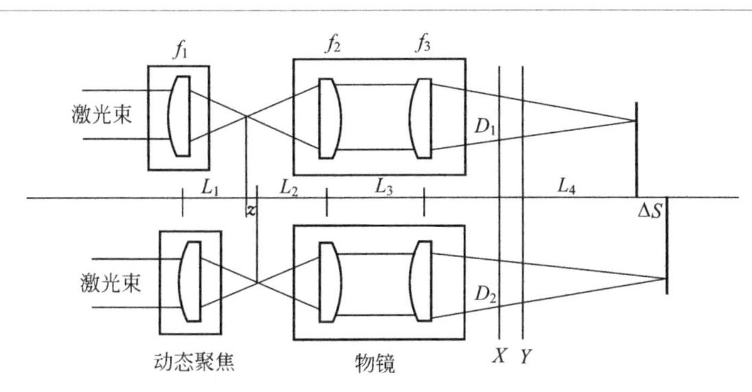

图 2-25 透镜聚焦及光学杠杆原理

表 2-6 动态聚焦的标定值

Z 轴运动距离/mm	离焦补偿 ΔS/mm	Z 轴运动距离/mm	离焦补偿 ΔS/mm
0.0	0.0	1.0	22.109
0.2	2.558	1.2	27.522
0.4	6.377	1.4	33.020
0.6	11.539	1.6	38.610
0.8	16.783	1.8	44.292

以工作面中心为离焦误差补偿的初始点，对于工作面上的任意点 $P(x,y)$，通过拉格朗日插值算法可以得到其对应的 Z 轴动态聚焦值。对任意点 $P(x,y)$，其对应需要补偿的离焦误差补偿值可以通过式(2-20) 计算

$$\Delta S=\sqrt{\left(\sqrt{h^2+y^2}+d\right)^2+x^2}-h-e \tag{2-20}$$

通过式(2-21) 可以得到动态聚焦补偿值的拉格朗日插值系数

$$S_i=\frac{\prod_{k=0,k\neq i}^{0}(\Delta S-\Delta S_k)}{\prod_{j=0,j\neq i}^{0}(\Delta S_i-\Delta S_j)} \tag{2-21}$$

从而结合表 2-6 中的标定数据和计算得出的拉格朗日插值系数，我们可以通过拉格朗日插值算法得到任意点 $P(x,y)$ 对应的 Z 轴动态聚焦的移动距离

$$Z=\sum_{i=0}^{0}Z_iS_i \tag{2-22}$$

在振镜扫描系统中，动态聚焦部分的惯量较大，相比较振镜 X 轴和 Y 轴而言，其响应速度较慢，因此设计中动态聚焦移动距离较短，需要靠合适的物镜来放大动态聚焦的调焦作用。同时，为了减小动态聚焦部分的机械传动误差且尽可能地减小动态聚焦部分的惯量，采用 20μm 厚具有较好韧性和强度的薄钢带作为传动介质，采用双向传动的方式来减小其传动误差，其结构如图 2-26 所示。

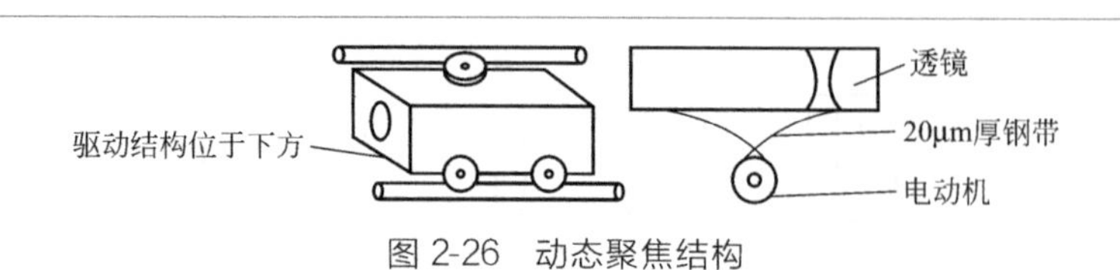

图 2-26 动态聚焦结构

动态聚焦的移动机构通过滑轮固定在光滑的导轨上，其运动过程中的滑动摩擦力很小，极大地减小了运动阻力对动态聚焦系统动态响应性能的影响；采用具有较好韧性的薄钢带双向传动的方式，在尽量小增加动态聚焦系统惯量的同时，尽量减小运动过程中的传动误差，保证了动态聚焦的控制精度。

2.3.3 气体保护

由于金属材料极易与空气中的氧、氮、水蒸气发生化学反应。因此，在SLM成形过程中，一个良好的气体保护系统是成功成形的重要保证。

实现良好的气体保护，在激光快速成形领域，通常采用的方案有以下几种。

① 将成形室密封起来，只留一个口子抽真空，成形过程在真空下进行。

② 在成形过程中，保护气体随粉末同时喷射到成形区域，保护气喷嘴与激光束同时运动。在激光熔覆制造中采用了这种气体保护方式。

③ 将成形室密封起来，只留一个进气口和一个出气口，在成形过程中往成形室中充保护气体，这也是整体气体保护方式。

在SLM装备中，铺粉系统是内置于成形室的，由于铺粉系统具有较大的尺寸，因此成形室的空间较大。如采用第一种方案，则成形室的设计工艺要求相当高，保证成形室有足够的密封性，能承受足够大的压力，并且在成形过程中，往往需要大功率的抽真空设备，增大了运行成本，也制造了大量的噪声。

对第二种气体保护方案，由于激光束由扫描振镜控制实现扫描运动，扫描速度快，很难制造一个保护气喷嘴与激光束随动，因此实现该方案比较困难。

第三种气体保护方法更为常用。然而单纯采用整体气体保护方式，还不能很好解决SLM工艺中的氧化问题。因此，在保留整体气体保护方式的前提下，新研发的SLM系统还采用了一种局部气体保护方式，构成了“整体充普通氮气结合局部充高纯氩气”的气体保护方案。

该方案可有两种运行方式。

① 单纯采用“局部充高纯氩气”的气体保护方式　当设备处于实验室阶段，特别是工艺参数没有十分成熟的情况下，使用者在使用过程中肯定需要频繁打开成形室进行调试工作，而成形室空间大，充气时间长，也很难将空气驱赶干净，这时采用整体气体保护方式，耗时耗气却对改善气体保护效果帮助不大。因此，

在实验调试阶段，可只采用“局部充高纯氩气”的气体保护方式进行实验研究。

② 采用“整体充普通氮气结合局部充高纯氩气”的气体保护方式　成形工艺完善后，两种气体保护方式可同时采用，这时，由于是多层实体自动成形，成形过程无需开启室门，同时采用两种气体保护方式，可以获得更好的成形气氛。

2.3.4 氧传感器

SLM 成形过程要求减少氧化对零件力学性能造成的不利影响。另外，液态金属在氧作用下其表面张力急剧下降，导致液态金属的润湿能力下降，容易球化，严重影响成形。为此，SLM 装备要求具有气体保护装置以及测试氧气含量的传感器。让整个 SLM 成形过程在真空环境进行，根据真空装置的设计原则，选用高强度的 45 钢。外壳分为上下两部分。连接接合面用 O 形密封圈密封。O 形圈密封接合面，仍然存在泄漏率。接合面与 O 形密封槽相配合，接合面表面光洁度受机械加工精度的影响。为了提高密封性能，要求机加工 O 形槽及其配合面的表面光洁度比较高。

2.3.5 循环净化装置

循环净化装置的主要功能是微调氧气含量和除尘。工作舱内气体在经过“洗气”之后，氧含量降到 500×10^{-6} 以下方可开启循环净化装置，通过催化剂除氧的方式将氧含量进一步降低到 100×10^{-6} 以下，相比单纯使用“洗气”功能来达到氧含量要求更快更有效，也可以节省保护气的消耗量。

另一方面，因在加工过程中有大量微米级粉末材料参与，且在激光扫描熔化时存在能量冲击，会有少量粉末随气流漂浮在舱体内，同时粉末中的某些杂质在熔化时会产生“烟尘”，这些“烟尘”被认为是沸腾的金属熔池产生的电解金属蒸气瞬间冷却形成的絮状冷凝物，其平均直径只有 $1\mu m$。为防止漂浮冷凝物污染舱体环境，尤其是进入激光光路范围，影响激光的入射，循环净化过程中利用滤芯将气流中漂浮的固形物收集起来。

为了实现上述功能，循环净化装置需要包括净化柱、除尘滤芯和风机等。气体进入净化柱后，在这里完成两道工序：一是分子筛干燥除水，将水含量降低到 100×10^{-6} 以下，工作环境若湿度过大会阻碍粉末流动，对铺粉效果产生不利影响，且工作区域粉末聚集的水分在扫描激光的高能量冲击下迅速汽化膨胀，使粉末飞溅；二是催化剂除氧，其工作原理为活性铜与气流中的氧气成分反应生成氧化铜而将氧含量降低。过高的氧含量对铜催化剂也会有损坏，且工作效率会降低，因此一般在 500×10^{-6} 以下才利用催化剂法除氧，最高可将氧含量降低到 1×10^{-6} 以下。循环风机的功能是为气体通过净化装置的流动提供动力，可按百分比设置实际工作流量。

2.4 SLM 成形装备

2.4.1 典型装备产品及特点

目前，欧洲市场上已经有不同规格的 SLM 商业化装备销售，并大量投入工程应用，解决了航空航天、核工业、医学等领域的技术关键。典型 SLM 成形装备的参数对比见表 2-7。

表 2-7 典型 SLM 成形装备对比

品牌	型号	外观图片	成形尺寸/mm^3	激光器	成形效率	扫描速度/(m/s)	针对材料
EOS(德国)	EOSINT M290		250×250×325	Yb-fibre laser 400W	2～30mm^3/s	7	不锈钢、工具钢、钛合金、镍基合金、铝合金
	EOSINT M400		400×400×400	Yb-fibre laser 1000W	—	7	

续表

品牌	型号	外观图片	成形尺寸/mm^3	激光器	成形效率	扫描速度/(m/s)	针对材料
3D Systems（美国）	ProX 300		250×250×300	500W光纤激光器	—	—	不锈钢、工具钢、有色合金、超级合金、金属陶瓷
Concept Laser（德国）	Concept M2		250×250×280	200～400W光纤激光器	2～10cm^3/h	7	不锈钢、铝合金、钛合金、热作钢、钴铬合金、镍合金
Renishaw（英国）	AM250		245×245×300	200～400W光纤激光器	5～20cm^3/h	2	不锈钢、模具钢、铝合金、钛合金、钴铬合金、铬镍铁合金

续表

品牌	型号	外观图片	成形尺寸/mm^3	激光器	成形效率	扫描速度/(m/s)	针对材料
SLM Solutions(德国)	SLM 280HL	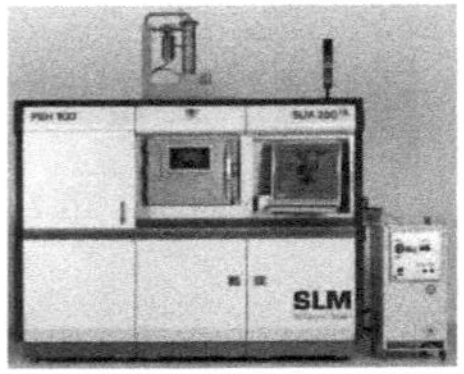	280×280×350	2×400/1000光纤激光器	35cm^3/h	15	不锈钢、工具钢、模具钢、钛合金、纯钛、钴铬合金、铝合金、高温镍基合金
	SLM 500HL	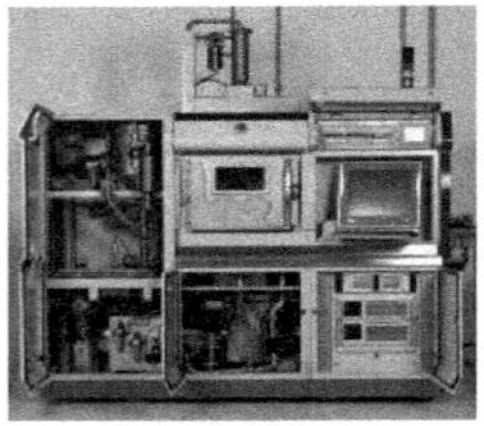	500×280×325	400/1000W光纤激光器	70cm^3/h	15	
Sodick(日本)	OPM250L	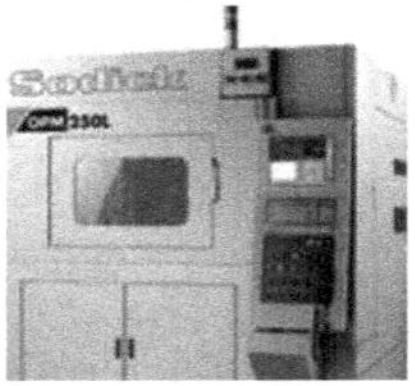	250×250×250	500W光纤激光器	—	—	马氏体时效钢与STAVAX

2.4.2 华科三维 HKM 系列装备简介

华科三维研制的 HKM 系列装备如图 2-27 所示，它们的主要技术参数如表 2-8 所示。HKM 系列装备利用激光器对各种金属材料，如钛合金、铝合金以及 CoCrMo 合金、铁镍合金等粉末材料直接烧结成形，可直接烧结金属零件、注塑模具等。

表 2-8 华科三维 HKM 系列装备主要技术参数

型号	HK M125	HK M280
激光器	单模光纤激光器，进口，500W	单模光纤激光器，进口，500W
扫描系统	振镜式动态聚焦，8m/s	振镜式动态聚焦，8m/s
分层厚度	0.02～0.1mm	0.02～0.1mm
精度	±0.1mm($L\leqslant$100mm)	±0.1%($L>$100mm)
成形室尺寸	125mm×125mm×150mm	280mm×280mm×300mm
铺粉方式	自动上送粉，单缸单向铺粉	
成形材料	不锈钢、钴铬合金、钛合金、镍基高温合金等金属粉末	
操作系统	Windows XP	
保护气体	氮气或氩气	
控制软件	HUST 3DP(自主研发)	
软件功能	直接读取 STL 文件，在线切片功能，在成形过程中可随时改变参数，如层厚、扫描间距、扫描方式等；三维可视化	
主机外形尺寸	1480mm×1070mm×1910mm	1710mm×1168mm×1938mm

图 2-27 华科三维 HKM 系列装备

参考文献

[1] 史玉升，鲁中良，章文献，等. 选择性激光熔化快速成形技术与装备[J]. 中国表面工程，2006，19（s1）：150-153.

[2] 王黎. 选择性激光熔化成形金属零件性能研究[D]. 武汉：华中科技大学，2012.

[3] 黄常帅，杨永强，吴伟辉. 金属构件选区激光熔化快速成型铺粉控制系统研究[J]. 机电工程技术，2005，34（6）：31-34.

[4] 赵志国，柏林，李黎，等. 激光选区熔化成形技术的发展现状及研究进展[J]. 航空制造技术，2014，463（19）：46-49.

[5] 文世峰. 选择性激光烧结快速成形中振镜扫描与控制系统的研究[D]. 武汉：华中科技大学，2010.

[6] 尹西鹏. 选择性激光熔化快速成型系统设计与实现[D]. 武汉：华中科技大学，2008.

[7] 章文献，史玉升，贾和平. 选区激光熔化成形系统的动态聚焦技术研究[J]. 应用激光，2008，28（2）：99-102.

[8] 李志伟. 激光选区熔化快速成型设备结构设计[D]. 南京：南京理工大学，2016.

[9] 王文奎. 金属激光选区熔化设备成型系统研究[D]. 石家庄：河北科技大学，2016.

[10] 冯联华，张宁，曹洪忠，等. 双波长选区激光熔化成形中 F-theta 镜头光学设计[J]. 长春理工大学学报：自然科学版，2016，39（4）：25-28.

[11] 杨永强，吴伟辉. 选区激光熔化快速成型系统及工艺研究[J]. 新技术新工艺，2006（6）：48-50.

[12] 吴伟辉. 选区激光熔化快速成型系统设计及工艺研究[D]. 广州：华南理工大学，2007.

[13] 刘坤. 金属粉末选区激光熔化三维打印系统研究[D]. 青岛：山东科技大学，2015.

[14] 杨雄文，杨永强，刘洋，等. 激光选区熔化成型典型几何特征尺寸精度研究[J]. 中国激光，2015（3）：62-71.

第3章

原材料特性要求

3.1 SLM 用金属粉末

适合 SLM 技术的金属粉末比较广泛。自行设计适合 SLM 成形的材料成分并制备粉末，其造价比较高，不经济。因此，目前研究 SLM 技术的粉末主要来源于商用粉末，通过研究它们的成形性能，从而提出该技术选用粉末的标准。

用于 SLM 成形的粉末可以分为混合粉末、预合金粉末、单质金属粉末三类[1]，如图 3-1 所示。

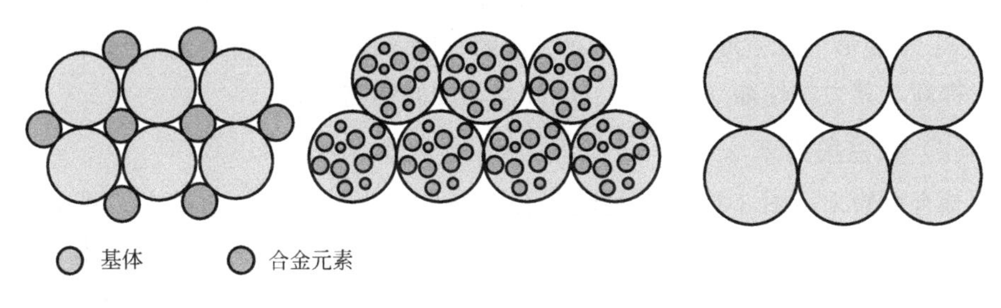

(a) 混合粉末　(b) 预合金粉末　(c) 单质金属粉末

图 3-1　SLM 粉末种类

（1）混合粉末

混合粉末［图 3-1(a)］是将多种成分颗粒利用机械方法混合均匀。常用的机械法是机械球磨法。利用这种方法的优点：混合粉末经过适当配比，经球磨混合均匀后粉末的松装密度较高。不过，混合粉末在成形过程中可能会因辊筒或刮板等作用使得粉末成分出现分离（不均匀化）情况，影响成分分布的均匀度。

设计混合粉末时要考虑激光光斑大小对粉末颗粒粒度的要求。Kruth J. P. 等人研制了铁基混合粉（Fe、Ni、Cu、Fe_3P）。因激光光斑为 600μm，所以要求混合粉中颗粒的最大尺寸不能超过该光斑直径。该混合粉的成分组成为50% Fe、20% Ni、15% Cu、15% Fe_3P。各成分的粒度分布要求为：Fe、Cu和Fe_3P粉末的粒度小于60μm，而Ni粉末的粒度小于5μm。除了Fe粉末外，其余粉末颗粒形状均为球形。粉末化学成分之间的相互作用如下：助熔剂（Fe_3P或Cu_3P）有利于提高成形过程中激光能量的利用率；因为纯铁的熔点是1538℃，而当它与少量P形成合金时，合金熔点只有1048℃；P在铁中溶解，有利于降低熔体（液体）的表面张力，减少形成“球化”的趋势，因此提高了成形件的表面质量和致密度；另外，因P夺氧能力强，所以P能降低Cu和Fe粉颗粒的氧化程度；Ni的添加，可以起到强化效果，增加成形件的硬度；不同元素间的反应可能形成金属间相，如$(Fe, Ni)_3P$。Kruth J. P. 等研究的混合粉末的松装密度是3.17g/cm^3。经过对该混合粉末的成形工艺研究，使用优化参数所成形的金属零件的相对致密度（零件致密度与材料的理论致密度的百分比）最大可达91%，其最大抗弯强度为630MPa[2]。由此可见，应用这种混合粉末的SLM成形件不能满足100%致密度要求，其力学性能还有待进一步提高。

鲁中良等研制了Fe-Ni-C混合粉末，其组成成分（质量分数）为：91.5% Fe、8.0%Ni、0.5% C。Fe、Ni粉末为300目，C粉为200目。应用该混合粉末的SLM成形件致密度较低，存在大量的孔隙。基于混合粉末的成形件致密度有待提高，其力学性能受致密度、成分均匀度的影响[3]。

(2) 预合金粉末

预合金粉末［图3-1(b)］是液态合金经过雾化方法制备的粉末，粉末颗粒成分均匀。因此，利用预合金粉末成形，没有成分分布不均匀的不利因素。根据预合金主要成分，预合金粉末可以分为铁基、镍基、钛基、钴基、铝基、铜基、钨基等类型。

铁基合金粉末包括工具钢M2、工具钢H13、不锈钢316L（1.4404）、Inox904L、314S-HC、铁合金（Fe15Cr1.5B）等。铁基合金粉末的SLM成形结果表明：低碳钢比高碳钢的成形性好，但成形件的相对致密度仍不能完全达到100%。

镍基合金粉末包括Ni625、NiTi合金、Waspaloy合金、镍基预合金（83.6%Ni、9.4%Cr、1.8%B、2.8%Si、2.0%Fe、0.4%C）等。镍基合金粉末的SLM成形件其相对致密度最高可达99.7%。

钛合金粉末主要有TiAl6V4合金。其SLM成形件的相对致密度可达95%。

钴合金粉末主要有钴铬合金。其SLM成形件的相对致密度可达96%。

铝合金粉末主要有Al6061合金。其SLM成形件的相对致密度可达91%。

铜合金粉末包括 Cu/Sn 合金、铜基合金（84.5Cu8Sn6.5P1Ni）、预合金 Cu-P。其 SLM 成形件的相对致密度只能达到 95%。

钨基合金粉末主要有钨铜合金。其 SLM 成形件的相对致密度仍然达不到 100%。

（3）单质金属粉末

单质金属粉末［图 3-1(c)］是液态单质金属经过雾化方法制备的粉末，粉末的颗粒成分均匀。因此，SLM 单质金属粉末成形不存在成分分布不均匀的不利影响。单质金属粉末主要有钛粉。钛粉的 SLM 成形件成形性较好，成形件的相对致密度可达 98%。

综上所述，SLM 技术所用粉末主要为单质金属粉末和预合金粉末。单质金属粉末和预合金粉末的成形件的成分分布、综合力学性能较好。所以成形工艺研究主要针对预合金、单质金属粉末的工艺优化，以提高成形件的致密度。

3.2 金属粉末制备方法

由于加工方法和制件性能的不同，往往需要不同种类或特性的金属粉末。从材质范围来看，不仅需要金属粉末，也需要合金粉末、金属化合物粉末等；从粉末外形来看，需要球状、片状、纤维状等各种形状的粉末；从粉末粒径来看，需要粒径为 500～1000μm 的粗粉，也需要小于 0.1μm 的超细粉末。作为激光增材制造金属制件的基本耗材，金属粉末需满足粒径小、粒度分布窄、球形度高、流动性好和松装密度高等要求。因此，为了得到优异性能的激光增材制造金属制件，必须寻求一种有效的金属粉末制备方法。

粉末的形成是依靠能量传递到材料而制造新表面的过程。按照制粉过程中有无化学反应，可将粉末的制取方法分为两大类，即机械法和物理化学法。机械法是使原料在机械作用下粉碎而化学成分基本不发生变化的方法，主要有机械粉碎法和雾化法。雾化法应用较广，并且发展和衍生了许多新的制粉工艺，因此也常被列为另外一类独立的制粉方法。物理化学法则是借助化学或物理的作用，改变原材料的化学成分或聚集状态而获得所需粉末的一种方法，比如还原法、电解法等。某些金属粉末可以采用多种方法生产出来，在进行制粉方法的选择时，要综合考虑材料的特殊性能及制取方法的特点和成本，从而确定合适的生产方法。

3.2.1 雾化法

雾化法是直接击碎液体金属或合金而制得粉末的方法。雾化法一般利用高压气体、高压液体或高速旋转的叶片，将经高温、高压熔融的金属或合金破碎成细小液滴，然后在收集器内冷凝细小液滴而得到超细金属粉末，所得粒径一般小于150μm。雾化法生产效率较高、成本较低，易于制造熔点低于1750℃的各种高纯度金属和合金粉末。Zn、Sn、Pb、Al、Cu、Ni、Fe以及各种铁合金、铝合金、镍合金、低合金钢、不锈钢及高温合金等都能通过雾化法制成粉末，且该方法特别有利于制造合金粉，已成为高性能及特种合金粉末制备技术的主要发展方向，是生产金属及合金粉末的主要方法之一。雾化法所得粉末颗粒氧含量较低、粒度可控，粉末的形状因雾化条件而异。金属熔液的温度越高，球化的倾向越显著。雾化法的缺点是难以制得粒径小于20μm的细粉。

雾化有许多工艺方法。

① 二流雾化法。是借助高压水流或气流的冲击来破碎液流制备金属粉末。

② 离心雾化法。用离心力破碎液流。

③ 真空雾化法。在真空中雾化。

④ 超声雾化法。利用超声波能量来实现液流的破碎。

本节主要讨论二流雾化法和离心雾化法，并简要介绍真空雾化法、超声雾化法及一些其他雾化方法。

(1) 二流雾化法

二流雾化法是利用高速气流或高压水击碎金属液流的一种雾化法。双流雾化主要包括水雾化和气雾化两种方法。雾化过程十分复杂，包括物理机械作用和物理化学变化。雾化过程中的物理机械作用主要表现为雾化介质同金属液流之间的能量交换（雾化介质的动能部分转化为金属液滴的表面能）和热量交换（金属液滴将一部分热量转给雾化介质）。雾化过程中的物理化学作用主要表现为液体金属的黏度和表面张力在雾化过程和冷却过程中不断发生变化。此外，在很多情况下，雾化过程中液体金属与雾化介质发生化学作用（氧化、脱碳等）使金属液体改变成分。

这里以气雾化为例对雾化过程进行说明，其具体过程如图3-2(a)所示：金属液自漏包底小孔顺着环形中心孔（或喷嘴）轴线自由落下，压缩气体由环形喷口高速喷出形成一定的喷射顶角，而环形气流构成一封闭的倒置圆锥，于顶点（雾化交点）交汇，然后又散开，最后散落到粉末收集器中。如图3-2(b)所示，金属液流在气流作用下分为4个区域：Ⅰ—负压紊流区；Ⅱ—原始液滴形成区；Ⅲ—有效雾化区；Ⅳ—冷却凝固区[4]。

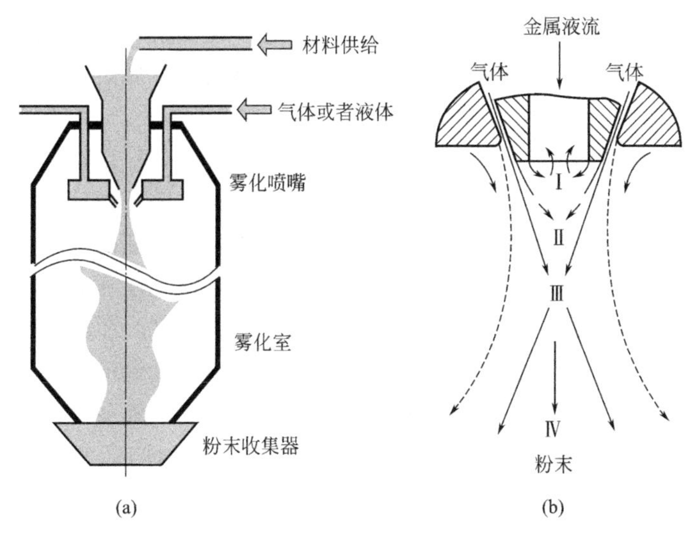

图 3-2 金属液流气雾化过程

由上述液滴在高速气流下雾化过程可以看出，气流和金属液滴的动力交互作用越显著，雾化过程越强烈。基于流体力学原理，金属液流的破碎程度主要取决于气流对金属液滴的相对速度及金属液滴的表面张力和运动黏度[5]。

$$H=\frac{\rho u^2 b}{\sigma_0} \tag{3-1}$$

式中 H——液滴破碎准数；

ρ——气体密度，g/cm^3；

u——气流对液滴的相对密度，m/s；

b——金属液滴大小，μm；

σ_0——金属表面张力，N/cm，一般取 10^{-5} N/cm。

一般来说，金属液流的表面张力和运动黏度系数较小，所以气流对金属液滴的相对速度是主要因素。

喷嘴是气体雾化的关键技术，其结构和性能决定了雾化粉末的性能和生产效率。因此喷嘴结构设计与性能的不断提高决定着气体雾化技术的进步。雾化喷嘴的结构基本上可分为两类。

① 自由降落式喷嘴　金属液流在从容器（漏包）出口到与雾化介质相遇点之间无约束地自由降落，所有水雾化的喷嘴和多数气体雾化的喷嘴都采用这种形式。

② 限制式喷嘴　金属液流在喷嘴出口处即被破碎。这种形式的喷嘴传递气体到金属的能量最大，主要用于铝、锌等低熔点金属的雾化。

气雾化由于其制备的粉末具有纯度高、氧含量低、粉末粒度可控以及球形度高等优点，已成为高性能及特种合金粉末制备技术的主要发展方向。目前，气雾化生产的粉末占世界粉末总产量的30％～50％。但是，气雾化法也存在不足，高压气流的能量远小于高压水流的能量，所以气雾化对金属熔体的破碎效率低于水雾化。

对于水雾化方法而言，由于水的比热容远大于气体，所以在雾化过程中，被破碎的金属熔滴由于凝固过快而变成不规则状，使粉末的球形度受到影响。另外一些具有高活性的金属或者合金，与水接触会发生反应，同时由于雾化过程中与水的接触，会提高粉末的氧含量。这些问题限制了水雾化法在制备球形度高、氧含量低的金属粉末的应用。如图3-3所示，大量实验表明，水雾化粉末由于氧含量较高，导致成形表面生成较多的氧化膜，不利于熔池的润湿与铺展，故容易导致严重球化现象。不规则的水雾化粉末流动性较差，粉末颗粒之间堆积协调性较差，因而铺粉时的堆积密度较低；而气雾化粉末一般为球形，粉末流动性较好，可以得到较高的堆积密度，有利于最终成形的致密度[6]。

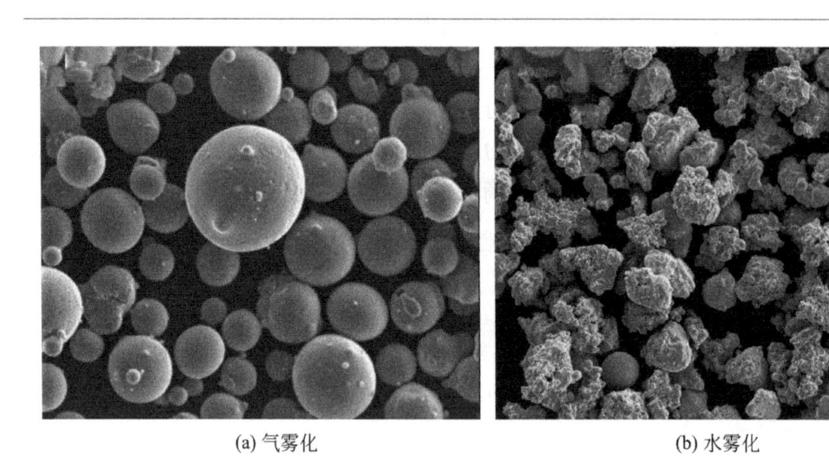

(a) 气雾化 (b) 水雾化

图3-3 不同雾化方法下金属粉末形貌

(2) 离心雾化法

离心雾化法是利用机械旋转时产生的离心力将金属液流击碎成细的液滴，落入冷却介质中凝结成粉末。离心雾化方法成本较低，制造的粉末氧含量低，粒度可控。但是离心过程中的飞溅现象会降低粉末的球形度，且难以制备超细粉末。

离心雾化有多种形式，最早的是旋转圆盘雾化，即所谓的DPG法，后来又发展了旋转水流雾化、旋转电极雾化和旋转坩埚雾化等。旋转圆盘雾化工艺如图3-4所示，从漏嘴流出的金属液流被具有一定压力的水引至转动的圆盘上，为圆盘上特殊的叶片所击碎，并迅速冷却成粉末收集起来。通过改变圆盘的转速、叶片的形状和数目，可以调节粉末的粒径。还可以借助氦气浪冲击已生成的粉末颗粒来提高凝固速率。由于金属液流的冷却速率增加，粉末颗粒的显微结构变得较细，合金固溶度增加，甚至可以形成新相（玻璃质和非晶态相等）。

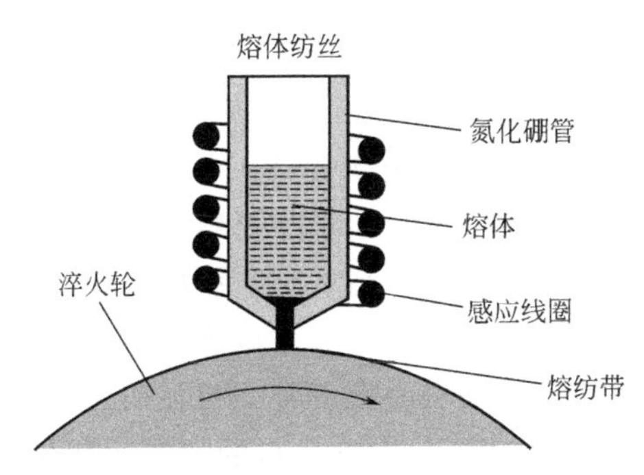

图 3-4 旋转圆盘离心雾化过程示意

等离子旋转电极法（Plasma Rotating Electrode-comminuting Process，PREP）是俄罗斯发展起来的一种球形粉末制备工艺[7]。将金属或合金加工成棒料并利用等离子体加热棒端，同时棒料进行高速旋转，依靠离心力使熔化液滴细化，在惰性气体环境中凝固并在表面张力作用下球化形成粉末。其原理如图 3-5 所示。

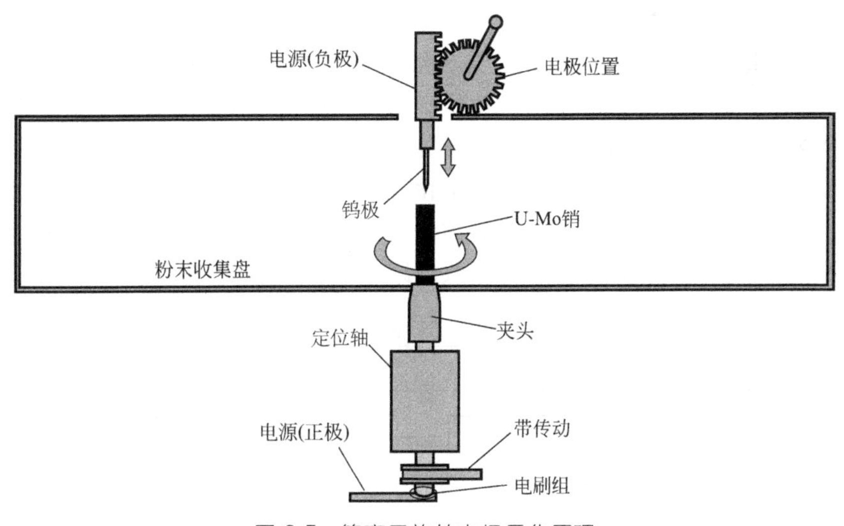

图 3-5 等离子旋转电极雾化原理

等离子旋转电极法适用于钛合金、高温合金等合金粉末的制备。该方法制备的金属粉末球形度较高，流动性好，但粉末粒度较粗，SLM 工艺用微细粒度（0～45μm）粉末收得率低，细粉成本偏高。由于粉末的粗细及液滴尺寸的大小主要取决于棒料的转速和棒料的直径，转速提高必然会对设备密封、振动等提出更高的要求。

现阶段，等离子旋转电极法最先进的设备及核心的技术仍掌握在俄罗斯手中，国内单位主要依赖于直接引进或者是在引进后进吸收—消化—改进的方式掌握了部分技术。钢铁研究总院、北京航空材料研究院和西北有色金属研究院早期引进了俄罗斯的等离子旋转电极设备，但现阶段设备工艺技术水平同国际先进水平仍有较大差距。国内西安交通大学、中南大学等高校开展了等离子旋转电极工艺技术基础研究工作。钢铁研究总院和郑州机械研究所联合开发了国内首台大型等离子旋转电极设备，用于合金粉末材料的研制，但钛合金细粉收得率仍不理想。近几年来，西安欧中公司从俄罗斯引进两套等离子旋转电极设备，中航迈特、湖南顶立也相继自主研发了成套等离子旋转电极设备，钛合金细粉（≤45μm）收得率不足 20%。总体来看，我国早期引进和现阶段自主研发的等离子旋转电极雾化设备在整机性能上同俄罗斯仍有差距[7]。

(3) 真空雾化法

真空雾化法是近期发展和不断完善的一项新技术。真空熔炼技术可以有效地防止合金元素的氧化烧损，具有改善合金元素的固溶度，减少偏析，细化晶粒，改善第二相的形状、尺寸及分布等优点；而惰气雾化技术可以起到细化合金组织、改善合金性能的效果，尤其适用于合金化程度较高、对组织形态依赖性较高的工具钢、超合金等金属材料，这是传统铸造技术难以实现的[8]。相对于普通气雾化技术，用真空熔炼惰气雾化法生产的金属粉末，还具有氧含量低、细粉收得率高、外貌球形度好等优点，适合于各粒度段、高性能喷涂粉末的制备。具体工艺是合金（金属）在真空感应炉中熔化、精炼后，熔化的金属液体倒入保温坩埚中，并进入导流管和喷嘴，此时熔体流被高压气体流所雾化。雾化后的金属粉末在雾化塔中进行凝固、沉降，落入收粉罐中[9]。具体流程如图 3-6 所示。

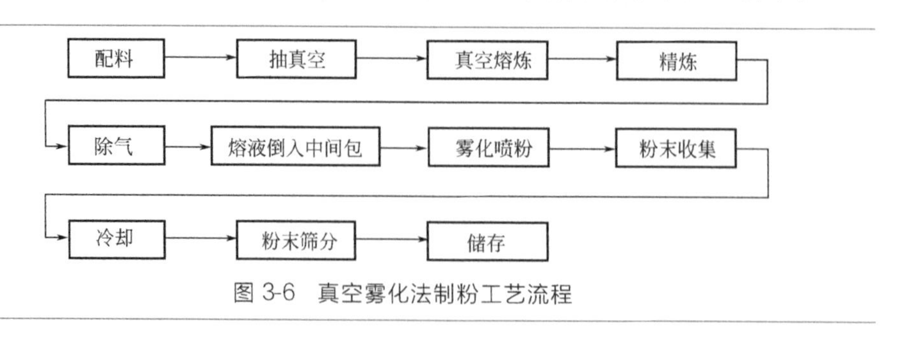

图 3-6 真空雾化法制粉工艺流程

但是，粉末的粒度、性能及产量对生产设备，尤其是雾化系统依赖性较高。先进的雾化系统及雾化技术可以得到性能较高且高产量的合金粉末。我国真空气雾化技术起步较晚，目前市场销售的合金粉末大部分采用普通气雾化或水雾化工艺制备，往往存在氧含量高、杂质元素不能有效控制、球形度差及细粉收得率低的缺点，产品性能往往不能满足高性能产品的要求。而国产真空气雾化设备由于雾化气流不顺畅、雾化压力低、雾化效率不高、真空度不佳等缺陷，细粉收得率及氧含量很难达到国外先进水平要求。随着真空气雾化技术研究的不断推进，特别是先进的进口真空气雾化设备的引进，我国真空气雾化技术正逐渐朝产业化方向发展，其产品也逐步向民品市场推广[8]。

(4) 超声雾化法

20 世纪 60 年代末，瑞典的 Kohlswa 等率先开展了超声雾化制取金属粉末的尝试。他们利用带有 Hartmann 哨的 Laval 喷嘴产生的 20～100kHz 脉冲超声流冲击金属液流，成功制备了铝合金、铜合金等粉末材料，这就是后来被称为超声雾化的金属粉末制备技术[9]。超声雾化法是利用超声振动能量和气流冲击动能使液流破碎，制粉效率显著提高，但仍需要消耗大量惰性气体。20 世纪 80 年代初，Ruthardt 等提出单纯利用高频超声振动直接雾化液态金属的设想。随着压电陶瓷材料、换能器制作技术、超声功率电源及其信号跟踪技术的发展，金属超声振动雾化技术相继在中、低熔点金属粉末制备领域得到应用[10]。

金属超声雾化是利用超声能量使金属熔液在气相中形成微细雾滴，雾滴冷却凝固成为金属粉末的过程。金属超声雾化主要有三种形式[11]：第一种是利用功率源发生器将工频交流电转变为高频电磁振荡提供给超声换能器，换能器借助于压电晶体的伸缩效应将高频电磁振荡转化为微弱的机械振动，超声聚能器再将机械振动的质点位移或速度放大并传至超声工具头。当金属熔体从导液管流至超声工具头表面上时，在超声振动作用下铺展成液膜，当振动面的振幅达到一定值时，薄液层在超声振动的作用下被击碎，激起的液滴即从振动面上飞出形成雾滴。第二种是通过一些特殊的方法将超声波的能量聚集在一个很小的空间体积内，直接利用超声波对金属液雾化。第三种是将超声雾化与传统的雾化技术结合的超声复合雾化技术。

(5) 其他雾化方法

在雾化技术的改进方面，新发展的雾化工艺大多是对喷嘴结构进行了优化设计。紧偶合雾化技术是一种对限制式喷嘴结构进行改造的雾化技术，由于其气流出口至液流的距离达到最短，因而提高了气体动能的传输效率；高压气体雾化技术[12] 对紧偶合喷嘴结构进行进一步改进，将紧偶合喷嘴的环缝出口改为 20～24 个单一喷孔，通过提高气压和改变导液管出口处的形状设计，克服紧偶合喷嘴中存在的气流激波，使气流呈超声速层流状态，并在导液管出口处形成有效的负压。这一改进有效提高了雾化效率，在生产微细粉方面很有成效，且能明显节约气体用量；超声紧偶合雾化技术对紧偶合环缝式喷嘴进行结构优化，使气流的出口速度超过声速，并且增加金属的质量流率。大大提高了粉末的冷却速度，可以生产快冷或非晶结构的粉末；层流雾化技术对常规喷嘴进行了重大改进，改进后雾化效率大大提高，粉末粒度分布窄，冷却速度可达 $10^6 \sim 10^7$ K/s[13]。

等离子雾化法（Plasma Atomization，PA）是加拿大 AP&C 公司独有的金属粉末制备技术。采用对称安装在熔炼室顶端的离子体炬，形成高温的等离子体焦点，温度甚至可以高达 10000K，专用送料装置将金属丝送入等离子体焦点，原材料被迅速熔化或汽化，被等离子体高速冲击分散雾化成超细液滴或气雾状，在雾化塔中飞行沉积过程中，与通入雾化塔中的冷却氩气进行热交换冷却凝固成超细粉末。PA 法制得的金属粉末呈近规则球形，粉末整体粒径偏细。AP&C 公司同瑞典 Arcam 公司合作，针对当前增材制造市场的快速发展，对产能进行扩建和提升。由于等离子炬温度高，理论上 PA 法可制备现有的所有高熔点金属合金粉末，但由于该技术采用丝材雾化制粉，限制了较多难变形合金材料粉末的制备，如钛铝金属间化合物等，同时原材料丝材的预先制备提高了制粉成本，为保证粉末粒度等品质控制，生产效率有待提升[7]。

3.2.2 化学法

化学法主要分为还原法、电解法和羰基法。前两种方法应用较为广泛，为制备金属粉末的主要方法。

(1) 还原法

还原法是通过金属氧化物或盐类以制取金属粉末的方法，具有操作简单、工艺参数易于控制、生产效率高、成本较低等优点，适合工业化生产，是应用最广的制取金属粉末的方法之一，Fe、Ni、Co、Cu、W、Mo 等金属粉末都可以通过这种方法生产。如用固体碳还原可以制取铁粉和钨粉；用氢、分解氨或转化天然气（主要成分为 H_2 和 CO）还原，可以制取钨、钼、铁、铜、钴、镍等粉末；用钠、钙、镁等金属作还原剂可以制取钽、铌、钛、锆、钍、铀等稀有金属粉末；用还原-化合法可以制取碳化物、硼化物、硅化物、氮化物等难熔化合物粉末。表 3-1 列出了还原法的一系列应用实例。

表 3-1 还原法制取金属粉末的应用实例

被还原物料	还原剂	实例	还原类型
固体	固体	$FeO+C \longrightarrow Fe+CO$	固体碳还原
固体	气体	$WO_3+3H_2 \longrightarrow W+3H_2O$	气体还原

续表

被还原物料	还原剂	实例	还原类型
固体	熔体	$ThO_2+2Ca \longrightarrow Th+2CaO$	金属热还原
气体	气体	$WCl_6+3H_2 \longrightarrow W+6HCl$	气相氢还原
气体	熔体	$TiCl_4+2Mg \longrightarrow Ti+2MgCl_2$	气相金属热还原
溶液	固体	$CuSO_4+Fe \longrightarrow Cu+FeSO_4$	置换
溶液	气体	$Me(NH_3)_nSO_4+H_2 \longrightarrow Me+(NH_4)_2SO_4+(n-2)NH_3$	溶液氢还原
熔盐	熔体	$ZcCl_4+KCl+Mg \longrightarrow Zr+$产物	金属热还原

还原法基本原理为，所使用的还原剂对氧的亲和力比氧化物和所用盐类中相应金属对氧的亲和力大，因而能够夺取金属氧化物或盐类中的氧而使金属被还原出来。最简单的还原反应可用下式表示

$$MeO+X \longrightarrow Me+XO \tag{3-2}$$

式中，X 为还原剂；Me 为欲制取的金属粉末。

不同的金属元素对氧的作用情况不同，因此生成氧化物的稳定性也不大一样。可以用氧化反应过程中的吉布斯自由能 ΔG 的大小来表征氧化物的稳定程度。如反应过程中的 ΔG 值越小，则表示其氧化物的稳定性就越高，即其对氧的亲和力越大。

① 固体碳/气体还原法　还原法所用的还原剂可呈固态、气态或液态，还可以采用气体-固体联合还原剂等。固体碳可以还原很多金属氧化物，如铁、锰、铜、镍、钨等氧化物来制取相应的金属粉末。但是，用这种方法所制成的粉末易被碳污染，在某些情况下，若对钨粉的含碳量要求不严格时，可以采用这种方法。在工业上，大规模应用碳做还原剂的方法主要还是制取铁粉，一种采用碳还原铁矿粉生产铁粉的典型的工艺流程如图 3-7 所示。

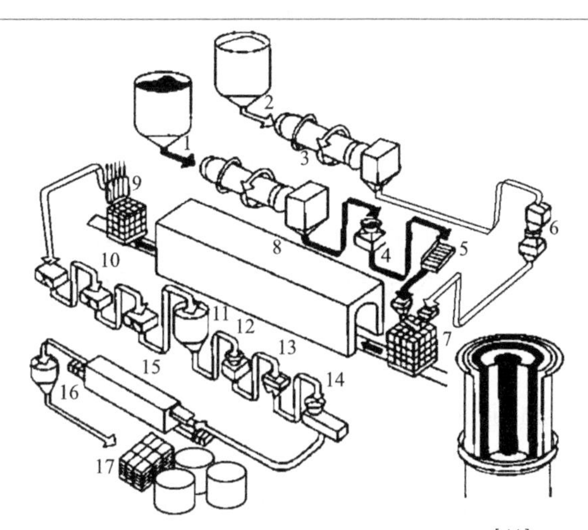

图 3-7　碳还原铁矿粉生产铁粉工艺流程[14]

1—还原剂；2—铁矿粉；3—干燥；4—破碎；5—筛分；6，13—筛选；7—装料；8—还原；9—卸载；10—破碎；11—储料仓；12—粉碎；14—分级筛分；15—退火；16—均匀化；17—自动包装

在该还原工艺中，主要工艺条件为还原温度和还原时间。随着还原温度的升高，还原时间可以缩短。在一定范围内，温度升高，对碳的气化反应是非常有利的。温度升高到1000℃时，碳气化后其气相成分几乎全部为CO，CO浓度的升高对还原反应速率和扩散过程都是有利的，所以温度升高能加快还原反应的进行。但温度升得过高，铁粉容易烧结，阻碍了CO向氧化铁层的扩散过程，则使还原速率下降。

在铁粉的还原工艺中，气体还原法制取的铁粉比固体碳还原法制取的铁粉更纯，成本也更低，故得到了很大的发展。与固体碳和CO还原氧化铁相比，达到同样的还原程度，氢还原所需温度更低，还原时间更短。基本工艺如图3-8所示，利用三段流化床进行还原。采用氢-铁法制取的铁粉纯度很高，为防止还原粉末被氧化，需在600～800℃的保护气氛中进行钝化处理。此外，氢还原法在钨粉和钴粉的制备方面也有较为广泛的应用。

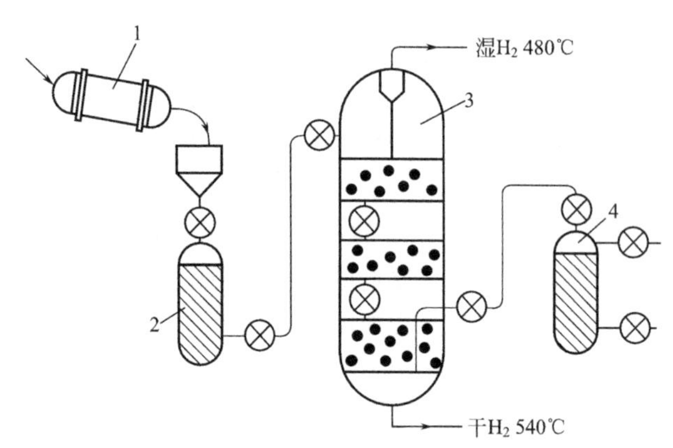

图3-8 氢-铁还原法过程示意图[15]

1—储氢罐；2—铁料仓；3—还原炉；4—卸料仓

② 金属热还原法　金属热还原法主要应用于制取稀土金属，特别适用于生产无碳金属，也可制取像Cr-Ni这样的金属粉末。金属热还原的反应可用一般化学式(3-3)来表示

$$MeX + Me' \longrightarrow Me'X + Me \tag{3-3}$$

式中，MeX为被还原的化合物（氧化物、盐类）；Me′为热还原剂。

要使金属热还原顺利进行，还原剂一般需要满足下列要求。

a. 还原反应所发生的热效应大，希望还原反应能依靠反应热自发地进行。

b. 形成的渣以及残余的还原剂容易用溶洗、蒸馏或其他方法与所得的金属分离开来。

c. 还原剂与被还原金属不能形成合金或其他化合物。

综合考虑，最适宜的金属热还原剂有钙、镁、钠等，有时也采用金属氢化物。金属热还原法在工业上比较常用的有：用钙还原 TiO_2、ThO_2、UO_2 等；用镁和钠还原 $TiCl_4$、$ZrCl_4$、$TaCl_5$ 等；用氢化钙（CaH_2）还原氧化铬和氧化镍制取镍铬不锈钢粉。金属热还原时，被还原物料可以是固态、气态的，也可以是熔盐。后二者相应的又具有气相还原和液相沉淀的特点。

(2) 电解法

在一定条件下，粉末可以在电解槽的阴极上沉积出来。电解法是通过电解熔盐或盐的水溶液使得金属粉末在阴极沉积析出的方法。电解制粉的原理与电解精炼金属相同，但电流密度、电解液的组成和浓度、阴极的大小和形状等条件必须适当。一般来说，电解法耗电量较多，生产的粉末成本高，因此在粉末生产中所占的比例是较小的。电解粉末具有吸引力的原因是它的金属粉末纯度较高，一般单质粉末的纯度可达 99.7%以上。由于结晶，粉末形状一般为树枝状，故压制性好。另外，电解法可以很好地控制粉末的粒度，可以制取出超精细粉末。

电解法制取粉末主要采用水溶液电解和熔盐电解两种方法，此外还有有机电解质电解法和液体金属阴极电解法等。电解水溶液可以生产 Cu、Ni、Fe、Ag、Sn、Zn 等金属粉末，在一定条件下也可使几种元素同时沉积制得 Fe-Ni、Fe-Cr 等合金粉末，电解熔盐可以生产 Zr、Ta、Ti、Nb 等难熔金属粉末。电解制粉时，有时可以直接由溶液（熔液）中通过电结晶析出粉末状的金属，有时需将电解析出物进一步机械粉碎而制得粉末。

① 水溶液电解法　水溶液电解法常用于生产铜粉、铁粉、银粉等材料。图 3-9 为电解过程示意图。当电解质溶液通入直流电后，产生正负离子的定向迁移，并在阴极和阳极发生反应，形成氧化产物和还原产物。

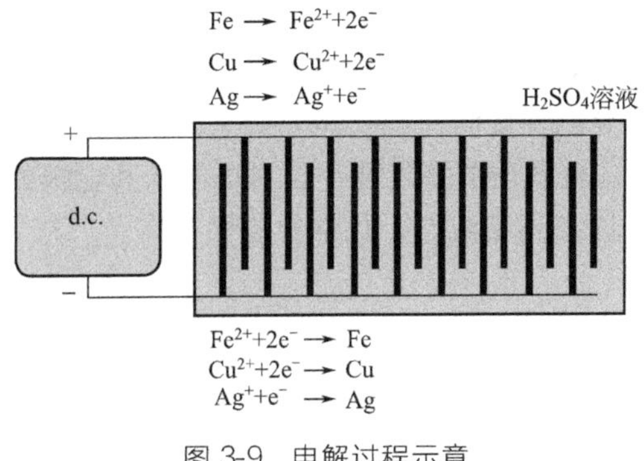

图 3-9　电解过程示意

水溶液制取铜粉的工艺条件大体上有高电流密度和低电流密度两种方案，国内多数采用高铜离子浓度、高电流密度和高电解液温度，欧美各国多采用低铜离子浓度、低电流密度和低电解液温度。二者各有利弊。欧美各国采用高的电解条件特点是电耗少、酸雾少，但生产效率低。采用高电解液温度、高铜离子浓度则可容许有较大的电流密度，生产效率高。缺点是电流效率低、电耗大、酸雾较大、劳动条件差。水溶液电解所得的铜粉在高温、潮湿环境下容易氧化，钝化处理是防止电解铜粉发生严重氧化的有效措施。

工业生产中，电解铁粉一般是由硫酸盐槽和氯化盐槽来生产的。与硫酸盐槽相比，由氯化盐槽电解制取铁粉时，电解质的导电性较好，没有阳极钝化现象，形成氢氧化物的倾向小，由氯化物电解质带入铁粉中的杂质易除去，并且铁粉不含硫。

② 熔盐电解法　熔盐电解可以生产与氧亲和力大、不能从水溶液中电解析出的金属粉末，如钛、锆、钽、铌、铀、钍等。熔盐电解不仅可以制取纯金属，而且还可以制取合金（如 Ta-Nb 合金等）以及难熔金属化合物（如硼化物）。

熔盐电解与溶液电解的原理无原则区别，但由于使用熔盐作电解质，故电解体系比较复杂，电解温度较高（低于电解金属熔点），这就给熔盐电解带来了许多困难。与水溶液电解相比，熔盐电解有以下一些特点：操作困难；产物和盐类的挥发损失大，故要经常补加盐；有副反应和二次反应（析出的金属发生氧化反应），故电流效率低，产物混有大量盐类，而熔盐的分离较困难。

目前熔盐电解法常用的金属化合物为氧化物、氯化物和氟锆酸盐，对电解质的主要要求包括以下几点。

a. 电解质中不适合有电极电位比被电解的金属电极电位更正的金属杂质。

b. 电解质在熔融状态下对被电解的金属化合物溶解度要大，而对析出金属的溶解度要小。

c. 电解温度下，电解质的黏度要小，流动性要好，这有利于阳极气体的排出及电解质成分的均匀。

d. 电解质熔点要低，以便降低电解温度。

e. 熔融电解质的导电性要高。

f. 在电解温度下，电解质的挥发要小，对电解槽和电极的侵蚀性要小。

g. 电解质无论是固态还是液态，化学稳定性都高。

h. 价格便宜易得。

(3) 羰基法[16]

将某些金属（铁、镍等）与一氧化碳合成为金属羰基化合物，再热分解为金属粉末和一氧化碳。工业上主要用来生产镍和铁的细粉和超细粉，以及 Fe-Ni、Fe-Co、Ni-Co 等合金粉末。如

$$[Ni]+4(CO) \rightleftharpoons [Ni](CO)_4 \quad (3\text{-}4)$$

羰基法制得的粉末很细，纯度很高，但与还原粉末比较起来，羰基粉末的成本目前还是比较高的，限制了羰基粉末在工业上的广泛应用。

3.2.3 机械法

机械法是用研磨或气流、超声的方法将大块固体或粗粉破碎，利用介质或物料之间，或物料与物料之间的相互研磨或冲击使颗粒细化。该方法具有成本低、产量高以及制备工艺简单易行等特点。本书主要介绍两种典型的机械制粉方法：球磨法和冷气流粉碎法。

(1) 球磨法

球磨法利用了金属颗粒在不同应变速率下因产生变形而破碎细化的机理，其过程如图 3-10 所示。

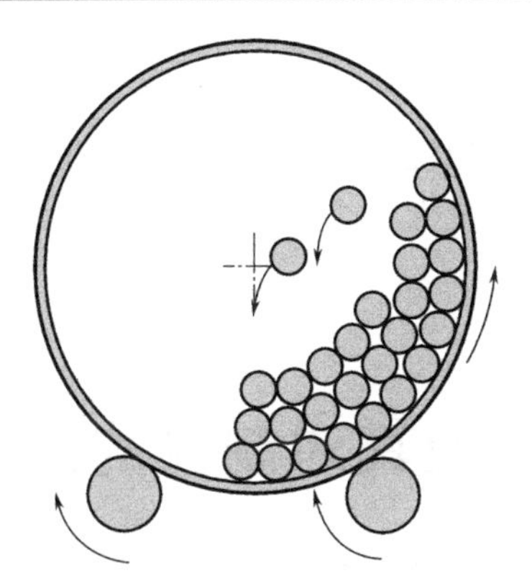

图 3-10 球磨法制粉过程示意

球磨法主要工艺过程包括以下几点。

① 据产品的元素组成，将单质或金属粉末（颗粒）组成初始粉末。

② 根据所制产品的性质，选择合理的球磨介质，如钢球、刚玉球或其他介质球。

③ 初始粉末和球磨介质按一定的比例放入球磨机中进行球磨。

④ 初始粉末在球磨机中长时间运转，回转机械能被传递给粉末，粉末在冷却状态下反复挤压和破碎，逐步形成弥散分布的细粉。

⑤ 球磨时一般需要使用惰性气体 Ar、N_2 等保护。

该方法的优点是对物料的选择性不强、可连续操作、工艺简单、生产效率高，适用于干磨、湿磨，并且可以进行多种金属及合金的粉末制备，能制备出常规方法难以获得的高熔点金属和合金纳米材料。缺点是在球磨过程中容易引入杂质，仅适用于金属材料的制备，并且制粉后分级比较困难。随着新的球磨机的诞生，这种情况正在逐步改善。已经发展的超细粉碎机可在短时间内将粒子粉碎至亚微米级。磨腔内衬材料逐步采用刚玉、氧化锆，有的用特种橡胶、聚氨酯等，可避免混入杂质从而保证纯度。

（2）冷气流粉碎法

冷气流粉碎法是目前制备磁性材料粉末应用最多的方法。气流粉碎是利用气流的能量使物料颗粒发生相互碰撞或与固定板碰撞而粉碎变细（平均粒度在 3～8μm）。具体的工艺过程为：压缩气体经过特殊设计的喷嘴后，被加速为超音速气流，喷射到研磨机的中心研磨区，从而带动研磨区内的物料互相碰撞，使粉末粉碎变细；气流膨胀后随物料上升进入分级区，由涡轮式分级器分选出达到粒度的物料，其余粗粉返回研磨区继续研磨，直至达到要求的粒度被分出为止。整个生产过程可以连续自动运行，并通过分级轮转速的调节来控制粉末粒径大小。

冷气流粉碎法适用于金属及其氧化物粉末的制备，工艺成熟，适合于大批量工业化生产。由于研磨法采用干法生产，从而省去了物料的脱水、烘干等工艺；其产品纯度高、活性大、分散性好，粒度细且分布较窄，颗粒表面光滑，但在金属粉末的生产过程中必须消耗大量的惰性气体或氮气作为压缩气源，且只适合脆性金属及合金的破碎制粉。

3.3 粉末特性及其对制件的影响

金属粉床激光增材制造技术是金属材料的完全熔化和凝固过程。因此，其主要适合于金属材料的成形，包括纯金属、合金以及金属基复合材料等。以前对金属制件的研究多放在加工工艺参数对其性能的影响，包括激光能量、扫描策略和材料本身等因素对最终零件性能的影响，而很少有关于粉末特性对金属制件性能的影响的研究，但实际上金属粉末材料特性对成形质量的影响比较大，因此金属粉床激光增材制造过程中对粉末材料的粒度、颗粒形状、含氧量等均有较严格的要求。

3.3.1 粉末性能参数

（1）粉末粒度

粒度的表示方法因颗粒的形状、大小和组成的不同而不同，粒度值通常用颗粒平均粒径表示。粒径是金属粉末诸多物性中最重要和最基本的特性值，它是用来表示粉末颗粒尺寸大小的几何参数。然而，对于金属粉末的颗粒尺寸有一定的限制，颗粒尺寸过大，铺粉时的层厚会升高，会产生增材制造中常见的一类缺陷——台阶效应，造成较大误差。在一定范围内，粒度越小越有利于金属粉末的熔化成形，成形制件的致密度更高。在相同激光光斑作用下，小粒度的粉末颗粒比表面能和熔化焓相对较大，在激光作用下更易于快速熔化，且对大颗粒之间的空隙也有很好的填充效果，从而获得高的致密度[17]。但是过小的颗粒尺寸会增加比表面积，颗粒的团聚现象越容易发生，粉体的流动性会降低，最终影响制件的致密度[18]。

颗粒尺寸不同，表现为激光扫描时扫描线宽度的不均匀，且表面粗糙，有大颗粒的球化现象。如图 3-11 所示，对比三种粒径的 316L 不锈钢粉末的单道扫描轨迹形貌（激光功率为 120W，扫描速度为 650mm/s），其中可以看出粒径为 50.81μm 的粉末单道成形性最差。这种现象出现的原因主要是由于粉末粒径比较大，铺粉时粉末容易出现分布不均的现象，且粉末比表面积较小，对能量的吸收较小。激光束能量属于高斯分布模式，在扫描过程中，激光扫描线边缘能量较低，使部分粉末颗粒并没有完全熔化，导致扫描线不均匀，但随着激光功率的提高，粉末吸收的能量增加，粉末得到比较充分的熔化，熔化道质量改善[18]。

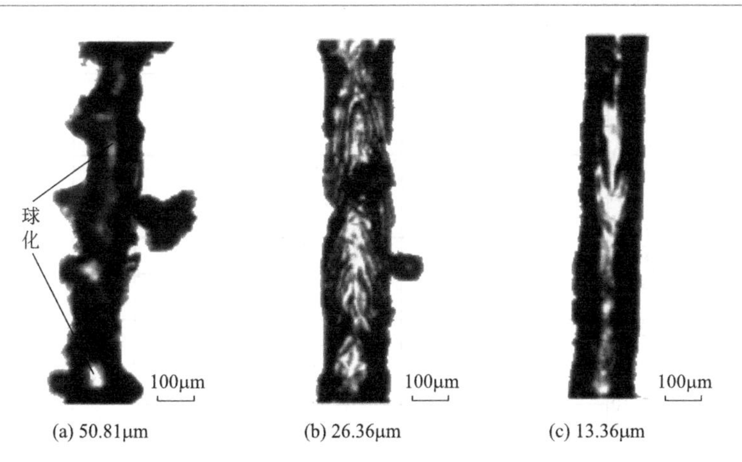

图 3-11 单道扫描轨迹表面形貌

（2）粉末的流动性

金属激光增材制造中需要合金粉末具有很好的流动性，但是由于合金粉末制造工艺不同，其表面物理状态也不尽相同，通过后期的筛分配比混匀后，其流动性也表现出多异性，影响流动性能的因素较多，例如合金粉末的球形度、表面形态等[19]。

金属粉末的流动性能对金属激光增材制造工艺有着极其重要的影响，粉末的流动性能与工艺过程中的粉末铺展有着极其紧密的联系。国内外对粉末的流动性能没有统一的衡量标准，粉末流动性的主要测试内容为松装密度、休止角、振实密度、分散度和崩溃角[19]。

① 松装密度　是指合金粉末在特定容器中，处于自然填充满后的密度。该指标是研究 SLM 成形粉末特性比较关键的一个指标，通过以往的研究证明，用于 SLM 成形合金粉末中，所有合金粉末的松装密度趋于一个定值[19]。粉末松装密度越高，则要求粉末间隙越小越好。即使粉末颗粒为球形，其松装密度也和实际有距离。为了说明粒度分布与填充之间的关系，梅尔丹及施塔奇等研究了直径相同的球形粉末，用堆积起来的方法研究间隙大小，其结果如图 3-12 所示[1]。图 3-12 中，a. 在水平面上，使 4 个球体相互接触，连接其中心即呈正方形，在各球的正上方堆积 4 个球，如此扩展堆积，则总孔隙度为 47%；b. 在 a 堆积中 2 球接触点的正上方堆积一个球，如此扩展堆积，则总孔隙度为 41%；c. 使 3 个球相互接触，再堆积一个球使之与 3 个球都接触，如此扩展，则总孔隙度变为 26%；d. 在 a 的堆积上，像与 4 个球接触那样堆积其他球，如此扩展堆积，其总孔隙度还是 26%。上述四种堆积情况表明，孔隙度 26% 是将同样大小的球进行最稠密的填充所得到的最低值。

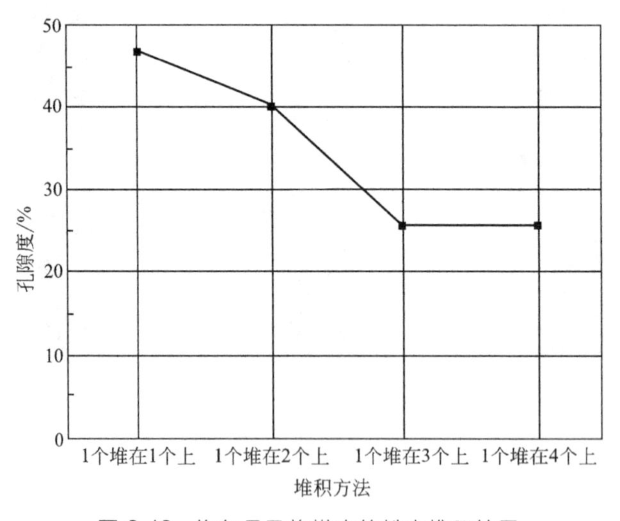

图 3-12　梅尔丹及施塔奇的粉末堆积结果

② 振实密度　是指松装密度测定后的容器，通过振动，使得容器中的粉末变为紧密。振实密度指标可以反映粉末的孔隙率和流动性等指标，有很大的参考作用[19]。

③ 分散度 指粉末从一定高度落下时的散落程度，具体测量方法为：用电子天平取粉末 10g，关闭料斗阀，把粉末均匀撒到料斗中后，将接料盘放置在分散度测定筒的正下方的分散度测定室内。开启卸料阀，粉末试样就会通过分散筒自由落下，紧接着称量接料盘内残留的粉末，实验三次取平均值。粉末的分散度用来描述粉末的飞溅程度，如飞溅度太大，则影响 SLM 过程中的铺粉效果[19]。

④ 休止角 将合金粉末自然堆积，在平衡静止的状态下，斜面与水平形成的最大角度称为休止角。粉末流动性能越好，其休止角就越小，所以休止角是对合金粉末流动性检测的一个重要指标。休止角的堆积示意如图 3-13 所示。

⑤ 崩溃角 将一定的冲击力给予休止角的粉末堆积层，表面崩溃后底角被称为崩溃角。

⑥ 差角 休止角与崩溃角之差为差角。

⑦ 压缩度 同一个试样的振实密度与松装密度之差为压缩度，压缩度有时候也被称为压缩率。压缩度越小，粉末的流动性能越好[19]。

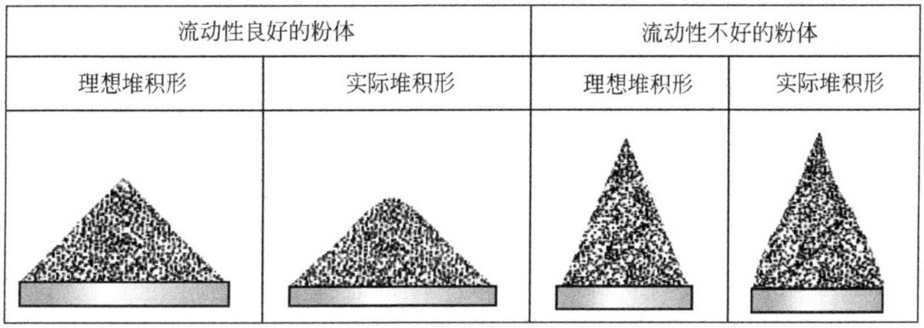

流动性良好的粉体		流动性不好的粉体	
理想堆积形	实际堆积形	理想堆积形	实际堆积形

图 3-13 休止角理想状态与实际状态示意[19]

粉末的流动性和粉末颗粒大小及粒度分布具有很密切的关系。金属粉末流动性的测定方法主要是标准漏斗法（又叫霍尔流速计）。凡是能自由流过孔径为 2.5mm 的标准漏斗的粉末，均能采用此标准。其原理是以 50g 金属粉末流过规定孔径的标准漏斗所需要的时间来表示[20]。表 3-2 为 Inconel625 合金粉末的流动性[21]。

表 3-2 Inconel625 合金粉末的流动性

项目	合金粉末粒径D_{50}/μm	每 50g 粉末流动性/s
1#	34.07	19.29
2#	34.86	19.18
3#	34.96	17.40
4#	35.23	23.83

其中 4# 的流动性最差，原因是 4# 粉末中含有较多的小颗粒，大大降低了粉

末的流动性。由此可知，粘连、团聚的小颗粒对粉末流动性的影响很大，即便颗粒的球形度很大，依旧会大幅度降低粉末的流动性和铺粉流畅性，在粉末制备过程中，可以通过采取增大雾化筒体或加快冷却速度等措施来避免、降低小颗粒的团聚现象[21]。

(3) 粉末的堆积特性

粉末具有堆积特性，粉末装入容器时，颗粒群的孔隙率因为粉末的装法不同而不同。粉末的松装密度越高，制件的致密度会越高；粉末铺粉密度越高，成形件的致密度也会越高。

床层中颗粒之间的孔隙体积与整个床层体积之比称为孔隙率（或称为孔隙度），以 P_0 表示，即

$$P_0=\frac{床层体积-颗粒体积}{床层体积} \tag{3-5}$$

式中 P_0——床层的孔隙率。

孔隙率的大小与颗粒形状、表面粗糙度、粒径及粒径分布、颗粒直径与床层直径的比值、床层的填充方式等因素有关。一般来说孔隙率随着颗粒球形度的增加而降低，颗粒表面越光滑，床层的孔隙率越小，如图 3-14 所示。

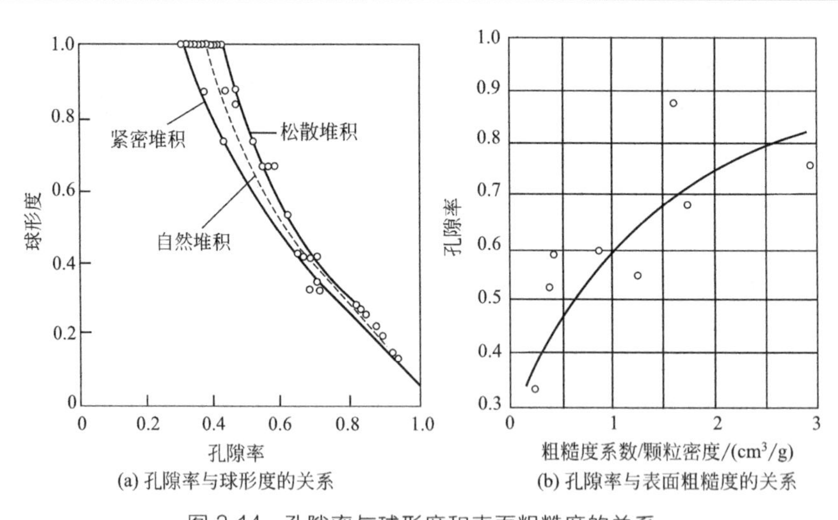

(a) 孔隙率与球形度的关系　(b) 孔隙率与表面粗糙度的关系

图 3-14 孔隙率与球形度和表面粗糙度的关系

为了提高粉床上的孔隙率，可掺杂不同粒径的粉末。好的颗粒组成能增强烧结反应。小的颗粒进入大的颗粒间隙，这将增加孔隙率，能引导增强粉末烧结过程。需要注意的是，增加小的颗粒进入粉末中可能导致烧结时样品的缺陷产生，这是因为小的粉末颗粒烧结时应力的形成要高于大的粉末颗粒烧结时的应力形

成，大的粉末颗粒会抑制小的粉末颗粒的收缩效应，因此导致大的粉末颗粒周围产生圆周裂纹[22]。

(4) 粉末的粒度分布

对于颗粒群，除了平均粒径指标外，还有颗粒不同尺寸所占的分量，即粒度分布。理论上可用多种级别的粉末，使颗粒群的孔隙率接近零，然而实际上是不可能的。由大小不一（多分散）的颗粒所填充成的床层，小颗粒可以嵌入大颗粒之间的孔隙中，因此床层孔隙率比单分散颗粒填充的床层小。可以通过筛分的方法分出不同粒级，然后再将不同粒级粉末按照优化比例配合来达到高致密度粉床的目的。图 3-15 为 316L 粉末粒径分布图[23]。

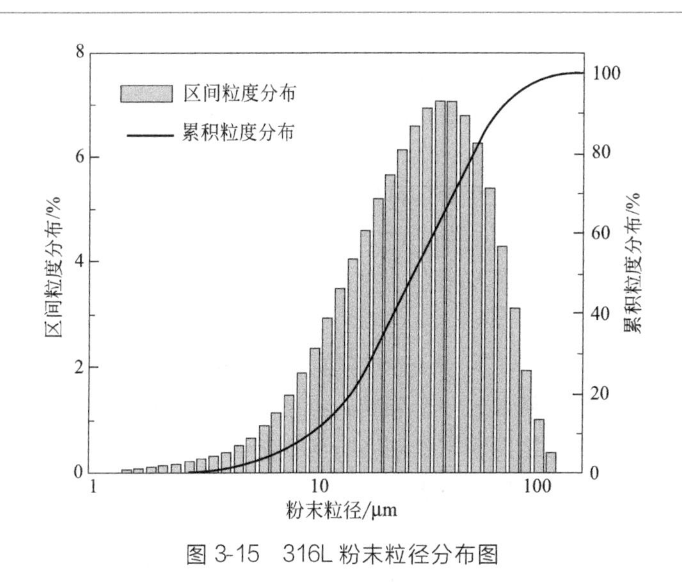

图 3-15　316L 粉末粒径分布图

粉末颗粒尺寸和粒度分配在制件致密性能上有重要的作用，一个好的成分掺杂配比是需要一系列等级的颗粒尺寸、形状和表面形貌。理论上存在一个制件性能和颗粒尺寸分布之间的关系，例如，在 SLS 过程和传统的粉末冶金烧结过程的比较，显示出以下的特征关系。

① 更小尺寸的颗粒烧结时反应更快，因为烧结时的应力与颗粒直径有关。

② 粉末颗粒的致密性是粉末颗粒点与点相接触的结果，相似的颗粒有更高的孔隙率和更快的烧结速率。

这里的“相似的颗粒”是指相似尺寸的颗粒，因为在采取两种粒径粉末混合时，选取的两种粉末粒径不能相差较大，否则小颗粒的粉末优先熔化，大颗粒的粉末有的没有被完全熔化，熔化的金属液以没有熔化的金属颗粒凝固生长，容易形成球化现象[19,24]。

总地来说，粒径分布范围越宽的粉末其松装密度越大；松装密度越高的粉末，成形零件的致密度越高。但含有 2 种粒径相差较大的粉末，成形零件的致密度会降低；相同工艺下，小粒径的粉末成形性能更好，形成的熔池更平整，表面光洁度更高；不同粒径的粉末其最佳成形工艺参数不同。

3.3.2 粉末的形貌

Liu 等人发现颗粒尺寸、粒度分布和振实密度等因素对粉末冶金烧结时粉末行为的影响并不明显，然而颗粒形貌极大影响制件的致密性。他们论证了在不同铝粉末和其氧化膜之间的热扩散可能造成氧化断裂，并且断裂特征因为颗粒形貌的不同而不同，颗粒形状有椭圆的和不规则形状的[25]。Niu 和 Chang 研究水雾化和气雾化粉末烧结反应的不同点，他们发现气雾法制备的粉末在堆垛时，粉末之间和粉内部都存在孔隙，这些孔隙被认为是由粉末的不规则形状和粉末中较高的氧气含量造成的[26]。Olakanmi 等人研究了粉末性能如松装密度和振实密度在粉床上传热时致密化过程的性质，可以控制混合双峰和三峰具有不同粒径和分布以及不同比例的颗粒形状的铝粉。这个研究的结果揭示了合适的颗粒尺寸分布、正确的成分配比、球形的颗粒形状会使粉末热传导率提高，这将增加 SLS 过程中烧结材料的致密性[24]。

粉末颗粒形状（图 3-16）及晶体结构因粉末的制备方法（表 3-3）而不同，其种类繁多。对于金属粉末的一个颗粒，有的是由很多小晶粒组成的，有的是单晶体。这些颗粒晶体结构因粉末的制备方法而显著不同。由还原、电解、雾化和沉淀等方法制备的粉末多属于前者（小晶粒），由晶间腐蚀法将各个晶粒分开而制备的粉末属于后者（单晶体）。另外，用羰基法制备的 Fe 或 Ni 粉末，或由蒸发冷凝所得到的粉末，多具有同心壳状。此外，虽同是还原粉末，但由于还原温度及冷却速度等原因，其颗粒形状也并不相同[1]。

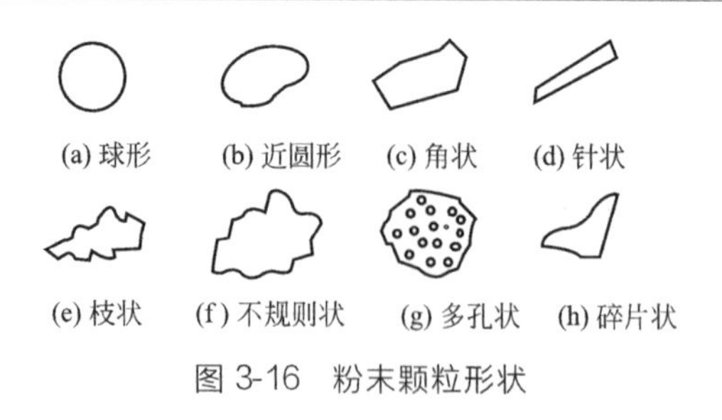

图 3-16 粉末颗粒形状

粉末颗粒形状主要会影响粉末的流动性，进而影响铺粉的均匀性。在多层成形过程中，若铺粉不均将导致扫描区域各部位的金属熔化量不均，使成形制件内部组织结构不均。有可能出现部分区域结构致密，而其他区域存在较多孔隙。图 3-17 为不锈钢粉末颗粒微观形貌。可以看出气雾法制备的 316L 不锈钢的微观颗粒形貌为较为规则的球形，水雾法制备的 316L 不锈钢的微观颗粒形貌为不规则形状[18]。

表 3-3 金属粉末特性[1]

生产方法	典型纯度/%	颗粒特性		松装密度
		形状	筛分范围	
雾化	99.5+	由不规则到光滑、圆形而致密的颗粒	由粗颗粒到 325 目	一般高
氧化物气体还原	98.5～99.+	不规则海绵状	一般 100 目以下	由低到中
溶液气体还原	99.2～99.8	不规则海绵状	一般 100 目以下	由低到高
碳还原	98.5～99.+	不规则海绵状	最粗在 8 目以下	中
电解法	99.5+	由不规则状、片状到致密	全部网目	中到高
羰基分解法	99.5+	球形	一般在低微米范围	中到高
研磨法	99.+	片状和致密	全部网目	中到低

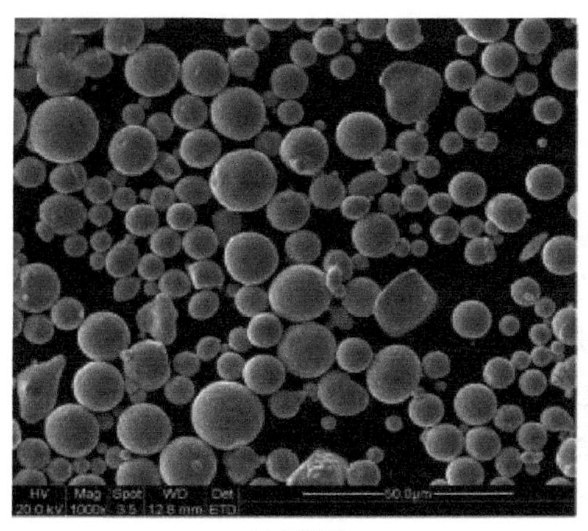

(a) 气雾法

(b) 水雾法

图 3-17 316L 不锈钢微观颗粒形貌

不规则的水雾化粉末流动性较差，粉末颗粒之间堆积协调性较差，因而铺粉时的堆积密度较低；而气雾化粉末为球形，粉末流动性好，可以得到较高的堆积密度。金属粉末的堆积密度对其成形致密化的影响已经有所报道，其结果表明，采用高松装密度的粉体材料有利于最终成形的致密化。两种粉末制件的表面形貌也存在明显差异，在相同放大倍数下，水雾化粉末制件的表面较为粗糙，表面存在大量体积较大的孔隙；气雾化粉末制件表面相对平整，孔隙数量少、体积小。在相同工艺参数下，粉末颗粒形状直接影响着 SLM 成形制件的致密度和表面质量。因此，球形颗粒粉末相对不规则颗粒粉末，更适合于 SLM 成形。

气雾化法制备得到的金属粉末，颗粒呈球状，也会出现形状不规则的颗粒。粉末颗粒形状的表征方法很多，用球形度 Q 或圆形度 S 来表征颗粒接近球或圆的程度，颗粒球形度的大小直接影响粉末的流动性和松装密度。颗粒的平均球形度用颗粒的表面积等效直径与颗粒的体积等效直径两者的比值来计算，其公式为

$$Q=d_{\mathrm{s}}/d_{\mathrm{v}} \tag{3-6}$$

式中 Q——颗粒球形度；

d_{s}——颗粒表面积等效直径；

d_{v}——颗粒体积等效直径。

圆形度是基于粉末颗粒二维图像分析的形状特征参数，其计算公式为

$$S=\frac{4\pi A}{C^2} \tag{3-7}$$

式中 S——颗粒圆形度；

A——颗粒的投射阴影面积；

C——颗粒的投射周长[21]。

3.3.3 粉末的氧含量

粉末的氧含量增加，会使成形制件的致密度与拉伸强度明显降低。当氧的含量超过 2%时，其性能急剧恶化[18]。这是由于一方面金属粉末在激光作用下短时间内吸收高密度的激光能量，使温度急剧上升，制件极易被氧化；另一方面，粉末中掺杂的氧化物在高温的作用下也会导致液相金属发生氧化，从而使液相熔池的表面张力增大，加大了球化效应，直接降低了成形制件的致密度，影响了制件的内部组织。

总体上粉末氧含量对粉末球化的影响较为明显，随着氧含量增大，将出现大尺寸的球化现象。例如，采用低氧含量 316L 不锈钢粉末（气雾化）进行激光熔化时，成形表面较为平坦，单熔化道较为连续，且熔化道之间搭接良好，搭接后仍未出现大尺寸球化现象 [图 3-18(a)]；当采用高氧含量的 316L 不锈钢粉末（水雾化）进行 SLM 试验时，发现激光单熔化道不连续且分裂成多个金属球，随着多道与多层扫描的进行，成形表面最终恶化，形成大量孤立的大尺寸金属球

[图 3-18(b)～(d)]，严重影响了制件的成形质量[23]。

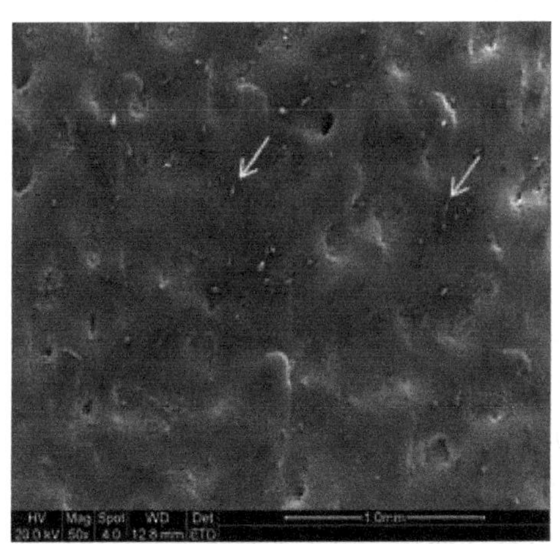

(a) 气雾化粉，氧含量为4.52%

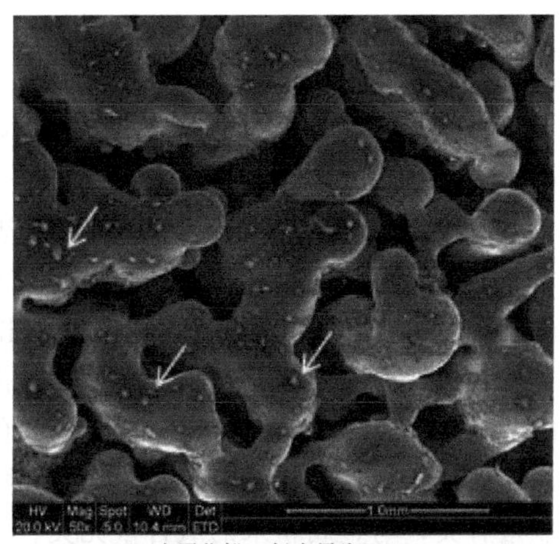

(b) 水雾化粉，氧含量为5.44%

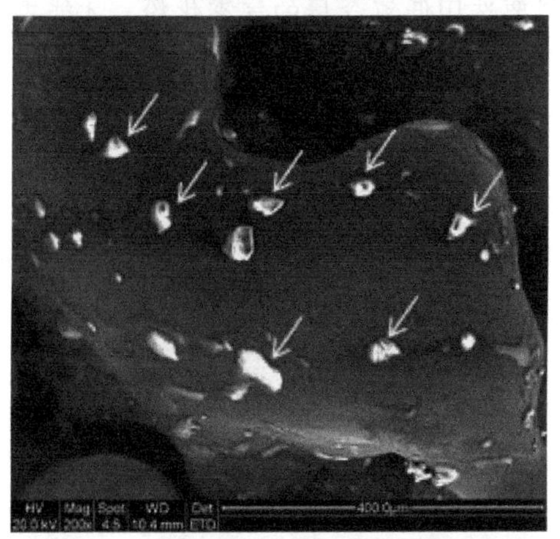

(c) 水雾化粉，氧含量为5.44%

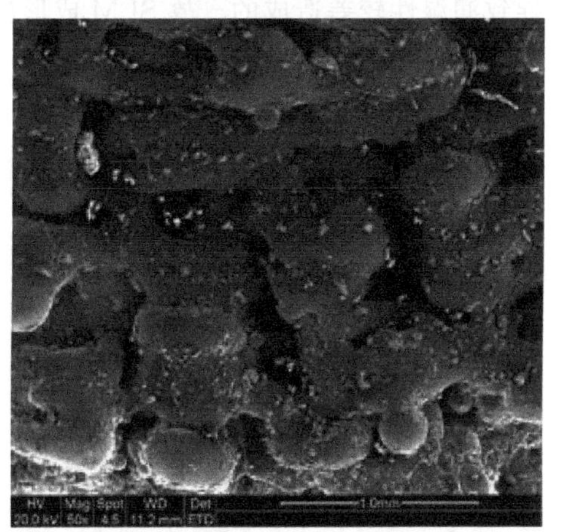

(d) 水雾化粉，氧含量为5.90%

图 3-18 不同氧含量的 316L 不锈钢粉末对大尺寸球化的影响

氧含量对成形过程中球化的影响可以归结为氧化物的界面润湿问题。当激光增材制造过程在低氧含量条件下进行时，熔池可在较为洁净的固态表面进行铺展，其润湿界面多为液相/固相；然而，在高氧含量条件下进行时，熔池将在氧化物表面进行铺展，其润湿界面主要为液相/氧化物。前者为金属零件同质材料润湿，而后者为金属零件与氧化物的异质材料润湿（润湿性较差）。在熔池的形成与发展过程中，表面自由能始终向最低的方向发展。当熔池接触金属氧化物时，因其表面自由能比液相金属与气相的界面自由能小很多，所以液相金属很难润湿金属氧化物。而球形的表面自由能最低，导致球化效应的产生。由此可见，当金属粉末中氧含量较高时，其表面形成的大量氧化物不利于液态熔池的润湿与铺展，从而形成大量的金属球，降低了成形质量。

液相金属因为金属氧化物的存在不能有效地润湿固相金属界面，从而形成小球，影响到该条扫描线的成形质量。SLM 的扫描线在水平和垂直方向上的不断累积，因金属氧化物的存在而产生的金属小球会严重地影响扫描线之间的结合，严重时甚至使成形制件产生裂纹。

图 3-19 为不同氧含量下 SLM 试样表面的微尺寸球化分析。可以看出，金属粉末氧含量对微细尺寸球化的影响并不大，也就是说，利用气雾化与水雾化制备的金属粉末，其 SLM 成形过程中均易出现微尺寸球化现象。这是因为，如前一节所分析，微尺寸球化是由于在激光冲击波作用下，液态金属被冲击成大量细小的金属球，形成飞溅。也就是说激光束的动能部分转化为飞溅金属球的表面能，进而形成如图 3-19 所示的大量微细金属球。因而，微尺寸球化与激光束的冲击能量有关，与金属粉末的氧含量无关。而大尺寸球化是由于金属粉末氧含量较高导致润湿性较差造成的。故 SLM 成形材料要选用低氧含量的气雾化粉，才能提升 SLM 成形质量[23]。

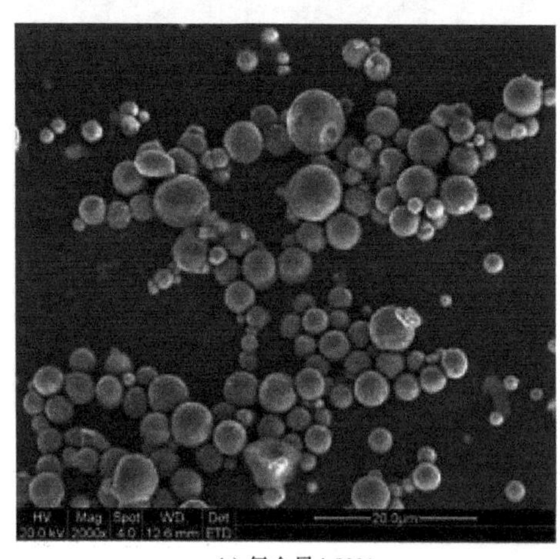

(a) 氧含量4.52%

(b) 氧含量5.9%

图 3-19 SLM 成形试样表面的微尺寸球化 SEM

3.3.4 粉末中的杂质

粉末化学性质也是粉末的重要特性，这和一般金属的情况相同，但因为是粉末，所以需特别注意氧化物或氧化膜。粉末比块状金属吸收或吸附的各种气体多。

粉末中的固体杂质包括下列四种：夹杂物颗粒、金属粉末颗粒内含有夹杂物、金属粉末颗粒内化合物以及固溶的夹杂物。其中，夹杂物颗粒主要来源于原料；金属化合物是因不完全还原而残留，一般市售还原粉中含量较多；氧化物因不能完全还原往往残留在颗粒内部。超细粉末一旦接触过空气，其表面也往往会被氧化，即使进行过还原，粉末内部也难以除去氧化物质。粉末颗粒内部有些杂质能形成合金，并改善材料物理性能；而有些作为化合物的非金属杂质对材料性能有害（如 Fe 中含有化合碳对磁性材料是有害的）。当硫、磷与氧、氢等作用生成气体，将使材料生成气孔[1]。

为避免吸收有害气体，粉末应在无害气氛中进行粉碎。储藏和搬运时，装入密闭容器或进行适当处置，以避免粉末的污染。

参考文献

[1] 章文献. 选择性激光熔化快速成形关键技术研究[D]. 武汉：华中科技大学，2008.

[2] Kruth J P, Froyen L, Vaerenbergh J V, et al. Selective laser melting of iron-based powder[J]. Journal of Materials Processing Tech, 2004, 149 (1): 616-622.

[3] 鲁中良，史玉升，刘锦辉，等. 间接选择性激光烧结与选择性激光熔化对比研究[J]. 铸造技术，2007，28 (11)：1436-1441.

[4] Beddow J. K. 雾化法生产金属粉末（The Production of Metal Powders by Atomization）[M]. 胡云秀，曹家勇译. 北京：冶金工业出版社，1985.

[5] German R M. Powder Metallurgy Science, Metal Powder Industry [M]. Amazon Press, 1994.

[6] 张艳红，董兵斌. 气雾化法制备 3D 打印金属粉末的方法研究[J]. 机械研究与应用，2016，(02)：203-205.

[7] 张飞，高正江，马腾，等. 增材制造用金属粉末材料及其制备技术[J]. 工业技术创新，2017，(04)：59-63.

[8] 马尧，鲍君峰，胡宇，等. 真空气雾化参数对粉末粒度及形貌的影响研究[J]. 热喷涂技术，2014，(01)：45-48.

[9] 岳灿甫，王永朝，雷竹芳，等. 真空气雾化制粉技术及其应用[C]. 2012 船舶材料与工程应用学术会议论文集. 2012.

[10] 杨福宝，徐骏，石力开. 球形微细金属粉末超声雾化技术的最新研究进展[J]. 稀有金属，2005，(05)：785-790.

[11] 党新安，刘星辉，赵小娟. 金属超声雾化技术的研究进展[J]. 有色金属，2009，(02)：49-54.

[12] 陈仕奇，黄伯云. 金属粉末气体雾化制备技术的研究现状与进展[J]. 粉末冶金材料科学与工程，2003，(03)：201-208.

[13] Unal A. Gas atomization of fine zinc powders [J]. International Journal of Powder Metallurgy, 1990: 11-21.

[14] 韩凤麟. 钢铁粉末生产[M]. 北京：冶金工

业出版社，1981.

[15] 卢寿慈. 粉体加工技术[M]. 北京：中国轻工业出版社，2002.

[16] 李森. 羰基法制取超细粉末的探讨[J]. 四川冶金，1990，(03)：45-48.

[17] 齐海波，颜永年，林峰，等. 激光选区烧结工艺中的金属粉末材料[J]. 激光技术，2005，(02)：183-186.

[18] 王黎，魏青松，贺文婷，等. 粉末特性与工艺参数对 SLM 成形的影响[J]. 华中科技大学学报：自然科学版，2012，(06)：20-23.

[19] 孙骁. 选区激光成形用 IN718 合金粉末特性及成形件组织结构的研究[D]. 重庆：重庆大学，2014.

[20] GB/T 1482—2010，金属粉末流动性的测定[S].

[21] 杨启云，吴玉道，沙菲，等. 选区激光熔化用 Inconel625 合金粉末的特性[J]. 中国粉体技术，2016，(03)：27-32.

[22] Olakanmi E O，Cochrane R F，Dalgarno K W. A review on selective laser sintering/melting (SLS/SLM) of aluminium alloy powders：Processing，microstructure，and properties[J]. Progress in Materials Science，2015，74：401-477.

[23] 李瑞迪. 金属粉末选择性激光熔化成形的关键基础问题研究[D]. 武汉：华中科技大学，2010.

[24] Olakanmi E O，Dalgarno K W，Cochrane R F. Laser sintering of blended Al-Si powders [J]. Rapid Prototyping Journal，2012，18 (2)：109-119.

[25] Liu Z Y，Sercombe T B，Schaffer G B. The Effect of Particle Shape on the Sintering of Aluminum[J]. Metallurgical & Materials Transactions A，2007，38 (6)：1351-1357.

[26] Niu H J，Chang I T H. Selective laser sintering of gas and water atomized high speed steel powders[J]. Scripta Materialia，1999，41 (1)：25-30.

第4章

数据处理技术

4.1 STL文件格式的介绍

STL（Stereo Lithographic）文件格式是美国3D Systems公司1989年提出的一种数据格式。它由大量三角形面片网格连接组成，每个三角形面片由其顶点和法矢量定义[1,2]。STL文件只能逼近零件外形，面片使用得越多，逼近程度越高，但相应的会增加文件长度和处理时间。STL文件格式目前已被工业界认为是快速成形领域的标准文件格式，在逆向工程、有限元分析、医学成像系统、文物保护等方面有广泛的应用。图4-1展示的是实际看到的零件图与单纯用STL格式表示的零件图之间的区别，后者完全是由三角形面片组成。

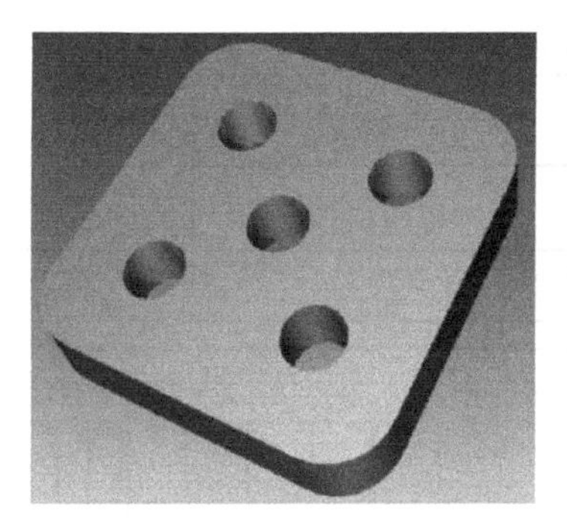
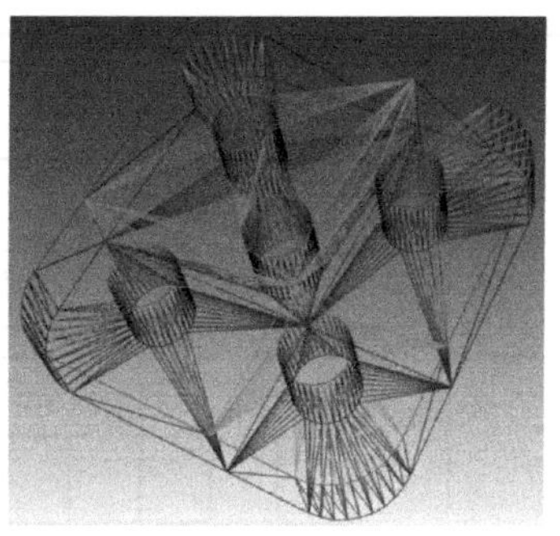

图4-1　模型实体图和STL三角形面片网格图

STL模型中的三角形面片具有顺序杂乱、无拓扑关系的特点。每个三角形面片都包含有组成三角形面片的法向量的3个分量（用来确定三角形面片的三个顶点的排列方向）以及三角形的3个顶点各自的 X 轴方向、Y 轴方向、Z 轴方向的坐标值。如图4-2所示，一个完整的STL模型数据记载了组成三维实体模型的所有三角形面片的法向量数据和各顶点坐标数据信息。

目前，STL文件有二进制文件（BINARY）和文本文件（ASCII）两种格式。下面分别对这两种文件格式进行介绍。

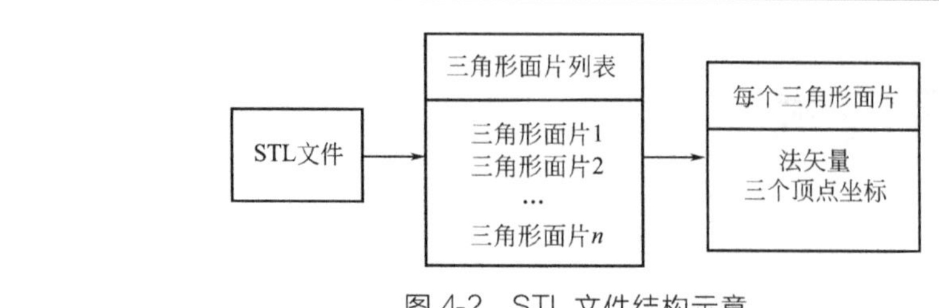

图 4-2 STL 文件结构示意

4.1.1 STL 的二进制格式文件

二进制（BINARY）STL 文件用固定的字节数来给出三角形面片的几何信息[3]。文件起始的 80 个字节是文件头，用于存储文件名，紧接着用 4 个字节的整数来描述模型的三角形面片总数，后面逐个给出每个三角形面片的几何信息。每个三角形面片占用固定的 50 个字节，依次是 3 个 4 字节浮点数（法矢量），3 个 4 字节浮点数（三角形面片一个顶点），3 个 4 字节浮点数（三角形面片一个顶点），3 个 4 字节浮点数（三角形面片一个顶点），最后 2 个字节为预留字，一般表示属性特征。二进制格式结构如图 4-3 所示。

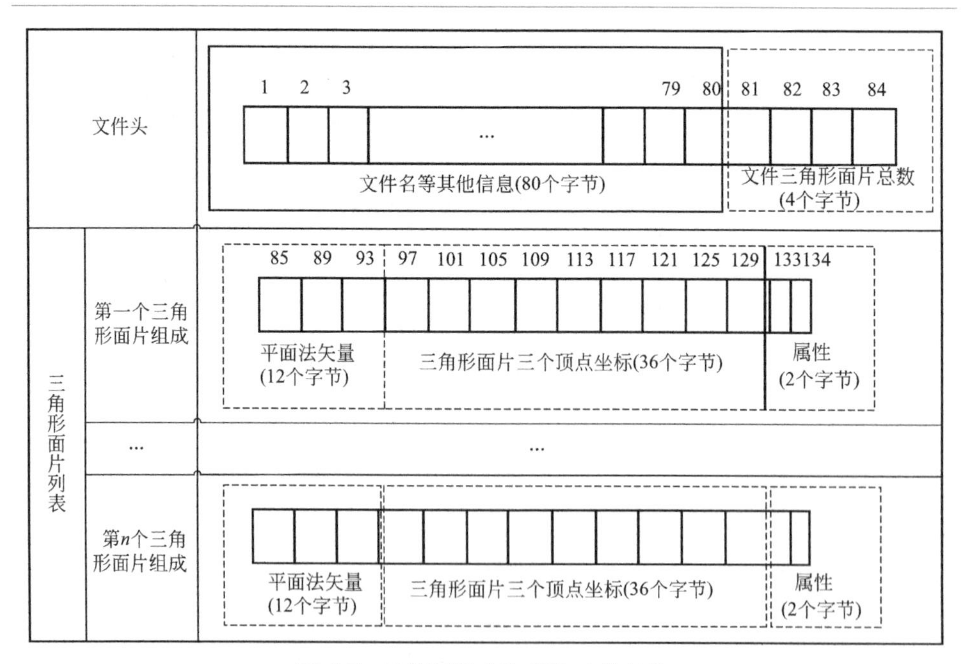

图 4-3 二进制格式的 STL 文件结构

4.1.2 STL 的文本格式文件

文本（ASCII）格式 STL 文件逐行给出三角形面片的几何信息，每一行以 1 个或 2 个关键字开头，存储一个面片大约需要 250 个字节。在 STL 文件中一个带矢量方向的三角形面片是由三角形面片的信息单元 facet 来表述的，它的 3 个顶点的排列方向是沿指向实体外部的法矢量方向上的逆时针方向。由若干个三角形面片的信息单元 facet 构成整个 STL 文件格式模型。

STL 文件的首行给出了文件路径及文件名。在一个 STL 文件中，每一个信息单元 facet 由 7 行数据组成，每行对应的关键字表示的含义如下：facet normal 是三角形面片指向实体外部的法矢量坐标；outer loop 说明随后的 3 行数据分别是三角形面片的 3 个顶点坐标；end loop 表示完成三角形面片的 3 个顶点坐标定义；end facet 表示完成一个三角形面片定义；end solid filename 表示整个 STL 文件定义结束。一个具体的 ASCII 格式的 STL 文件结构如图 4-4 所示。

```
solid filename          //文件路径及文件名
facet normal x y z      //三角形面片法向量的3个分量值
outer loop              //表明随后表示三角形面片的三个顶点
vertex x y z            //三角形面片第一个顶点的坐标
vertex x y z            //三角形面片第二个顶点的坐标
vertex x y z            //三角形面片第三个顶点的坐标
end loop                //三角形面片的三个顶点表示完毕
end facet               //第一个三角形面片定义完毕
……                      //若干个三角形面片定义
end solid filename      //整个文件结束
```

图 4-4 ASCII 格式的 STL 文件结构

4.1.3 STL 格式文件的特点

上述两种格式的 STL 文件存储同一个模型文件时，采用二进制文件格式比采用文本文件格式占用内存要小得多，二进制文件格式大小约是文本文件格式的五分之一。但是采用文本文件格式的优势是直观，便于阅读、检查和修改，更容易进行下一步的数据处理。同时，STL 格式文件还有几个构成原则[4,5]。

① 顶点原则　相邻的两个三角形面片之间能且只能通过一条公共边相连。即每两个相邻的三角形面片有且只有两个共同顶点共享，三角形面片的顶点只能是在与其相邻的三角形面片的顶点处，而不能存在于三角形面片的边上。不符合

STL 格式文件顶点原则的情况示例如图 4-5(a) 所示。

② 边原则　组成三角形面片的边只能同时属于两个三角形面片。即与三角形面片的各条边相邻的三角形面片有且只有两个。不符合 STL 格式文件边原则的情况示例如图 4-5(b) 所示。

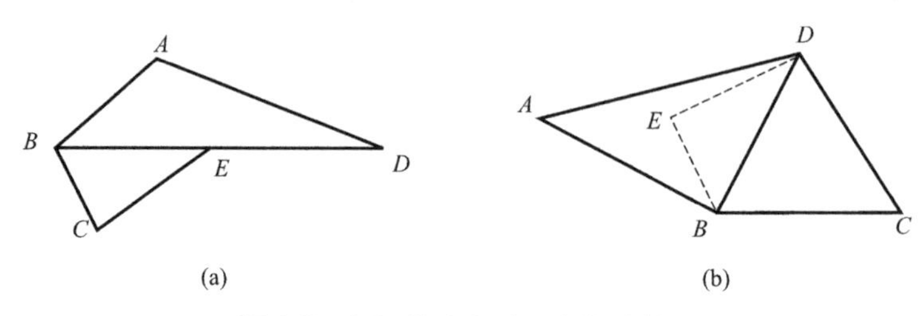

图 4-5　STL 格式文件异常构成情况

③ 法矢量的方向原则　由于 STL 文件中的三角形面片是用来近似逼近三维模型的表面的，所以可以把三角形面片看作是三维模型内部与外部的分界面，它的法矢量的方向始终朝向外侧，并且与三个顶点连接成的矢量方向构成右手原则，如图 4-6 所示。

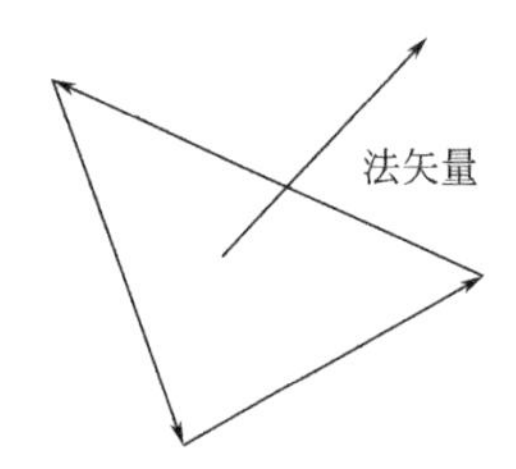

图 4-6　三角形面片顶点与法矢量遵循右手定则

④ 取值原则　每个三角形面片的三个顶点坐标值必须是正数。

⑤ 布满原则　STL 格式文件模型用三角形面片进行逼近时，三角形面片必须布满模型的每个面，不能有任何遗漏。

4.1.4 STL 文件的一般读取算法

(1) 二进制格式 STL 文件的读取算法

以二进制 STL 文件作为数据源，根据文件格式和内部数据结构的分析，二进制 STL 文件格式的读取算法步骤如下[6]。

① 绑定要读取的 STL 文件，打开 STL 格式文件。

② 判断是否为二进制文本 STL 文件格式，如为否，结束读取。

③ 读取文件的三角形面片总个数，定义一个临时变量 M，用来存储 STL 文件的三角形面片顶点信息。

④ 读取一个三角形面片顶点信息，并存入临时变量 M 中。

⑤ 判断所有的三角形面片是否读取完毕。如是，结束读取；如为否，跳转至步骤④。

通过上述步骤依次读取 STL 格式文件中的三角形面片顶点信息，能够得到包含文件中所有三角形面片的顶点信息的矩阵 $\boldsymbol{M}$。二进制格式 STL 文件的读取流程如图 4-7 所示。

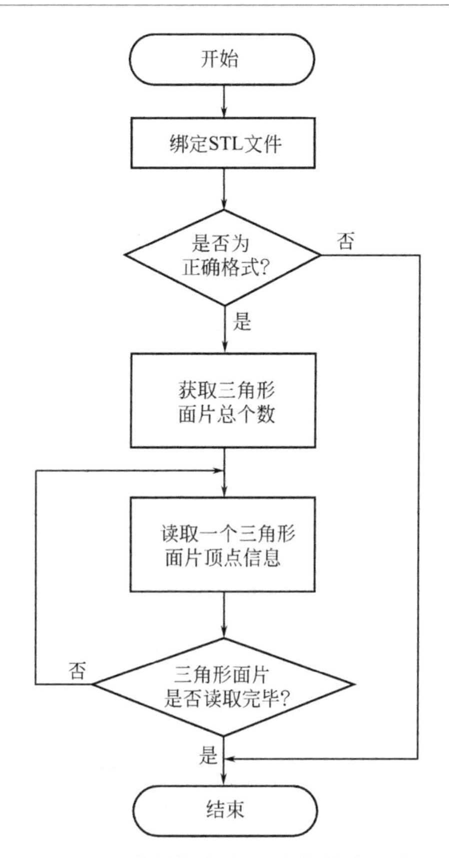

图 4-7 二进制格式 STL 文件的读取流程

(2) 文本格式 STL 文件的读取算法

文本格式的 STL 文件结构是通过一些关键字来标识并按行存储的，每一行都有特定的关键字。因此可以通过逐行的方式来读取，具体的读取算法步骤如下。

① 打开要读取的 STL 文件。

② 判断是否为正确的 STL 文件格式，如果格式正确继续下一步流程；如为否，结束读取。

③ 读取一行数据，判断关键字是否为 facet normal，如是，数据存入为法矢量信息动态矩阵并转至步骤⑤；如为否，跳转至步骤④。

④ 判断关键字是否为 vertex，如果是，数据存入顶点信息动态矩阵并继续下一步骤；如为否，直接进行下一步骤。

⑤ 判断 STL 文件是否结束。如果是，读取算法结束；如为否，跳转执行步骤③。

这样逐行读取循环进行，直到 STL 文件读取结束为止。文本格式 STL 文件的读取流程如图 4-8 所示。

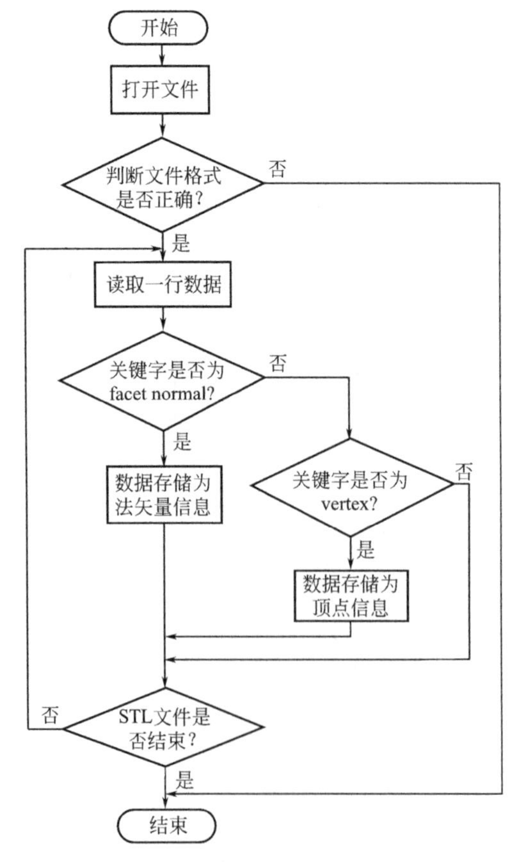

图 4-8 文本格式的 STL 文件读取流程

4.2 STL 模型预处理

4.2.1 增材制造数据处理软件[7]

（1）Cura

Cura 是由 Ultimaker 开发的一款免费切片软件。这款软件的优点在于兼容性非常高，并且操作简单易学。Cura 既可以进行切片，也有 3D 打印机控制接口，可设置层厚、壁厚、顶/底面厚度、填充密度、打印速度、喷头温度、支撑类型、工作台附着方式、网格边界等基本参数；还可设置回抽、首层层高、首层挤出量、模型底部切除等高级参数。

如图 4-9 所示，Cura 软件界面左侧为参数栏，有基本设置、高级设置及插件等，右侧是三维视图栏，可对模型进行移动、缩放、旋转等操作。

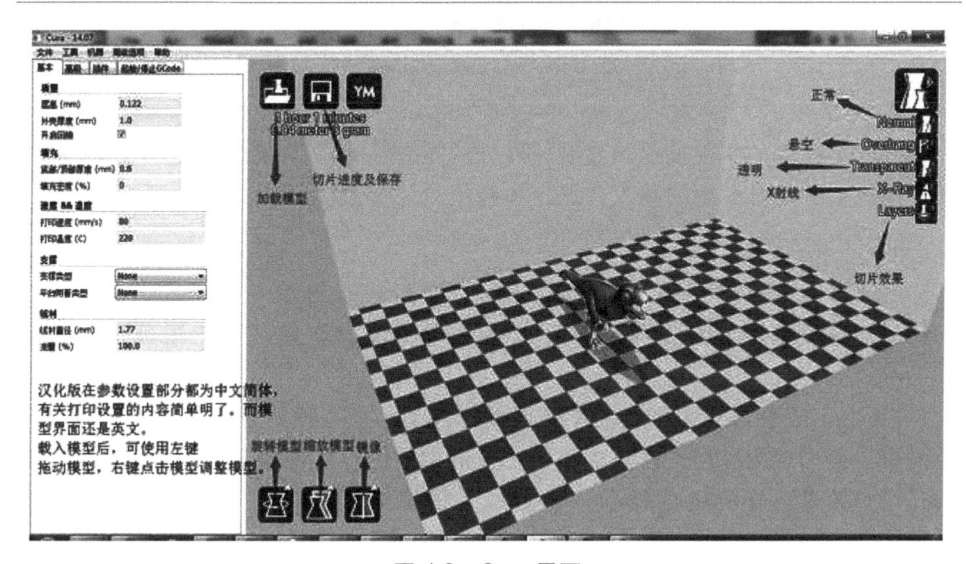

图 4-9　Cura 界面

软件界面提供了支撑和可解决翘曲变形的平台附着类型，能够帮助客户尽可能地成功打印。另外根据不同的参数设置，软件计算的打印完成时间也不相同。图 4-9 中的打印对象切片完成时间约 3min。

（2）Makerware

Makerware 是针对 Makerbot 机型专门设计的 3D 打印控制软件，但也适用于闪铸等用 MakerBot 主板的机型，其操作简单，功能完善，如图 4-10 所示。目前国内还没有比较完整的汉化版本，全英文界面还是不太容易上手。但是由于 Makerware 软件本身设计简单，操作起来比较直观，因此，对于基础 3D 打印机用户而言，使用起来没有特别大的困难。

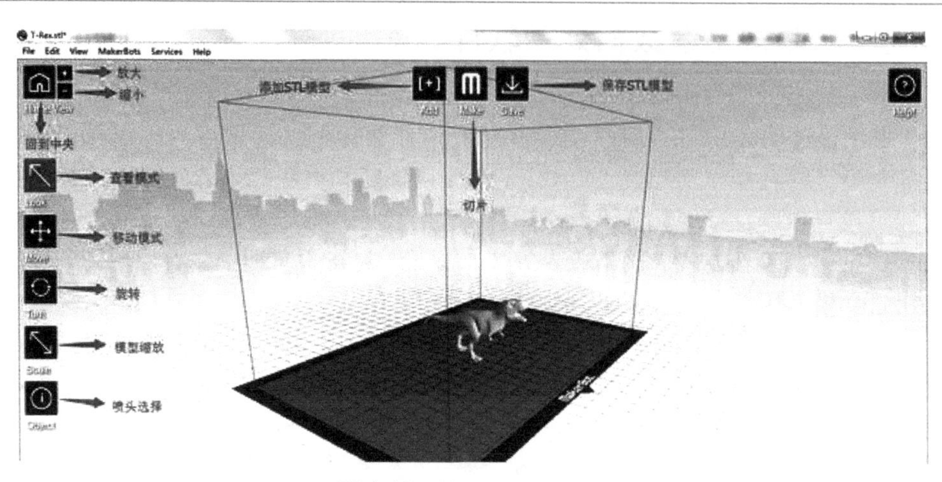

图 4-10 Makerware 界面

Makerware 的主界面简洁直观。左方的按钮主要是对模型进行移动和编辑，上方按钮主要是对模型的载入、保存和打印。

(3) Flashprint

Flashprint 是闪铸科技针对 Dreamer（梦想家）机型专门研发的软件。自 Dreamer 机型开始，闪铸科技在新产品上均使用该软件，现在覆盖机型包括 Dreamer、Finder、Guider。

Flashprint 在界面上默认为中文界面，但是，根据偏好设置，也可以改成其他语言界面，现在可用语言包括汉语、英语、俄语等 6 种语言。并且闪铸为了能够让用户获得更好的用户体验，在出厂之前针对用户的语言习惯进行了语言设置。

就支撑而言，Flashprint 针对不同模型使用不同支撑方式(线状支撑和树状支撑)，可降低打印成本，加快打印速度，提升打印成功率，并让打印成品表面更光洁。其中树状支撑是闪铸科技独有的支撑方案，很大程度上解决了支撑难以去除的难题。另外，相比线状支撑，树状支撑能够很大程度上节省耗材。编者曾计算过，树状支撑至少可以节省 70%以上的耗材。用户还可以手动添加支撑和修改支撑，对于 3D 打印用户来说，在使用方面的操作性大大提高。Flashprint 自动支撑界面如图 4-11 所示。

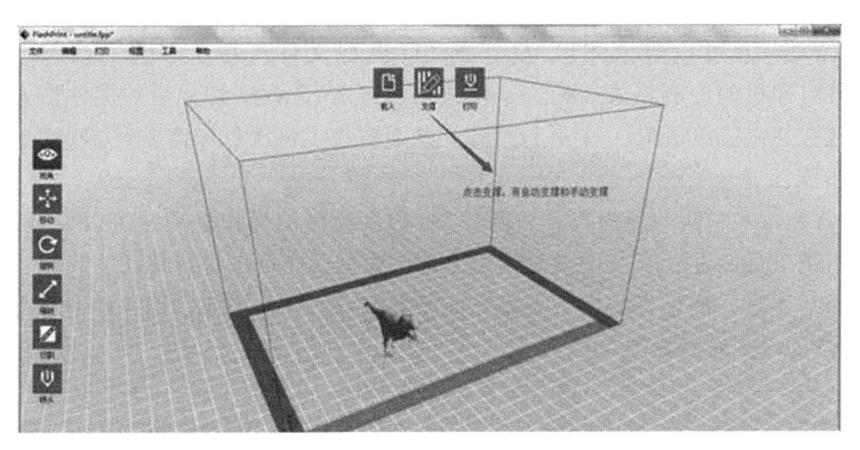

图 4-11 Flashprint 自动支撑

（4）HORI3D Cura

弘瑞是国产 3D 打印机中不错的品牌之一，针对国内用户，开发的操作软件 HORI3D Cura 充分考虑了用户体验，虽然是英文界面（老版本 Cura14.07 仍为英文界面，新版本 Cura15.04.2 已汉化），但把鼠标放在界面对话框就会有英文提示，而且还根据使用规律设置好了最佳的打印参数，用户基本不需要怎么改动就可以使用，所以非常方便。此外，模型预览功能也很多，用户可随意挑选。选定模型之后，可将调整好的模型切片直接保存在 SD 卡内。HORI3D Cura 界面如图 4-12 所示。

图 4-12 HORI3D Cura 界面

（5）XYZware

XYZware 可以导入 STL 格式的 3D 模型文件，并导出为三纬 da Vinci 1.03D 打印机的专有格式 3w。3w 格式是经过 XYZware 切片后的文件格式，可以直接在三纬 daVinci1.0 上进行打印，从而省去了每次打印需要对 3D 模型做切片的步骤。

XYZware 左侧一列为查看和调整 3D 数字模型的操作选项。可以设置顶部、底部、前、后、左、右 6 个查看视角。选中模型后还可以进行移动、旋转、缩放等调整。不过，调整好的模型需要先保存再进行切片，因此，切片效率将有所降低。XYZware 界面如图 4-13 所示。

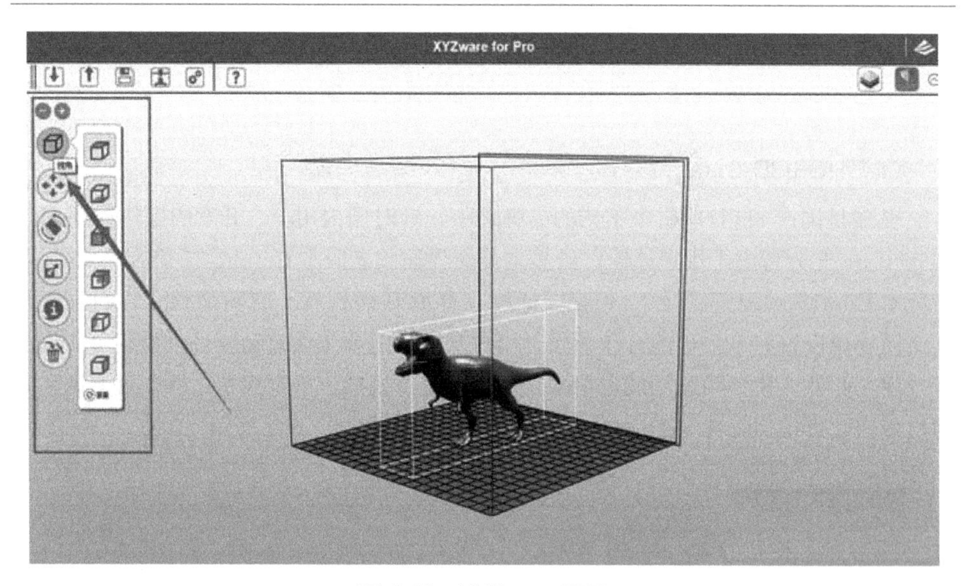

图 4-13 XYZware 界面

（6）DaYinLa

Iceman3D 的打印软件 DaYinLa，针对国内用户做了优化处理，软件左上角有模型的旋转、缩放、预览等各种模式，还能直接显示模型的预计打印时间和预计消耗材料长度。设置选项包括系统设置和打印设置，另外这款软件自带模型库，让用户打开软件就可以随心选择想要的模型，如图 4-14 所示。

六款软件的优势功能各不相同。Makerware 在用户操作角度有更多的考量，但是对于功能开发方面稍弱于另几款软件。Cura 和 Flashprint 的浮雕功能表现都很好，同时二维转三维打印，也让打印机的应用范围更广一些。但是从切片速度来说，Cura 无疑是表现最好的。Flashprint 的切割功能表现出色，如果能用好这个功能，对于模型打印的成功率可以大大提升。DaYinLa自带模型库，让用户任意下载自带的模型，无须再到别的网站进行下载，如表4-1所示。

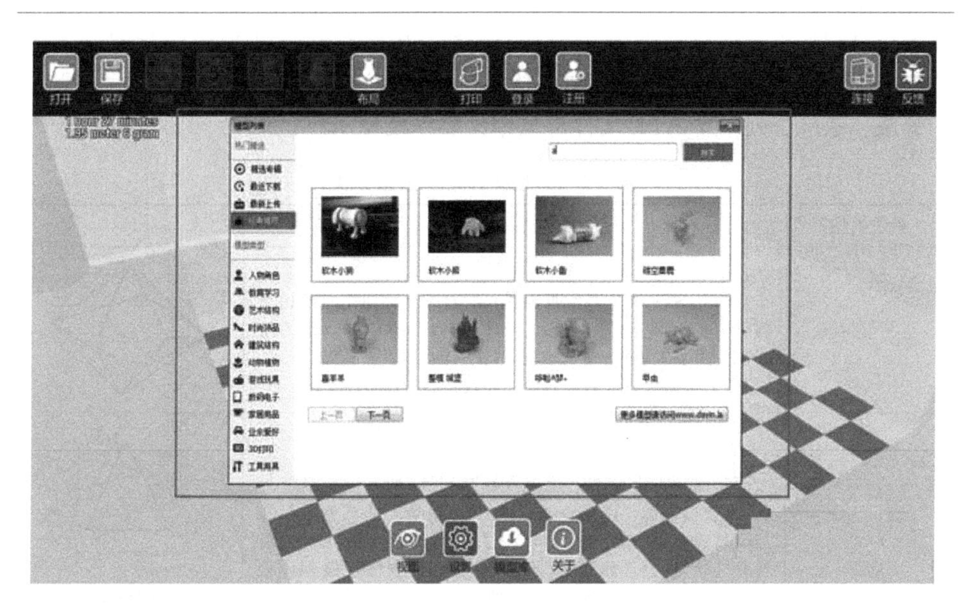

图4-14 DaYinLa模型库

表4-1 六款3D打印软件主要功能对比

软件	切片速度	支撑	操作便捷性	兼容性
Cura	快	自动支撑。但不能及时查看	一般	强
Makeware	一般	自动支撑。自动支撑选项需勾选	一般	不强
Flashprint	较快	两种支撑选项。可以及时查看	较便捷	较强
HORI3D Cura	较慢	只能在视图中查看支撑状况	较强	一般
XYZware	一般	自动支撑。但不能及时查看	较便捷	一般
DaYinLa	一般	自动支撑。但不能及时查看	一般	一般

4.2.2 STL 文件纠错

由于 STL 文件格式本身的不足以及数据转换过程中易出错等原因，因此，在 STL 模型中会出现如漏洞、裂缝/重叠、顶点不重合以及法向量错误等缺陷[8]。为此，在 STL 文件读入和拓扑关系构建时应进行错误检查，并做出相应的修复。表 4-2 列举了 STL 文件常见错误类型及说明。

表 4-2 STL 文件错误类型分类

错误类型	具体说明	图示
空洞与裂缝	空洞是 STL 文件最常见的错误。对多个大曲率曲面相交构成的表面模型进行三角化处理时，如果拼接该模型的某些小曲面丢失，就会造成空洞	
重叠	面片的顶点坐标都是用浮点数存储的，如果控制精度过低，就会出现面片的重叠情况；进行分块造型的模型如果在造型后没有进行布尔并运算，实际造型时添加的分割面就没有去除，就会产生重叠错误。重叠分为表面重叠和体积重叠(多个实体堆叠到一起)两种，其中，表面重叠又包括一个三角形与另一个三角形完全重合及一个三角形的部分与另一个或多个三角形部分重叠	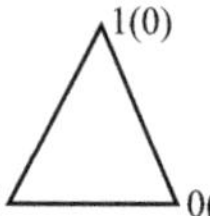 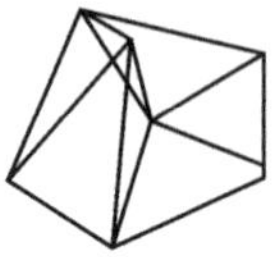
错位	这是 STL 文件常见的错误，错位是由于应该重合的顶点没有重合所导致	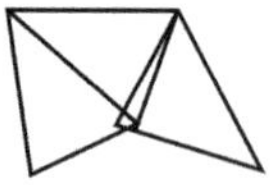
反向	三角形面片的旋向有错误，即违反了 STL 文件的取向规则，产生的原因主要是生成 STL 文件时顶点记录顺序混乱	
多余	指在正常的网格拓扑结构的基础上多出了一些独立的面片	
不共顶点	违反了 STL 文件的共顶点规则，由于顶点不重合导致相邻的三角形面片重合的顶点数少于两个，此时三角形的顶点落在了相邻三角形的边上，但是没有出现裂缝	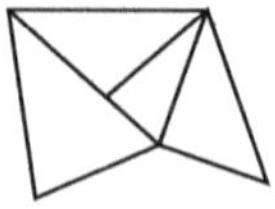

考虑到不同错误的特点及修复方法，基本错误修复的步骤可以归纳为：合并顶点→空洞修复→裂缝修复→删除多余→重叠修复→错误刷新。重复执行上述步骤，直至修复完毕。

（1）合并顶点

合并顶点可以修复错位和部分裂缝。具体方法如下。

先遍历所有连通错误区域；在每一个连通错误区域内，遍历所有的错误顶点；计算该顶点与其他顶点间的距离 d_0，找到 $d_0<e$ 的顶点（e 为指定的应该重合顶点的容许误差）并将其加入临时顶点数组；合并临时顶点数组中不属于同一边的顶点，并合并相邻关系；重复执行上述步骤，直至遍历完所有连通错误区域。

如顶点 1 和顶点 0 需要合并，合并相邻关系又包含下列步骤。

先找到顶点 1 的所有相邻面片，将面片中顶点 1 的原来位置用顶点 0 代替；删除顶点 1 的所有相邻面片；将顶点 1 的相邻面片加入顶点 0 的相邻面片中；顶点 1 标记为“已删除”。

原则上错位错误比较容易修复，只需将距离很近的顶点合并就可以了。但是，由于实际上正常的 STL 文件面片的边长有可能很小，甚至小于错位距离，无法区分两个短距离的顶点是否错位，因此设置适当的 e 值是非常困难的。设置过小，纠正效果不明显；设置过大，有可能将正常的短面片边的顶点误认为错位顶点而导致产生其他错误。在实践中一般是通过大量试验的方法来获得合理的 e 值。

（2）空洞的修复

空洞是 STL 文件中最常见的错误。由于设置适当的错位距离非常困难，故合并顶点后可能会产生空洞，因此在修补空洞前，应先进行合并顶点操作，以便集中处理空洞错误。空洞错误根据特征可以分为顺向单环和连环孔两类，连通区域为顺向单环的充要条件是：每个错误顶点有且仅有两个错误边而且方向为顺时针。对于连环孔，则通常需要分解成可以处理的多个单环。单环都是顺时针方向，是由 STL 文件的取向规则决定的，STL 文件要求单个面片法向量符合右手定则，且其法向量必须指向实体外面。对于空洞来说，绕向必然相反，即从实体外侧看为顺时针方向。

① 顺向单环空洞的处理　顺向单环空洞修复的方法是在空洞中构造三角形面片。由于大于三条边的空洞都是空间多边形，因此要把空间多边形在三维空间中划分成三角形非常复杂，本文采用最小角度判定法，具体算法如下。

遍历顶点数不小于 3 的顺向单环，计算环内各顶点处边的夹角；找到夹角最小处的顶点；以该顶点和它的两条相邻错误边形成新的面片，加入制件中；更新错误区域；重复执行上述过程，直至单环内只剩三条边，该三条边组成一个新面片，加入面片数组中。

实例如图 4-15 所示，先找到最小内角$\angle ABC$，生成面片 ABC；再找到最小内角$\angle EAC$，生成面片 EAC；最后生成面片 ECD。

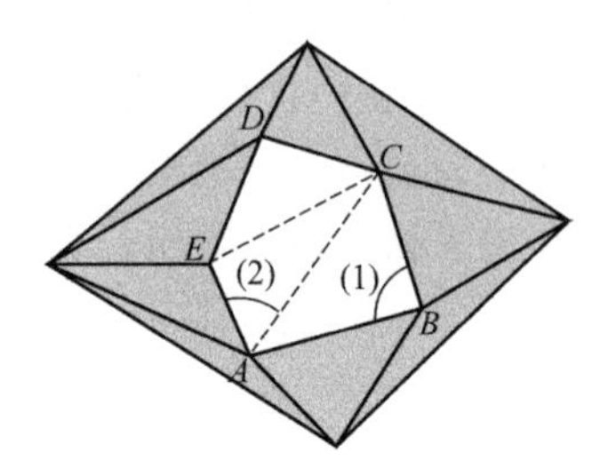

图 4-15 最小角度法修补实例

每添加一个三角形，空洞的形状和大小就发生了变化，最小夹角也发生了变化，因此每添加一个三角形后，必须对错误区域进行修订。修订过程如下：新添的错误边设置其顶点和相邻错误顶点；错位顶点重设其相邻错误边；连通区域删除已修复的错误顶点和错误边；单环重新进行夹角计算。

② 连环孔的修补　连环孔（如图 4-16 所示，白色部分为孔）的识别与修复十分困难，此处采用深度优先最短路径法，将连环孔中的每个孔分离出来，然后逐个修复。具体步骤如下。

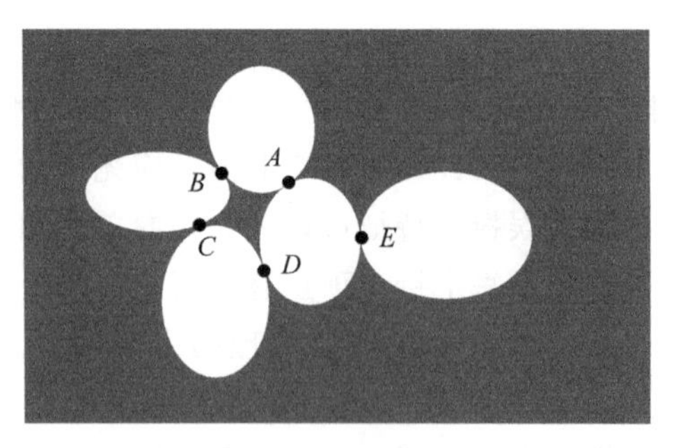

图 4-16 连环孔

先建立边的拓扑信息，将所有边列出来。将所有的交叉顶点找出来。交叉顶点就是与该点相连的边数大于 2 的顶点，如图 4-16 中的 A、B、C、D 和 E 点。建立由所有的交叉顶点组成的一个空间图数据结构，在图 4-16 中相邻的交叉顶点的路径是已知的。最后从某个交叉顶点作图的深度优先搜索，第一次返回该交叉顶点所得的路径就是一个封闭的孔。当然，若某交叉顶点有一条路径返回自身也肯定是一个孔。

对于如图4-16所示的连环多孔，用图来表述所有直接的连通路径的交叉顶点，同时记录其连通路径，再通过图的深度优先搜索查找孔。如对A点进行搜索，在搜索到第二层后即可得到封闭的孔$A—B—A$；而对E点搜索一步即可得到$E—E$。经过这种搜索后，可得到该实体的5个孔为$A—B—A$，$B—C—B$，$C—D—C$，$D—A—E—D$和$E—E$，其中每个箭头所代表的路径都可能由许多边组成。对顶点A进行深度优先搜索如图4-17所示。

(3) 裂缝的修复

裂缝的修复可以看作是顶点合并与空洞修复的组合，先合并顶点，以消除部分裂缝。合并顶点也可能会将裂缝转化为空洞（裂缝本身也是空洞），对空洞再用图4-18中的修复算法解决。

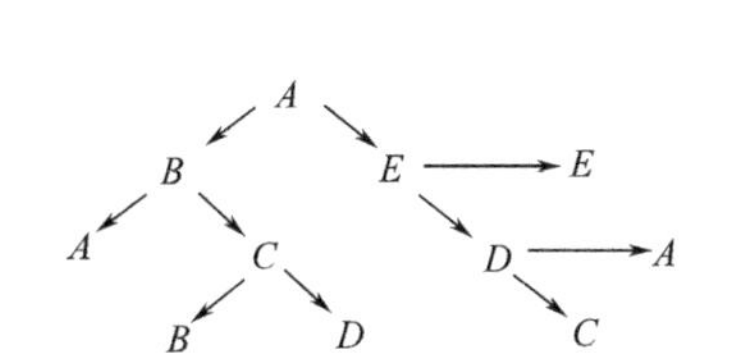

图4-17 对顶点A进行深度优先搜索

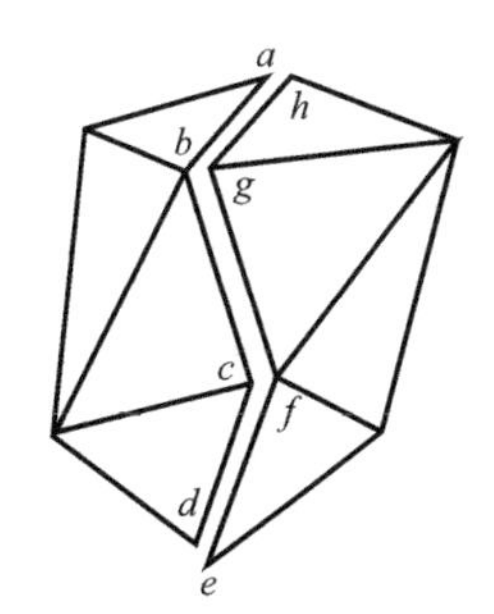

图4-18 裂缝修复

(4) 重叠的修复

重叠错误也是较难识别和修复的一类错误，此处提出一种实践上可行的解决方案，算法如下。

先遍历所有的连通错误区域；在每个遍历连通区域内，遍历所有的错误顶点；分别以每个错误顶点为中心搜索n圈（n为指定圈数），找到落在某相邻面片内的顶点，判断为重叠错误；以该顶点为中心，删除从第1圈到第n圈的所有相邻面片，构成空洞；进行空洞的修复；重复执行上述步骤，直至遍历完所有的连通错误区域。

其他错误的修复方案：上述修复功能并不能修复所有的STL文件错误，有些错误需要进一步识别和修复。对于不可识别或不易识别的错误，可采用一种简单而有效的方法：①先将这些错误全部删除，集中构成空洞错误，此时错误的数量虽然有可能并没有减少（甚至有可能增加），但错误的复杂程度大大降低；②对这些空洞分别进行修复。如对前述的多余错误，就将多余的面片删除，如果有空洞，则再进行空洞修补；而对反向错误，则将反向错误的面片全部删除，再进行空洞修补。

4.2.3 STL 模型旋转与拼接

（1）基本原理

将几个 STL 模型按一定的要求分别对它们进行平移或旋转，使它们的相对位置最佳但又不发生冲突。然后将这些变换后的 STL 模型数据保存在一个 STL 文件中，从而多个 STL 模型变成一个新的 STL 模型，多个 STL 文件合并成一个新的 STL 文件。

（2）算法描述及实现过程

步骤 1：读入多个 STL 模型文件，在计算机中同时显示出多个要拼接的原 STL 模型。

步骤 2：建立一个数据文件，来保存拼接后形成的新 STL 模型数据。

步骤 3：对要拼接的原 STL 模型分别进行拼接或旋转。

① 选中一个要拼接的原 STL 模型。单击鼠标，判断单击点是否在 STL 模型的包围盒中。如果单击的点在 STL 模型的包围盒中，就选中该模型。采用多边形内外点的判断算法实现。

② 按拼接的要求对其进行平移或旋转。按照三维图形几何变换的原理，确定平移变换矩阵 $\boldsymbol{T}_0$ 和旋转变换矩阵 $\boldsymbol{R}_1$（绕 X 轴转）、$\boldsymbol{R}_2$（绕 Y 轴旋转）、$\boldsymbol{R}_3$（绕 Z 轴旋转）；平移旋转后，用上述矩阵修改图类中的几何变换矩阵。

重复执行上述两步骤，直至满足拼接要求。

步骤 4：变换结束后，将模型数据保存到新建的数据文件中，读出 STL 模型的数据，用类中的几何变换矩阵对其进行变换，然后存入新建的数据文件中。

4.2.4 STL 模型工艺支撑添加

支撑添加技术总的来说有两种：一种是在绘制三维 CAD 模型时手动添加支撑；另外一种是由软件自动生成支撑。

（1）支撑的手动生成技术

该方法要求在设计零件的三维 CAD 模型时，确定零件的成形方向，根据零件的成形方向，人工判断哪些地方要加支撑，并确定支撑的类型，最后将带支撑结构的零件三维 CAD 数据模型一并转成 STL 文件，经后续分层处理生成实体截面轮廓和支撑截面轮廓，然后进行层层制造与叠加，以得到零件原形及支撑体，最后将支撑体剥离掉。

支撑的手动生成方法有如下缺点：①要求用户对成形工艺很熟悉，对设计人员和设备操作人员的要求较高；②支撑添加的质量难以保证，工艺规划时间也较长；③适用性差，不灵活，一旦添加支撑的一些参数需要改变，需要重新添加全部的支撑。

（2）支撑的自动生成技术

目前支撑的自动生成技术有基于STL文件信息和基于层片信息两种。基于STL文件信息的支撑自动生成技术，即在STL模型中，根据支撑设计的参数（如支撑面角度、最大非支撑面面积、最大非支撑悬臂长度等），提取支撑面，生成支撑体，支撑的生成是与STL模型进行干涉计算而生成的。从STL模型添加支撑可以充分利用原型的整体信息，生成的支撑质量高。但其算法复杂，特别是对于复杂的曲面形体，支撑面的轮廓形状可能非常不规则，生成支撑区域的STL文件需用到维集合运算，处理难度非常大。

目前，大多数增材制造工艺均需要添加支撑结构，而不同的工艺往往还需要不同的支撑类型。下面分别介绍几种典型支撑及特点。

① 柱状支撑　柱状支撑主要用于激光选区熔化成形工艺，如图4-19所示。支撑的主要作用体现在：承接下一层未成形粉末层，防止激光扫描到过厚的金属粉末层，发生塌陷；由于成形过程中金属粉末受热熔化冷却后，内部存在巨大的收缩应力，导致零件极易发生翘曲变形，支撑结构连接已成形部分和未成形部分，可有效抑制收缩和翘曲变形，使制件保持应力平衡。

对于无支撑的竖直向上生长的零件，比如柱状体，粉末在已成形面上均匀分布，此时其下方已成形部分的作用相当于一种实体支撑；对于有倾斜曲面的零件，如悬臂结构，此时若无支撑结构，会造成成形失败，主要体现在：由于有很厚的金属粉末，粉末不能完全融化，熔池内部向下塌陷，边缘部分会上翘；在进行下一层粉末的铺粉过程中，刮刀与边缘部位摩擦，由于下方没有固定连接，该部分会随刮刀移动而翻转，无法为下一层制造提供基础，成形过程被破坏。添加支撑能有效防止此类现象发生。

综上所述，在激光选区熔化成形过程中，柱状支撑结构作用如下。

a. 承接下一层粉末层，保证粉末完全熔化，防止出现塌陷。

b. 抑制成形过程中，由于受热及冷却产生的应力收缩，保持制件的应力平衡。

c. 连接上方新成形部分，将其固定，防止其发生移动或翻转。

② 块体支撑　目前熔融沉积制造的类别有很多。如采用双喷头的熔融沉积制造，它是由一个喷头喷零件材料，另一个喷头喷水溶性的支撑材料，成形完后水洗便可去除支撑得到零件。也有采用单喷头的熔融沉积制造，它是靠一个喷头喷模型材料来制作零件和支撑的。两者的加工方式例如路径扫描、挤料速度控制

等方面存在不同，成形完后必须手动去除支撑才可得到零件，而支撑的加工又关系到零件的加工成败、加工时间和表面质量等。

在自由状态下，从喷嘴中挤出的丝材形状应该与喷嘴的形状一样呈圆柱形。但在熔融沉积制造工艺成形过程中，挤出的丝要受到喷嘴下端面和已堆积层的约束，同时在填充方向上还受到已堆积丝的拉伸作用，如图 4-20 所示。因此，挤出的丝应该是具有一定宽度的扁平形状。

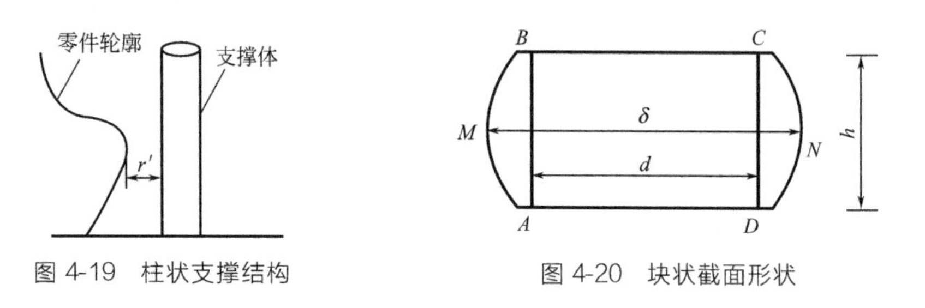

图 4-19 柱状支撑结构

图 4-20 块状截面形状

③ 网格支撑 网格支撑主要用于光固化成形，如图 4-21 所示。光固化成形过程对支撑结构的要求如下：首先是要能将制件的悬臂部位支撑起来；其次是支撑与制件共同构成的结构要易于液态树脂的流出；再者就是支撑要尽可能少，支撑结构在制件制作完成之后要易于去除，并且去除后对制件表面质量的影响要小。网格支撑生成很多大的垂直平面，它们是由网格状的 X、Y 向的线段向实体上生长而形成的三维状的垂直平面，这些 X、Y 向线段按一定间距交错生成。网格支撑的边界是由分离出来的轮廓边界进行轮廓收缩，即光斑补偿得来的。

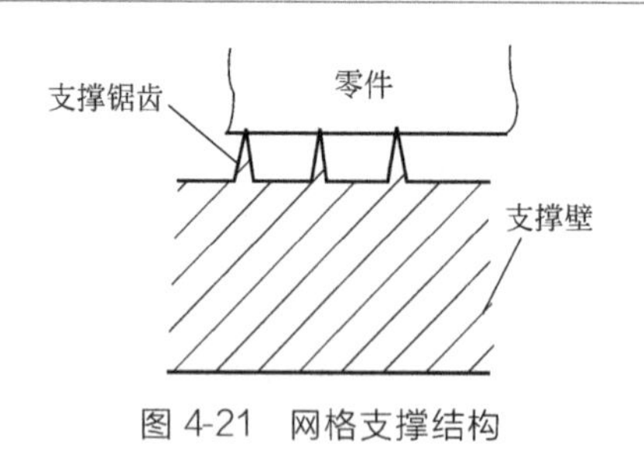

图 4-21 网格支撑结构

网格支撑生成算法简单，对增材制造设备的硬件要求不高，特别是对于低成本设备，如不采用激光器而是以紫外光作为光敏树脂的诱发光源的光固化成形设备，其以面光源照射到树脂表面，因此在支撑设计时特别适合使用网格支撑来实现支撑功能。

在网格支撑中，支撑与实体的接触以锯齿状接触，如图 4-22 所示，那么锯齿的顶点距锯齿的凹陷边之间的高度即为锯齿高度。增加锯齿高度有助于固化树脂的流动，并能减少边缘固化的影响。

与实体接触的锯齿上的三角部分的底边长度即为支撑锯齿宽度。减少锯齿宽度会使锯齿的三角部分变得细长，易于去除支撑，但是如果宽度太小，则块状部分与锯齿部分过渡急促，容易被刮板刮走锯齿部分。

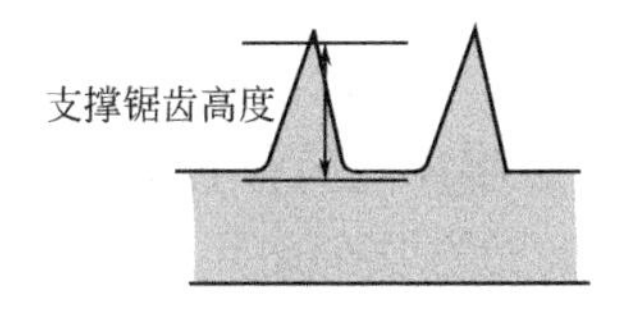

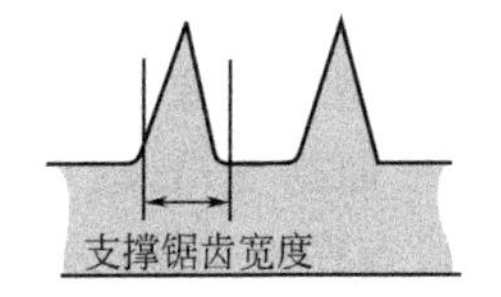

图 4-22 网格支撑锯齿状结构

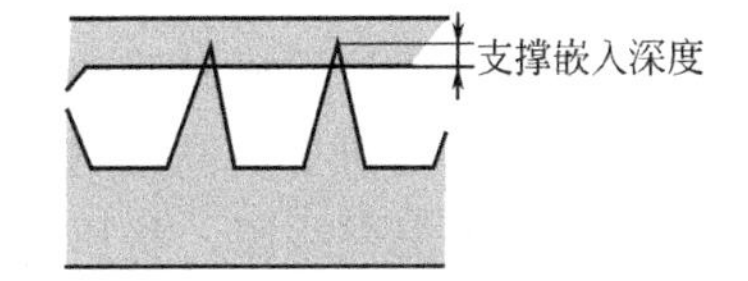

图 4-23 网格支撑嵌入结构

网格支撑的锯齿在与实体的接触部分都是以点接触的，那么由于刮板的运动，在加工实体第一层时会因与支撑连接的不是很紧密而被刮走使加工失败。所以设计一个嵌入的深度，使网格支撑锯齿的三角部分顶点嵌入实体一个设定值，使锯齿与实体线接触从而有利于加工，如图 4-23 所示。

在对零件生成网格支撑时会分离出一系列的独立的待支撑区域，对每个待支撑区域外边界以区域边界为基础向上生长形成外部支撑，而内部的形成方式是通过网格化将其划分每个独立的区域，再以这些等间距的边界为基础向上生长而形成内部支撑。所以需要设定网格的横向、纵向间隔。如果间隔过大，实体中间的部分容易塌陷；如果间隔过小，则分布稠密，不利于树脂流动，也不容易去除支撑，一般与锯齿间隔值相同，如图 4-24 所示。

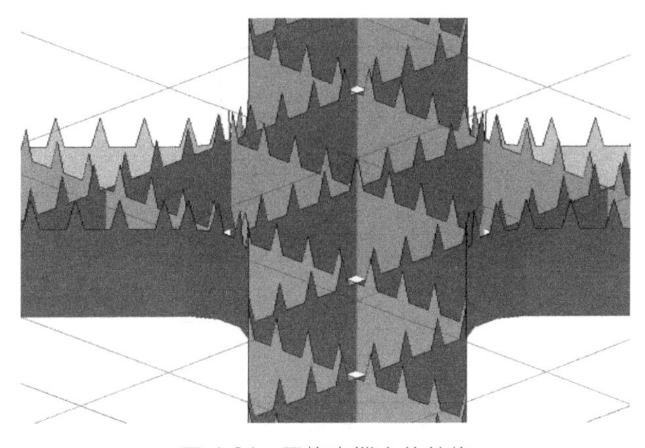

图 4-24 网格支撑立体结构

4.3 STL 模型切片及路径生成

4.3.1 STL 模型切片[9, 10]

分层切片是增材制造中对 STL 模型最主要的处理步骤之一。STL 模型分层切片一般是判断某一高度方向上切平面与 STL 模型三角形面片间的位置关系，若相交则求出交线段，将所有交线段有序地连接起来即获得该分层的切片轮廓数据。由于大部分面片可能不与切平面相交，如果遍历所有的三角形面片将造成大量无用的计算时间和空间。为了提高分层效率，一般需要对 STL 模型文件进行预处理，然后再进行分层切片。主要算法有：基于几何拓扑信息的分层切片算法、基于三角形面片位置信息的分层切片算法以及基于 STL 网格模型几何连续性的分层切片算法。

（1）基于几何拓扑信息的分层切片算法

由于 STL 文件不包含模型的几何拓扑信息，因此基于几何拓扑信息的分层切片算法首先要根据三角网格的点表、边表和面表来建立 STL 模型的整体拓扑信息，然后在此基础上进行切片。基于几何拓扑信息的分层切片算法的基本过程可以分为如下步骤：首先，根据分层切片截面的高度，确定一个与之相交的三角形面片，计算出交点坐标；然后，根据建立的 STL 模型拓扑信息，查找下一个相交的三角形面片，求出交点；依次查找，直至回到初始点；依次连接交线段，得到该切片轮廓环，如图 4-25 所示。

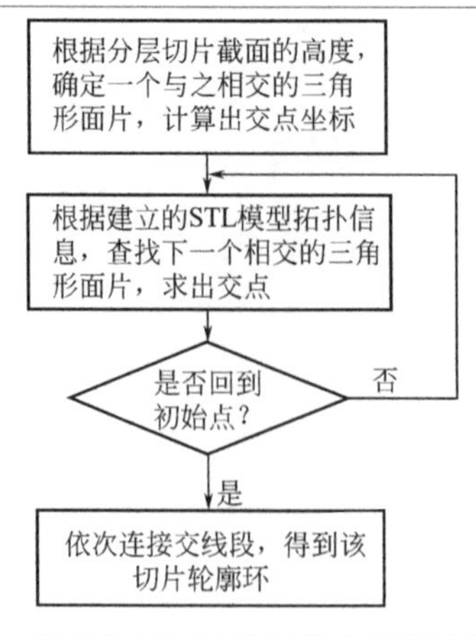

图 4-25　基于几何拓扑信息的分层切片算法流程

基于几何拓扑信息的分层切片算法获得的交点集合是有序的，无须重新排序即可获得首尾相接的轮廓环；但建立 STL 文件数据的拓扑信息也相当费时，占用内存大，尤其是模型包括的三角形面片较多时尤为明显。基于拓扑信息的分层实例如图 4-26 所示。

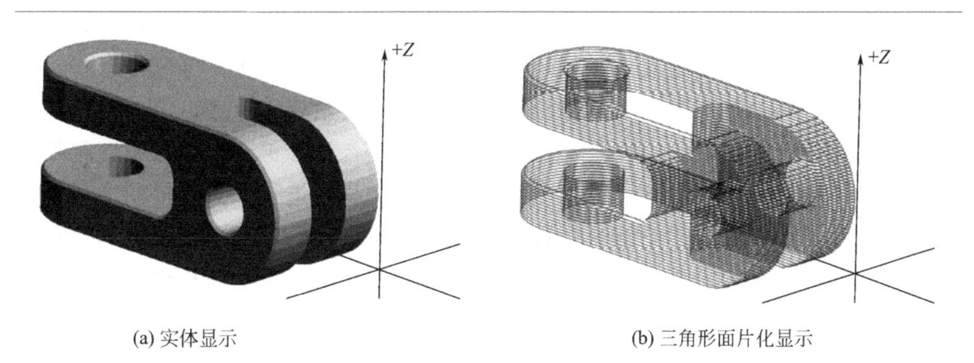

(a) 实体显示　　(b) 三角形面片化显示

图 4-26　基于拓扑信息的分层实例

（2）基于三角形面片位置信息的分层切片算法

三角形面片在分层方向上跨距越大，则与之相交的切平面越多；按高度方向（Z 轴）分层，三角形面片沿高度方向的坐标值距起始位置越远，求得切片轮廓环的时机越靠后。利用这两个特征，可以减少切片过程中对三角形面片与切平面位置关系的判断次数，达到加快分层切片的目的。其基本过程可以分为如下步骤：首先，沿 Z 轴方向将三角形面片按照 Z 坐标值的大小排序；然后，依据当前切片高度找到排序后三角形面片列表中对应的位置，由于三角形面片已经排序，因此查找效率会大大提高；最后，计算当前切片高度截面与所有相交三角形面片的交点，按序连接生成该层的切片轮廓环。该算法最大的优点是速度的提升，但是求得的交点没有记录其相互位置关系，必须经过专门的连接关系处理以形成有向的闭合轮廓环线，如图 4-27 所示。

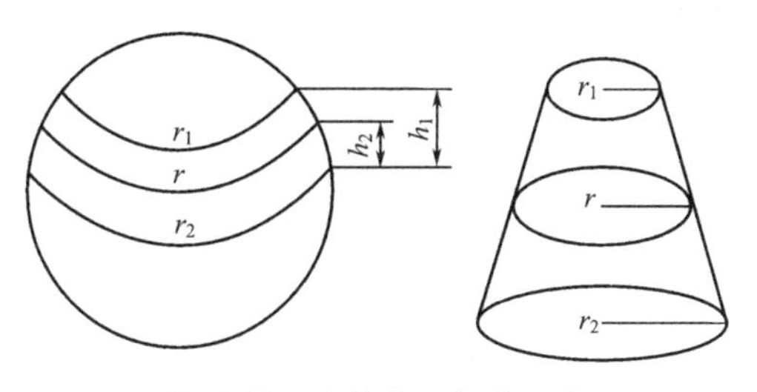

图 4-27　球体分层切片示意

（3）基于 STL 网格模型几何连续性的分层切片算法

基于 STL 网格模型几何连续性的分层切片算法主要考虑 STL 模型在分层方向上具有的三个连续性：①与切平面相交的三角形面片的连续性；②与切平面相交的三角形面片集合的连续性；③所获得截面轮廓环的连续性。

其基本过程可以分为如下步骤：首先，将三角形面片建立集合（模型表面上的三角形面片方向矢量与 Z 轴夹角小于临界值 δ 时会拾取出此三角形面片）；然后，在分层过程中动态生成与当前分层平面相交的三角形面片表，求出交点形成当前层的轮廓环；接着，当切平面移动到下一层时，先分析动态面片表，删除不与该层切平面相交的三角形面片，添加相交的新面片，进行求交获得轮廓环，直到分层结束。该算法建立不同切平面的动态面片表，降低了内存使用量和计算时间，从而提高分层的处理效率，但在动态面片表中增减三角形面片也会增加计算的复杂度，如图 4-28 所示。

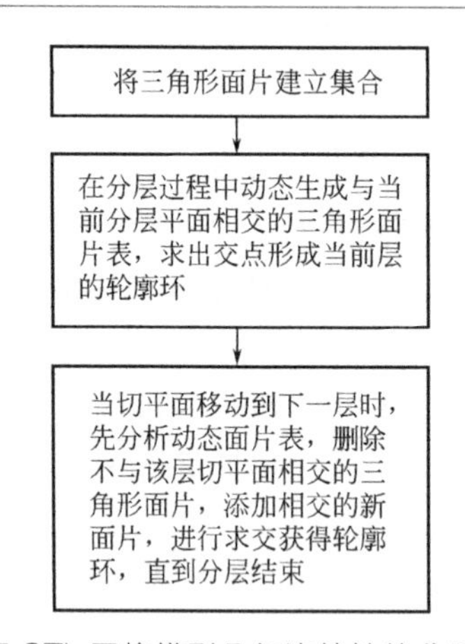

图 4-28 基于 STL 网格模型几何连续性的分层切片算法流程

4.3.2 STL 模型切片轮廓偏置

STL 模型偏置一般包括面偏置法和点偏置法两种。两种偏置方法各有优缺点。面偏置法将每个三角形面片沿其法向量方向偏置指定距离。点偏置法通过顶点及与其相邻的三角形面片法向量计算出的对应偏置点，然后由偏置点构造偏置模型。面偏置法精度高，但容易出现三角形面片不连续（凸面）或相交（凹面）的现象。点偏置法则可以避免上述问题，算法也比较简单，但生成的偏置模型精度较低。

4.3.3 扫描路径生成算法[11-16]

快速成型是一种分层制造技术，在零件制造过程中，最基本的步骤之一便是选择合适的扫描路径，扫描固化零件的每一个截面。扫描路径的产生就是对截面轮廓进行填充。由STL模型分层得到的截面轮廓是一系列封闭的多边形，这些多边形是由顺序连接的顶点链构成。多边形可能是凸的或凹的，包围的区域可能是单连通区域或多连通区域。现有的扫描路径生成算法可分为两大类。

（1）基于平行线扫描的路径生成算法

主要包括光栅式扫描、分区域扫描、填表法生成扫描路径，这种平行线扫描方式的路径生成算法简单，扫描系统在进行扫描时只需驱动一个反射镜，扫描定位精度较高。

① 光栅式扫描　图4-29所示是单层光栅式扫描路径，图中内外框间区域为实体（即扫描填充区域），实箭头为扫描矢量及其方向，虚箭头为空跳矢量及其方向。从图中可以知道，这种扫描路径的一“笔”扫描矢量即为一个扫描矢量，每个相邻扫描矢量间有一个空跳矢量，当扫描线经过跳空区域时必须有一个空跳。

② 分区域扫描　这种扫描路径是在光栅式扫描路径基础上发展起来的。其扫描路径如图4-30所示，在工作时对层面分区域依次进行扫描，扫描线避开了孔洞区域，空跳矢量总长度明显减少。但是此扫描路径的一“笔”扫描矢量仍然为一个扫描矢量，每个相邻扫描矢量间也有一个空跳矢量。

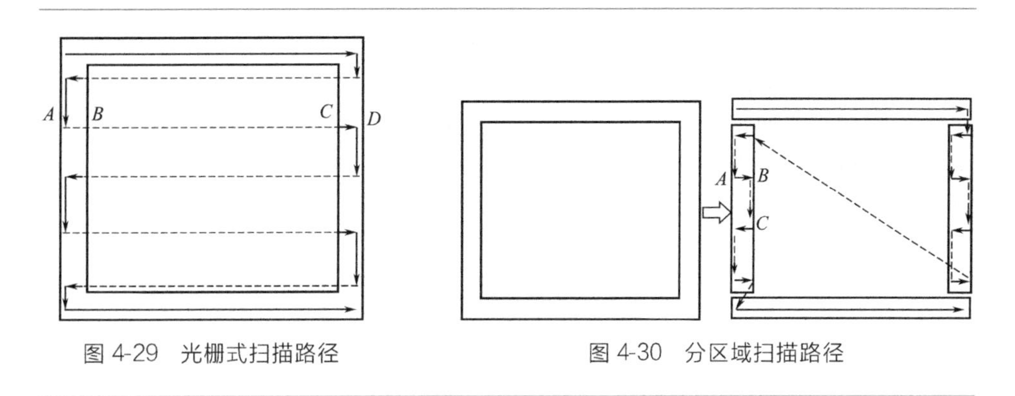

图4-29　光栅式扫描路径

图4-30　分区域扫描路径

③ 填表法　填表法扫描路径生成算法即先求取所有多边形与所有扫描线的交点，并把它们保存在二维交点表格中，然后从表格中提取扫描路径矢量。在填表的过程中，每一行中元素的位置只反映填表的先后顺序，而与它们的大小无关，多边形的所有线段都处理完后，则所有的交点均已求出。然后，再对每一行

中的元素按从小到大排序，则交点在表格中的位置不但可以表明它所在的扫描线，而且也反映了该扫描线与多边形相交的顺序，这样生成扫描路径就变得比较简单了。因为各条扫描线与多边形的交点数是不定的，有的扫描线可能与多边形有多个交点，有的可能连一个交点也没有。另外，多边形不同，交点分布也会随之变化，所以，这里的关键问题是给交点表格构造合理的数据结构，不合理的数据结构会导致存储容量不够或者表格规模不够。如图 4-31 所示，展示了填表法生成扫描路径的填充扫描过程，A、B、C、D、E 为依次填充的区域。

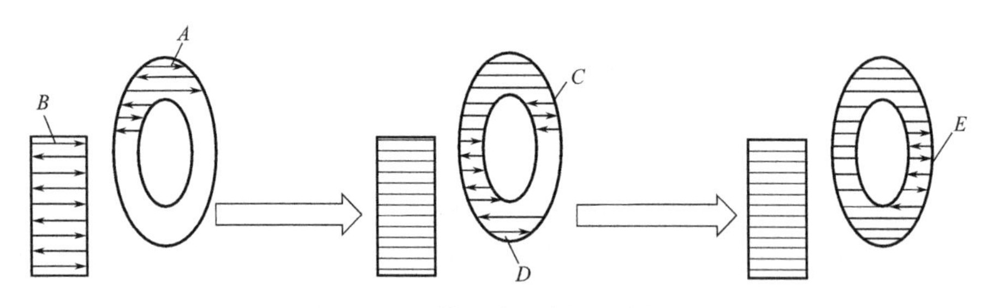

图 4-31 填表法填充扫描路径

(2) 折线扫描的路径生成算法

主要包括轮廓螺旋线扫描、复合扫描以及基于 Voronoi 图的扫描路径生成算法等。然而这些路径生成算法都比较复杂，计算量非常大，算法执行效率低，并且折线扫描时需要扫描器的两个反射镜联动来控制光束的运动方向，相比一个反射镜控制方向精度要低得多。

① 轮廓螺旋线扫描　采用遵循成形时热传递变化规律的轮廓螺旋扫描填充方式可以克服 SLS 成形件内部微观组织形态各向异性的不足，以及在扫描线的启停点造成材料的“结瘤”现象。如图 4-32 所示，以这种扫描方式成形的零件，大大削弱了在温度降低过程中产生的内部残余应力，进而显著提高了成形件的力学性能。

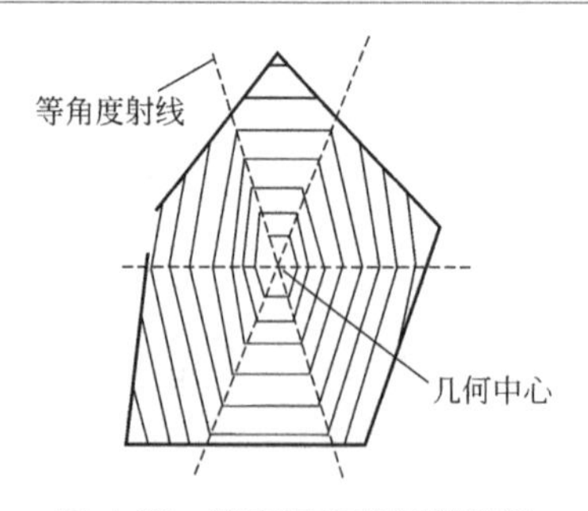

图 4-32 轮廓螺旋线扫描路径

② 基于 Voronoi 图的扫描路径生成算法　Voronoi 图最早由俄罗斯数学家 Voronoi 于 1908 年提出。平面多边形的 Voronoi 图是对平面的一种划分，每个分区属于多边形的一条边，分区内的点到该边比到其他边距离更近。当一个需要扫描填充的平面多连通区域的 Voronoi 图已知并划分为单调区后，就可以开始生成扫描填充路径。

具体方法是，扫描路径将从与一个单调区内点相连的 Voronoi 边开始，按给定的路径偏置值 t，查找另一条 Voronoi 边，条件是它们有一个公共的定义元素且参数区间包含连接两条 Voronoi 边上参数值为 t 的点，就得到了路径的一段。每一段路径的起点和终点都在 Voronoi 边上。由当前路径段的终点开始查找下一条 Voronoi 边，生成下一段路径，当回到起始的 Voronoi 边时，则减小偏置量，开始生成下一条扫描路径；当偏置值大于单调区的瓶颈半线宽时，路径封闭在同一单调区内；当路径的偏置值小于单调区某一个瓶颈半线宽时，路径离开当前单调区，穿过该瓶颈线进入相邻的单调区中，首先移动到所在单调区的内点，然后用跟前一个单调区内同样的方法由里向外扫描，直到偏置值再次小于单调区某一个瓶颈半线宽，扫描路径或进入另一个相邻的单调区，或是回到前一个单调区。若是回到前一个单调区，则第 2 个单调区对第 1 个单调区来说是相通的，2 个单调区将合并成为一个。当偏置值小于扫描区域中最小的瓶颈半线宽时，所有的单调区合并成为一个。

该算法能够处理单连通域的扫描区域（不带岛）。对于平面多连通域问题（带岛的扫描区域）可以转化为单连通域问题来处理，如果把区域内部的岛屿轮廓与外边界用“桥”连接起来，就可以变成一个单连通域，在这个单连通域里执行同样算法就可得到扫描路径。

基于 Voronoi 图的扫描路径生成算法具有突出优点，能够减少扫描空行程、扫描头的跳转次数及“拉丝”现象，优化扫描机构的运行状态，缓解噪声和振动现象，最大的特点是该算法扫描路径生成速度快，可以实时在线生成，不会产生瓶颈，运行稳定安全可靠。图 4-33 所示为应用该算法的计算实例，分别给出了轮廓多边形、计算的 Voronoi 图和等距线。

金属 SLM 打印中，激光扫描线是零件成形的最小构成元素，为了减少应力集中，把长扫描线分割后以搭接形式形成各种形状区域，再分别以不同的先后顺序扫描这些区域，即形成不同的扫描策略。目前市场上已有的扫描策略种类繁多，但是各式设计都与传统焊接工艺有着千丝万缕的联系，其中金属 SLM 打印扫描策略的奥秘在于控制搭接和减少应力集中。金属零件成形过程中搭接过多将直接导致区域内热应力集中，或造成零件变形量过大，或导致零件产生裂纹。与此同时，局部热输入过大，零件内部缺陷增多，造成零件力学性能的下降。为避免出现上述问题，金属 SLM 打印的扫描策略出现了很多变化，从最初简单的条状扫描策略，逐渐进化出线扫描状、圆弧线、棋盘、岛屿等扫描策略。

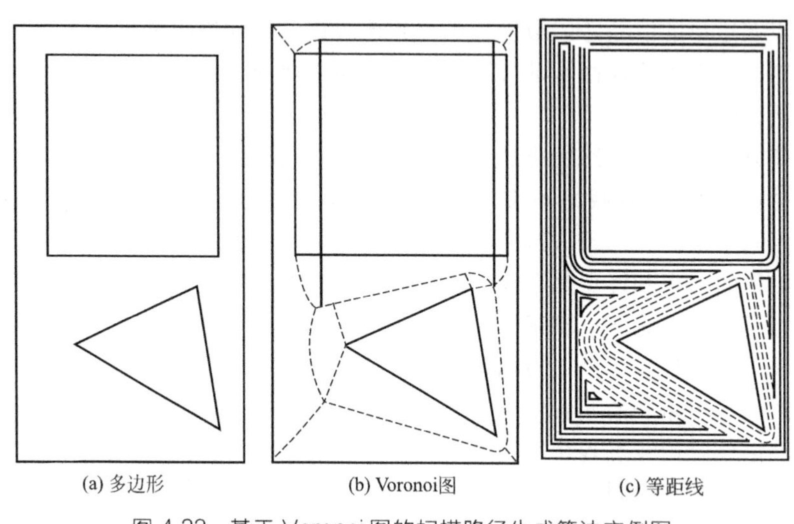

图 4-33 基于 Voronoi 图的扫描路径生成算法实例图

不同的扫描策略的确给零件成形的良品率带来了质的改变，其中棋盘扫描的效果尤为明显。如图 4-34 所示，该扫描策略是基于棋盘格局，把一个整体分为若干个棋盘格，成形过程中以优化的顺序跳动扫描这些棋盘格，从而达到降低零件局部热应力的目的。众多研究者的实践证明该方法行之有效，尤其适用于成形具有大横截面的零件。当然该扫描策略也有缺点，跳转次数的增加在一定程度上增加了激光扫描时间，使成形效率略有下降，但相比于大幅降低零件热应力这样的决定性优势，牺牲一点成形效率是必然选择。

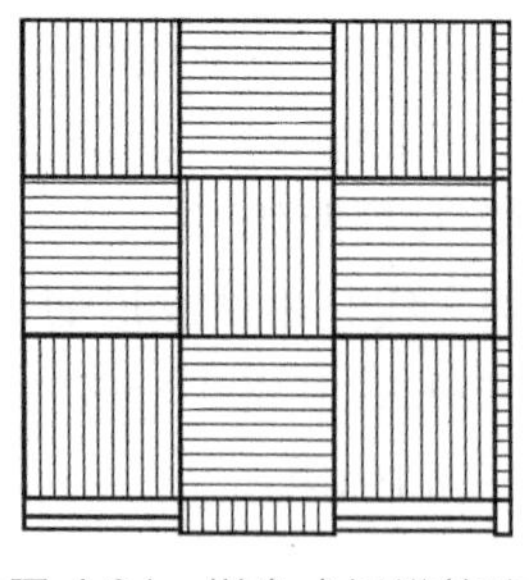

图 4-34 棋盘式扫描策略

目前，也有学者基于棋盘扫描进行了更进一步的研究、论证与测试，发明了一种效果优于棋盘式的扫描策略，即蜂窝扫描策略，如图 4-35 所示。后者与前者的区别就是把正方形变换为正六边形，由于在成形过程中，热应力会向扫描区域的尖角集中，此时的应力如果超过材料性能范围时会导致扫描区域的开裂、变形、翘曲。正方形有 4 个尖角，主要应力将不等值分布于 4 个角落，蜂窝扫描策略增加了两个角落来分担应力，减少应力集中现象的发生。通过仿真模拟计算，蜂窝扫描策略的应力集中现象显著低于棋盘式扫描策略，在实际成形大截面零件时良品率将更高。目前大型金属零件的 SLM 打印成形不仅受限于设备硬件，应力控制也是一个关键因素，蜂窝扫描策略的启用将推动大尺寸金属零件的 SLM 打印成形走上快速发展之路。

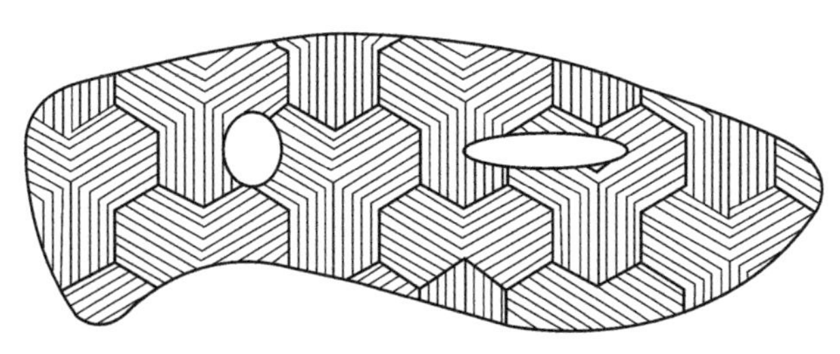

图 4-35　蜂窝扫描策略

参考文献

[1] 娄平，尚雯，张帆. 面向 3D 打印切片处理的模型快速载入方法研究[J]. 武汉理工大学学报，2016，38(6)：97-101.

[2] 林娜，林明山. RP 系统中 CAD 模型 STL 数据优化技术研究[J]. 闽南师范大学学报：自然版，2017，30(2)：29-33.

[3] 余世浩，周胜. 3D 打印成型方向和分层厚度的优化[J]. 塑性工程学报，2015，22(6)：7-10.

[4] 蔡冬根，周天瑞. 基于 STL 模型的快速成形分层技术研究[J]. 精密成形工程，2012(6)：1-4.

[5] 朱虎，扶建辉. 复合快速成形中基于 STL 模型的分层研究[J]. 工具技术，2010，44(8)：20-23.

[6] 赵方. 3D 打印中基于 STL 文件的分层算法比较[D]. 大连：大连理工大学，2016.

[7] 黄丽. 基于 STL 模型的分层算法研究与软件实现[D]. 泰安：山东农业大学，2016.

[8] 娄平，尚雯，张帆. 面向 3D 打印切片处理的模型快速载入方法研究[J]. 武汉理工大学学报，2016，38(6)：97-101.

[9] 王益康. 熔融沉积 3D 打印数据处理算法与工艺参数优化研究[D]. 合肥：合肥工业大学，2016.

[10] 钟山，杨永强. RE/RP 集成系统中基于 STL

的精确分层方法[J]. 计算机集成制造系统，2012，18（6）：1145-1150.

[11] 许丽敏，杨永强，吴伟辉. 选区激光熔化快速成型系统激光扫描路径生成算法研究[J]. 机电工程技术，2006，35（9）：46-48.

[12] 程艳阶，史玉升，蔡道生，黄树槐. 选择性激光烧结复合扫描路径的规划与实现[J]. 机械科学与技术，2004，23（9）：1072-1075.

[13] 蔡道生，史玉升，黄树槐. 快速成型技术中轮廓环的分组算法及应用[J]. 华中科技大学学报：自然科学报，2004，32（1）：7-9.

[14] 陈剑虹，马鹏举，田杰谟，刘振凯，卢秉恒. 基于Voronoi图的快速成型扫描路径生成算法研究[J]. 机械科学与技术，2003，22（5）：728-731.

[15] 华麟鋆，吴懋亮，潘雷. 快速成型扫描路径生成算法[J]. 上海电力学报，2009，（25）6：611-613.

[16] 蔡道生，史玉升，陈功举，黄树槐. SLS快速成形系统扫描路径优化方法的研究[J]. 锻压机械，2002，30（2）：18-20.

第5章

制造过程及质量控制

5.1 工艺流程

SLM 工艺流程包括材料准备、工作腔准备、模型准备、加工、零件后处理等步骤。

5.1.1 前处理

（1）材料准备

材料准备包括 SLM 所用金属粉末、基板以及工具箱等准备工作。SLM 所用金属粉末需要满足球形度高、平均粒径为 20～50μm 等要求（图 5-1），粉末一般采用气雾化法进行制备，成形过程所用粉末尽量保持在 5kg 以上；基板应该选用与成形粉末成分相近的材料，同时根据零件的最大截面尺寸选择尺寸合适的基板（图 5-2），基板的加工和定位尺寸需要与设备的工作平台相匹配，安装之前用酒精清洁干净；准备一套工具箱用于基板的紧固和设备的密封。

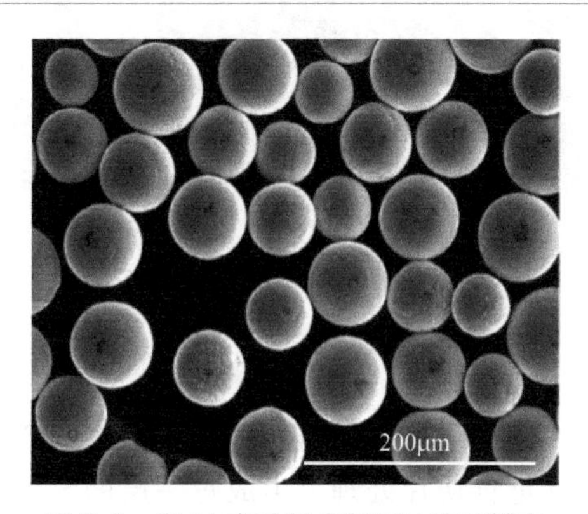

图 5-1　SLM 成形用 Ti6Al4V 球形粉末

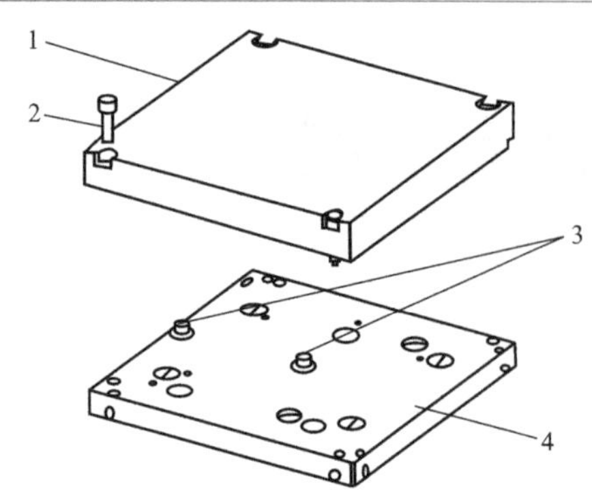

图 5-2 成形用基板结构

1—工作基板；2—紧固螺栓；3—定位销；4—放置基板载台

（2）工作腔准备

在放入粉末前需要将工作腔（成形腔）清理干净，包括缸体、腔壁、透镜、铺粉辊/刮刀等，如图 5-3 所示。最后将需要接触粉末的地方用沾有酒精的脱脂棉擦拭干净，以保证粉末尽可能不被污染，尽量避免成形的零件里面混有杂质。将基板安装在工作缸上表面，调平并紧固，如图 5-4 所示。

(a) 清理成形腔

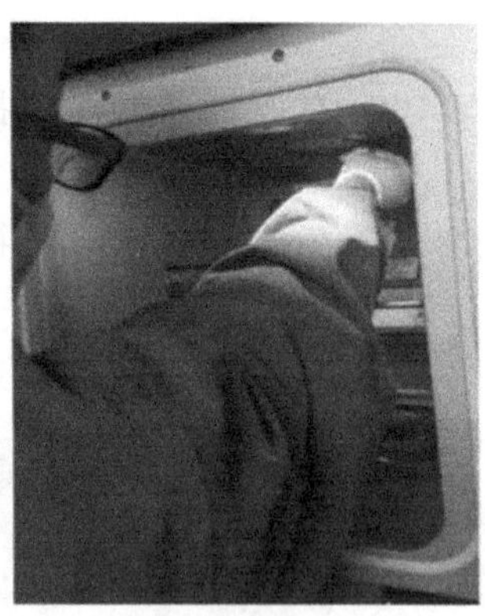

(b) 擦拭透镜

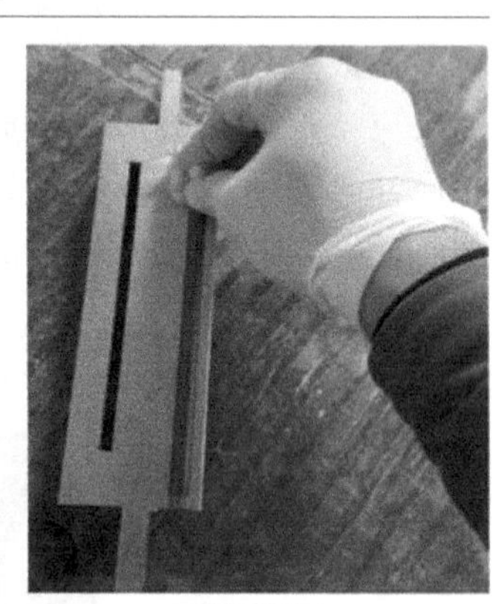

(c) 擦拭刮刀

图 5-3 成形前的清理工作

（3）模型准备

将 CAD 模型转换成 STL 文件，传输至 SLM 设备 PC 端，在设备配置的工作软件中导入 STL 文件进行切片处理，生成每一层的二维信息，数据传输过程如图 5-5 所示。图 5-6 所示为华中科技大学自主开发的 HUST 3DP 软件在导入 STL 文件后的界面，最左侧显示当前层的二维截面信息。

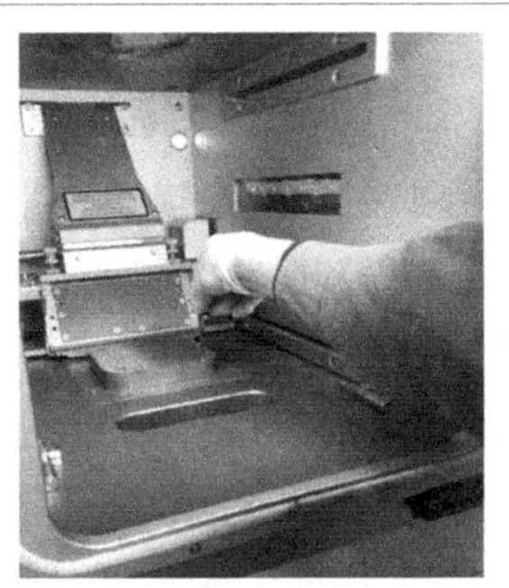

(a) 安装基板

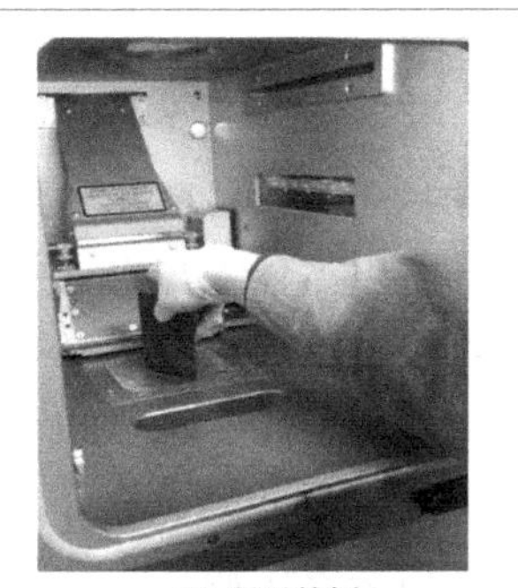

(b) 调平基板

图 5-4 基板的安装与调平

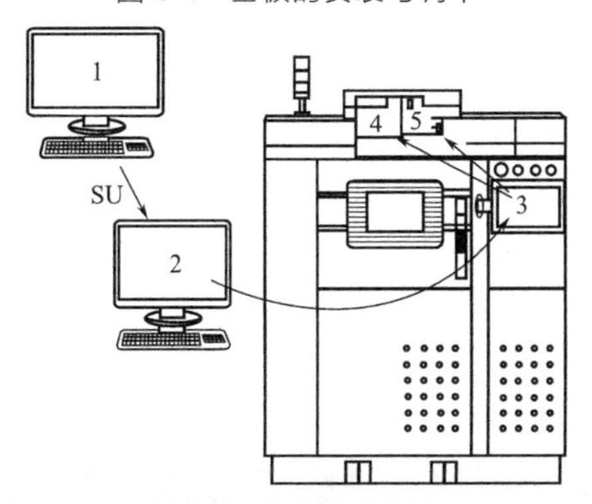

图 5-5 数据传输过程

1—准备 CAD 数据；2—生成工作任务；3—传输到机器控制端；4—激光偏转头；5—激光

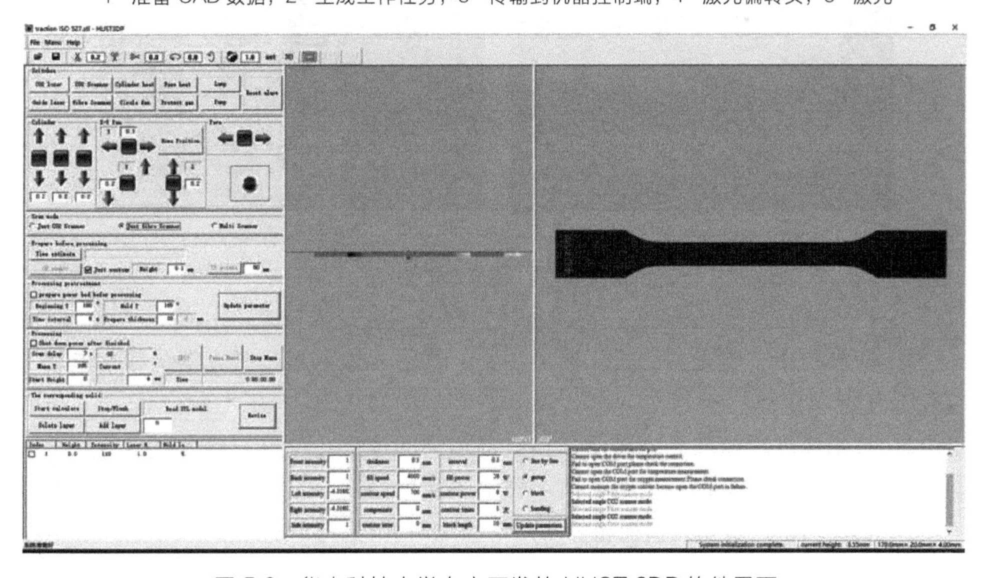

图 5-6 华中科技大学自主开发的 HUST 3DP 软件界面

5.1.2 制造过程

数据导入完毕后，将设备腔门密封。由于在激光扫描过程中，激光照射下的金属粉末很容易在高温条件下与空气中的氧气发生氧化反应，因此需要在密闭的成形室中通入高纯度的氮气或者氩气等惰性气体对激光扫描过程进行惰性气体保护，防止金属粉末高温氧化。较早的排氧技术有，直接向成形室内部通入高纯度的惰性气体，使舱室内部的氧含量不断降低直至排除干净。但这种方式的缺点是：气流速度较大时会发生涡流；从舱室内排出的气体夹杂大量的惰性气体，造成惰性气体浪费，排氧效率较低。为避免惰性气体浪费，现多数设备在填充高纯度氮气或氩气前首先生成真空环境。这种方法不仅确保了高浓度惰性气体环境，还能最大限度降低成形过程中的惰性气体使用量，适用于包括钛和铝在内的所有符合要求的金属。

通入惰性保护气体后，对需要预热的金属粉末设置基板预热温度。将工艺参数输入控制面板，包括激光功率、扫描速度、铺粉层厚、扫描间距、扫描路径等。在加工过程中所涉及工艺参数描述如下。

① 熔覆道　激光熔化粉末凝固后形成的连续熔池如图 5-7 所示。

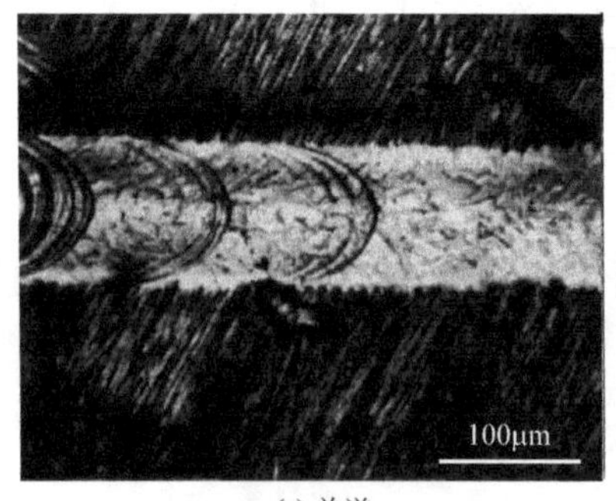

(a) 单道

(b) 多道搭接

图 5-7　熔覆道形貌

② 激光功率　激光器的实际输出功率，其输入值不超过激光器的额定功率，单位为瓦特（W）。

③ 扫描速度　指激光光斑沿扫描轨迹运动的速度，单位一般为 mm/s。

④ 铺粉层厚　指每一次铺粉前工作缸下降的高度，单位为 mm。

⑤ 扫描间距　指激光扫描相邻两条熔覆道时光斑移动的距离，如图 5-8 所示，单位为 mm。

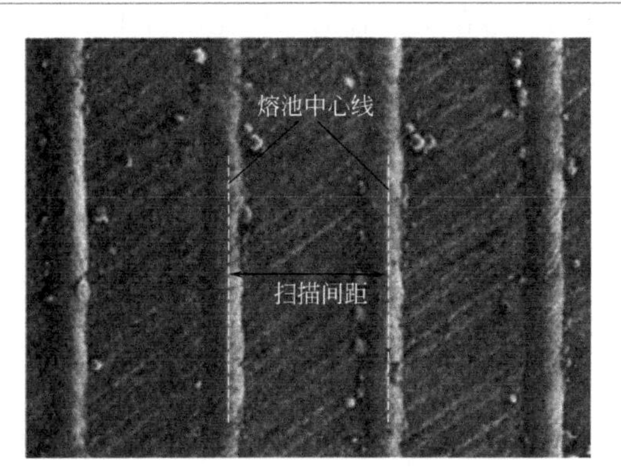

图 5-8 扫描间距

⑥ 扫描路径 指激光光斑的移动方式。常见的扫描路径有逐行扫描［每一层沿 X 或 Y 方向交替扫描，如图 5-9(a) 所示］、分块扫描（根据设置的方块尺寸将截面信息分成若干个小方块进行扫描）、带状扫描（根据设置的带状尺寸将截面信息分成若干个小长方体进行扫描）、分区扫描（将截面信息分成若干个大小不等的区域进行扫描）、螺旋扫描［激光扫描轨迹呈螺旋线，如图 5-9(b) 所示］等。

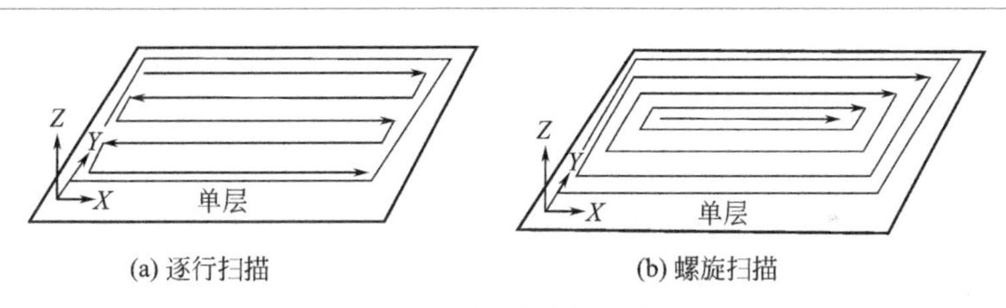

图 5-9 扫描路径示意

⑦ 扫描边框 由于粉末熔化、热量传递与累积会导致熔覆道边缘变高，提前对零件边界进行扫描熔化可以减小零件成形过程中边缘高度增加的影响，如图 5-10 所示。

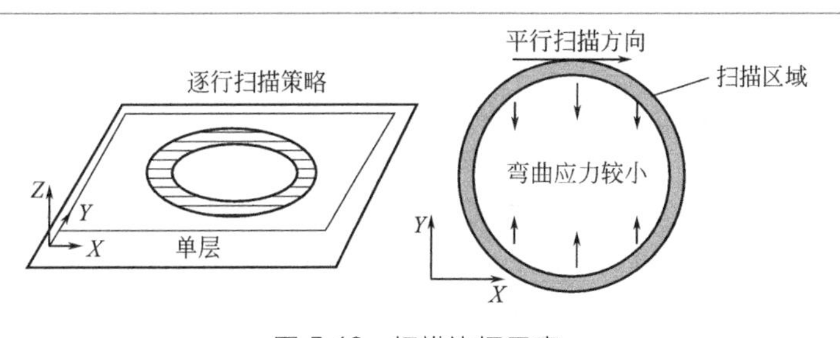

图 5-10 扫描边框示意

⑧ 搭接率　相邻两条熔覆道重合的区域宽度占单条熔覆道宽度的比例，它直接影响在垂直于制造方向的 X-Y 面上的单层粉末成形效果，如图 5-11 所示。

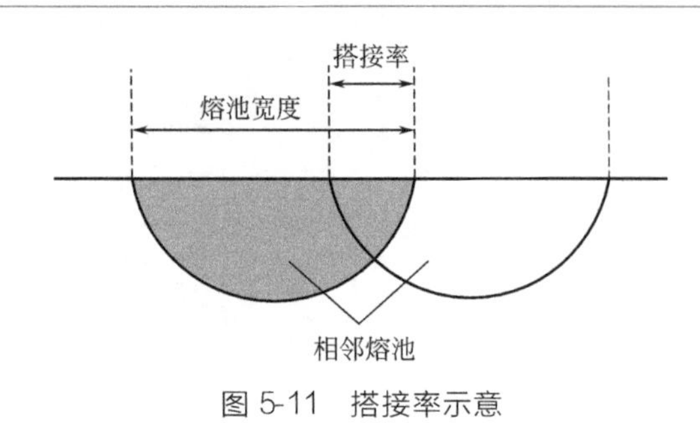

图 5-11　搭接率示意

⑨ 重复扫描　对每层已熔化的区域重新扫描一次，可以增强零件层与层之间的冶金结合，增加表面光洁度。

⑩ 能量密度　分为线能量密度和体能量密度，用来表征工艺特点的指标。前者指激光功率与扫描速度之比，单位为 J/mm；后者指激光功率与扫描速度、扫描间距和铺粉层厚之比，单位为 J/mm^3。

⑪ 支撑结构　施加在零件悬臂结构、大平面、一定角度下的斜面等位置，可以防止零件局部翘曲与变形，保持加工的稳定性，如图 5-12 所示。支撑结构的设计要在加工完成后便于去除。

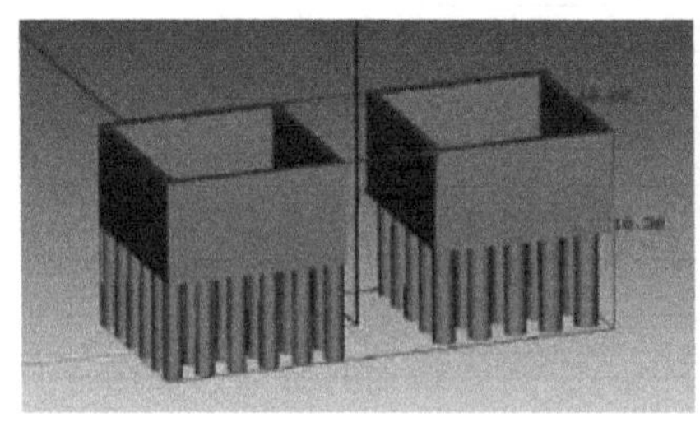
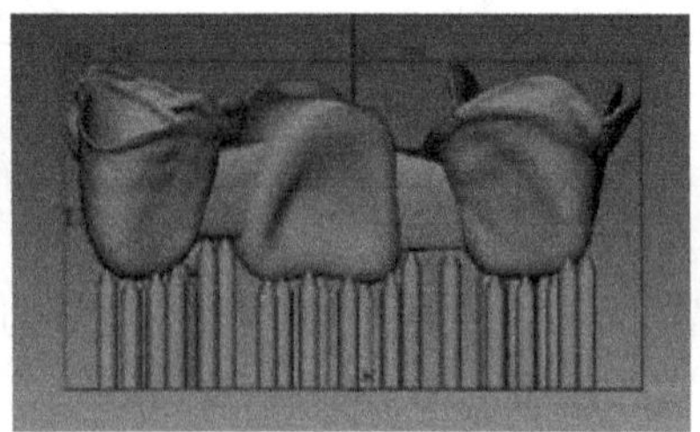

图 5-12　支撑结构

5.1.3 后处理

零件加工完毕后，需要采用线切割将零件从基板上切割下来，如图 5-13 所示。之后进行喷砂或高压气处理，以去除表面或内部残留的粉末，如图 5-14 为喷砂前后零件的对比。有支撑结构的零件需要进行机加工去除支撑，最后用乙醇清洗干净。

(a) 清理粉末

(b) 线切割

图 5-13 零件的清理和切除

(a) 喷砂前

(b) 喷砂后

图 5-14 零件喷砂前后对比

5.2 环境控制

5.2.1 氧含量控制

成形腔内氧气的存在会对成形件的性能产生不利的影响，甚至可能会由于球化等原因导致零件成形失败。因此，设备在烧结开始前，需要采取一系列措施如向成形腔内通氮气或氩气等保护气体，将工作腔内的氧气浓度降到安全值以下（不同的材料安全值不同），但是在成形过程中必须保证氧气浓度低于0.1%[1]。

5.2.2 气氛烟尘净化

激光选区熔化成形过程中，烟尘来源于金属粉末中的C元素、低熔点合金元素以及杂质元素的燃烧、气化，且由于气流、激光冲击以及铺粉装置的扰动，成形腔会产生大量烟尘。

如果不及时将烟尘清理干净，一方面大量烟尘附着在透镜上，导致激光透过镜片时的功率衰减严重，入射到粉床表面的功率不足，粉末熔化不充分，对SLM成形效率和成形件质量等影响很大。另一方面，烟尘产生后除小部分被保护气吹到粉床以外，大部分仍然飘落到没有使用的粉床表面，与粉末混合在一起，加重了粉末的污染程度。最后，由于部分烟尘黏附在成形腔内壁，严重影响人员对试验进程的观察，且烟尘长时间附着在成形腔内壁将大大降低成形腔的使用寿命和密封性。如果烟尘散逸出来，则会给环境和人员健康带来巨大危害。

因此，需要在成形过程中对成形腔内烟尘进行检测以及净化。通过烟尘检测装置实时检测成形腔内部的烟尘浓度，当其上升到预测值后，烟尘净化器开始除尘工作，气体中的粉尘经过滤芯进行净化，除完烟尘后的气体经过气体循环出口返回成形腔内部，完成气体循环烟尘浓度检测与净化过程。图5-15为烟尘净化系统示意。

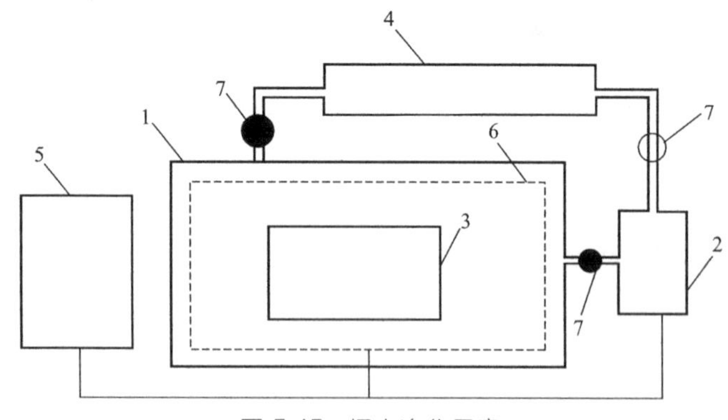

图5-15 烟尘净化示意

1—成形腔；2—烟尘过滤装置；3—导流装置；4—多孔滤芯过滤器；5—控制器；6—粉末铺粉床；7—球阀

5.3 应力调控技术

5.3.1 模拟预测

SLM成形过程中会出现如裂纹、翘曲、脱层等问题，致使其成形过程失败或成形件力学性能下降。这主要是因为SLM成形过程中温度梯度、热应力和热应变较大。可通过SLM成形过程温度场模拟，计算温度应力，从而根据温度梯度对SLM成形过程的应力、应变变化规律来调控工艺，从而抑制缺陷的产生。

由于SLM成形过程中热膨胀只产生线应变（初应变），剪切应变为零。因此，热应力有限单元法求解温度（热）应力的基本思路为：首先计算温度梯度引起的初应变，然后求解相应初应变引起的等效节点载荷（温度载荷），接着求解在温度载荷下引起的节点位移，最后通过节点位移求得热应力。

(1) 应力与应变关系的基本方程

① 热弹塑性体应力与应变　应用牛顿-拉普森（Newton-Raphson）和增量载荷法时用到材料的增量型本构方程 $\mathrm{d}\sigma=D_{\mathrm{T}}(\varepsilon)\mathrm{d}\varepsilon$[2]。

在高温条件下，材料屈服极限 σ_{v} 有所降低，强化特性也有所减小，随着温度升高逐渐接近理想的塑性。线弹性常数也随着温度变化。因此，在外力、温度作用下的材料应变率 $\dot{\varepsilon}$ 应由四部分组成：弹性应变率 $\dot{\varepsilon}^{e}$、塑性应变率 $\dot{\varepsilon}^{p}$、蠕变应变率 $\dot{\varepsilon}^{c}$ 和温度变化引起的应变率 $\dot{\varepsilon}^{T}$，$\dot{\varepsilon}=\dot{\varepsilon}^{e}+\dot{\varepsilon}^{p}+\dot{\varepsilon}^{c}+\dot{\varepsilon}^{T}$。

因弹性常数随温度而变化，所以有

$$\dot{\varepsilon}^{e}=\frac{\mathrm{d}(\boldsymbol{D}_{\mathrm{e}}^{-1}\sigma)}{\mathrm{d}t}=\boldsymbol{D}_{\mathrm{e}}^{-1}\dot{\sigma}+\frac{\mathrm{d}}{\mathrm{d}t}(\boldsymbol{D}_{\mathrm{e}}^{-1})\sigma \tag{5-1}$$

式中　$\boldsymbol{D}_{\mathrm{e}}$——弹性矩阵。

根据流动理论和蠕变理论，有

$$\dot{\varepsilon}^{p}=\dot{\lambda}\ \frac{\partial F^{\dot{\varepsilon}^{p}=\dot{\lambda}\frac{\partial F}{\partial\sigma}}}{\partial\sigma} \tag{5-2}$$

式中　F——屈服函数。

$$\dot{\varepsilon}^{c}=\frac{3\widehat{\varepsilon}^{c}\sigma'}{2\overline{\sigma}} \tag{5-3}$$

其中

$$\widehat{\varepsilon}^{c}=\frac{\mathrm{d}\overline{\varepsilon}^{c}}{\mathrm{d}t}=\frac{\sqrt{2}}{3}\left[(\dot{\varepsilon}_{11}^{c}-\dot{\varepsilon}_{22}^{c})^{2}+(\dot{\varepsilon}_{22}^{c}-\dot{\varepsilon}_{23}^{c})^{2}+(\dot{\varepsilon}_{33}^{c}-\dot{\varepsilon}_{11}^{c})^{2}+6(\dot{\varepsilon}_{12}^{c\,2}+\dot{\varepsilon}_{23}^{c\,2}+\dot{\varepsilon}_{31}^{c\,2})^{2}\right]^{1/2} \tag{5-4}$$

温度应变率为

$$\dot{\varepsilon}^{T}=\dot{T}A \tag{5-5}$$

式中，$A=a\{1,1,1,0,0,0\}^{\mathrm{T}}$，$a$ 为线胀系数，$\dot{T}$ 为温度随时间的变化率。因此有

$$\dot{\varepsilon}=D_{\mathrm{c}}^{-1}\dot{\sigma}+\left(\frac{\mathrm{d}}{\mathrm{d}t}D_{\mathrm{c}}^{-1}\right)\sigma+\dot{\lambda}\frac{\partial F}{\partial\sigma}+\dot{\varepsilon}^{c}+\dot{\varepsilon}^{T} \tag{5-6}$$

两边乘以弹性系数矩阵得

$$\dot{\sigma}=D_{\mathrm{c}}\dot{\varepsilon}-\dot{\lambda}D_{\mathrm{c}}\frac{\partial F}{\partial\sigma}-D_{\mathrm{c}}^{-1}(\dot{\varepsilon}^{c}+\dot{\varepsilon}^{T})+\left(\frac{\mathrm{d}}{\mathrm{d}t}D_{\mathrm{c}}\right)\varepsilon^{c} \tag{5-7}$$

令屈服条件为：

$$F(\sigma_{ij},\varepsilon_{ij}^{p},T)=0 \tag{5-8}$$

可求出

$$\dot{\lambda}=\frac{q^{T}D_{\mathrm{c}}\dot{\varepsilon}-q^{T}D_{\mathrm{c}}(\dot{\varepsilon}^{c}+\dot{\varepsilon}^{T})+q^{T}\left(\frac{\mathrm{d}}{\mathrm{d}t}D_{\mathrm{c}}\right)\varepsilon^{c}+\frac{\partial F}{\partial T}\dot{T}}{p^{T}q+q^{T}D_{\mathrm{c}}q} \tag{5-9}$$

于是可得增量类型的热弹塑性的应力应变关系

$$\dot{\sigma}=[D_{\mathrm{c}}-D_{\mathrm{c}}q(D_{\mathrm{c}}q)^{T}/W](\dot{\varepsilon}-\dot{\varepsilon}^{\mathrm{c}}-\dot{\varepsilon}^{T})+[\dot{D}_{\mathrm{c}}-D_{\mathrm{c}}q(\dot{D}_{\mathrm{c}}q)^{T}/W]\dot{\varepsilon}^{\mathrm{c}}-D_{\mathrm{c}}\frac{\partial F}{\partial T}\dot{T}/W \tag{5-10}$$

$$W=p^{T}q+q^{T}D_{\mathrm{c}}q$$

$$D_{\mathrm{c}}=\frac{\mathrm{d}}{\mathrm{d}t}D_{\mathrm{c}}q$$

② 热弹塑性有限元求解法　用有限元法解决热弹塑性问题，本质上是将非线性的应力应变关系按加载过程逐渐转化为线性问题处理。因 SLM 成形过程中并无外力作用，所以载荷项实际上是由温度变化 ΔT 而引起的，将温度变化 ΔT 分成若干增量载荷，逐渐加到结构上求解。

在构成整个物体的某个单元，在时间为 t 时的温度为 T，节点外力为 F，节点位移为 δ，应变为 ε，应力为 σ_0；在时间为 $t+\mathrm{d}t$ 时，各参数分别变为 $T+\mathrm{d}T$、$\{F+\mathrm{d}F\}^{e}$、$\delta+\mathrm{d}\delta$、$\varepsilon+\mathrm{d}\varepsilon$、$\sigma_0+\mathrm{d}\sigma_0$。应用虚位移原理，可得[3]

$$\begin{aligned}\{\mathrm{d}\delta\}^{T}\{F+\mathrm{d}F\}^{e}&=\iint_{\Delta V}\{\mathrm{d}\delta\}^{T}[B]^{\mathrm{T}}(\{\sigma\}+[D]\{\mathrm{d}\varepsilon\}-\{C\}\mathrm{d}T)\mathrm{d}V\\&=\{\mathrm{d}\delta\}^{T}\iint_{\Delta V}[B]^{\mathrm{T}}(\{\sigma\}+[D]\{\mathrm{d}\varepsilon\}-\{C\}\mathrm{d}T)\mathrm{d}V\end{aligned} \tag{5-11}$$

式中，$[B]$ 为几何矩阵，与单元几何形状有关。

由于在 t 时刻物体处于平衡状态，所以

$$\{dF\}^e = \iint_{\Delta V} [B]^T \{\sigma\} dV \tag{5-12}$$

$$\{dF\}^e = \iint_{\Delta V} [B]^T ([D]\{d\varepsilon\} - \{C\} dT) dV \tag{5-13}$$

$$\{dF\}^e + \{dR\}^e = [K]^e \{d\delta\} \tag{5-14}$$

这里初应变的等效节点力为

$$\{dR\}^e = \iint_{\Delta V} [B]^T \{C\} dT dV \tag{5-15}$$

单元刚度矩阵为

$$[K]^e = \iint_{\Delta V} [B]^T [D][B] dV \tag{5-16}$$

按单元处于弹性状态或塑性状态，分别用式(5-15）或式(5-16）形成的单元等效节点载荷及刚度矩阵，代入总刚度矩阵及总载荷列向量，求得节点位移的代数方程组为

$$[K]\{d\delta\} = \{dF\} \tag{5-17}$$

其中

$$[K] = \sum [K]^e \tag{5-18}$$

$$\{dF\} = \sum (\{dF\}^e + \{dR\}^e) \tag{5-19}$$

对于热弹塑性问题，采用增量切线刚度法求解。增量切线刚度法是在每次加载过程中，按单元所处的应力状态调整刚度矩阵求得的近似解。为了达到线性化的目的，采用逐渐增加载荷的方法——在一定的应力和应变水平上增加一次载荷。所以有

$$[K]\{\Delta\delta\}_i = \{\Delta F\}_i \tag{5-20}$$

$$\{\Delta F\}_i = \frac{1}{n}\{F\}$$

式中，$\{\Delta\delta\}_i$ 为第 i 次加载所得的位移增量；$\{\Delta F\}_i$ 为第 i 次加载的载荷；n 为正整数。

由于将应力与应变的微分用增量来代替，式(5-20）中 $[K]$ 仅与加载前的应力水平有关，所以载荷和位移增量为线性关系。这样就不难求出位移、应变和应力的增量，然后再与第 $i-1$ 次加载后的总位移、总应变和总应力迭加，得到第 1 次加载后的位移、应变和应力总量，并用这个应力进行下次加载计算。

以上增量法是在每一个增量求解完后，在进行下一个载荷增量之前调整刚度矩阵与反应结构刚度的非线性变化。但是，纯粹的增量不可避免地要随着每个载荷增量积累误差，导致结果最终失去平衡。为此，使用牛顿-拉普森（Newton-Raphson）迭代法。在每次求解前，用牛顿-拉普森方法估算出残差矢量（单元应力的载荷与所加载荷的差），然后使用非平衡载荷进行线性求解，并校核收敛性。如果不满足收敛准则，重新估算非平衡载荷，修改刚度矩阵，求新解。持续这种迭代过程直到问题收敛。

（2）热应力和应变场分析

为了研究成形过程的层间热应力，模拟 X 方向的单道多层扫描过程，便于观察由粉末经熔化至凝固的相变过程产生的层间应力分布。所建模型尺寸为 20mm×8mm，层厚为 0.1mm，单元选择 Solid70 八节点实体单元，完成网格划分后的有限元模型如图 5-16 所示。

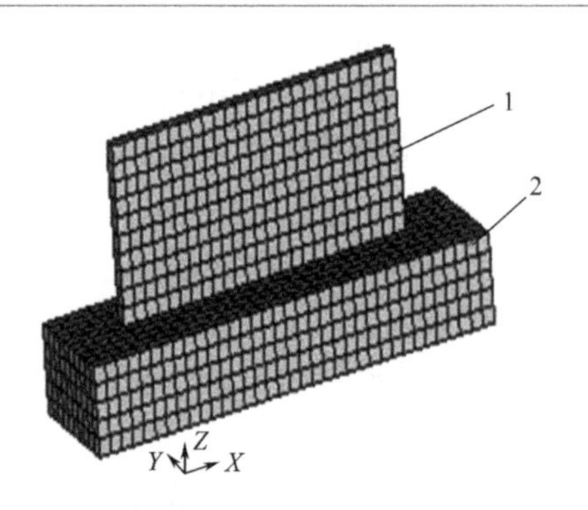

图 5-16 热应力应变模型

1—粉末；2—基板

在 SLM 成形过程中激光辐照粉末数毫秒时间内经历固液、液固的相变。因液态金属周围的粉末热导率低，所以液态金属与粉末、基板之间的温度梯度大。温度变化会引起材料的线应变 $\alpha\Delta T$，在正温度变化时温度线应变受到周围材料约束，材料将受到压应力作用；在负温度变化（冷却过程）时，材料将受到拉应力作用。

单道扫描成形轨迹的残余应力分布如图 5-17 所示[4]，表明 SLM 成形层中的残余应力分布变化较大。成形层接近热影响区处的残余应力为压应力，两侧为拉应力。而基底紧邻热影响区处受拉伸残余应力作用。因此，随着成形层的累积，热影响区的压应力会转变为拉应力状态。通过激光重熔产生的热处理作用，有利于残余应力的释放。热应力有限元分析结果如图 5-18 所示，表明成形层的残余应力为拉应力。因此，SLM成形过程热应力有限元分析结果可以证明多层成形过程中热影响区的初始压应力状态逐渐转变为拉应力状态。

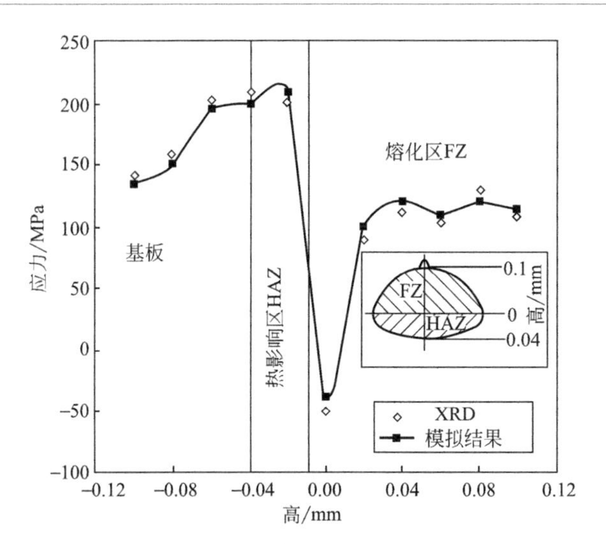

图 5-17 单道扫描成形轨迹的残余应力分布

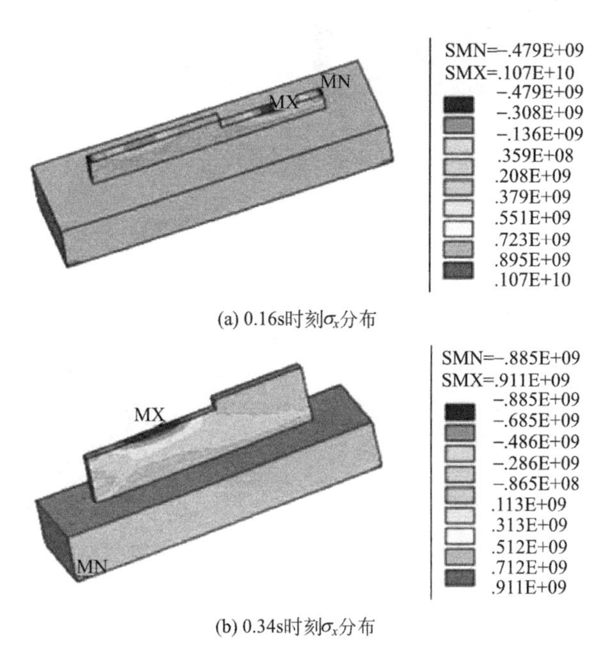

图 5-18 SLM成形件应力 σ_x 分布

图 5-18(a) 中最大拉应力 (0.107×10^{10} MPa) 与最大压应力 (0.479×10^{9} MPa) 存在一个数量级的差别，因此 SLM 成形过程中主要残余应力为拉应力。图 5-18(b) 中最大拉应力值也大于最大压应力。熔池周围区域在较大温度梯度作用下产生较大热应变，冷却后同样产生较大热应变，因此表现出较大残余拉应力。图 5-19 显示了因残余应力累积致使成形过程中出现与扫描方向垂直的裂纹。模拟结果（图 5-18）中图例显示成形件与基板接触处残余拉应力较大，即存在应力集中现象。图 5-20 表明 45 钢和 316L 粉末的 SLM 成形件因与基板接触处的应力集中作用容易产生开裂或翘曲变形问题。

在 SLM 成形过程中，因层厚增加及热量的积累效应，成形件的温度上升，成形过程中温度梯度会有所减轻，从而有利于降低热应变及热应力。

(a) ×50倍

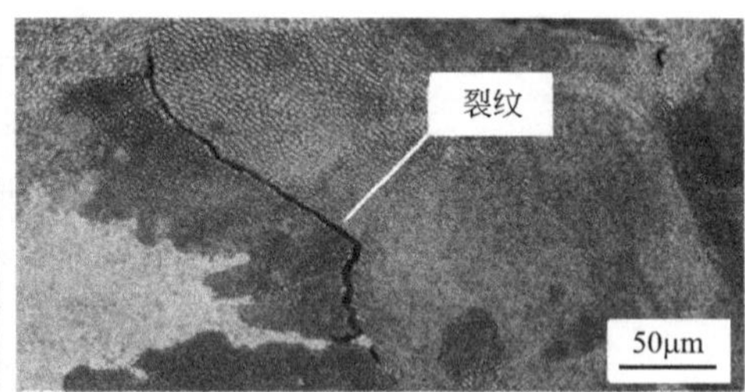

(b) ×200倍

图 5-19 250 目水雾 304L 粉末的 SLM 成形件在应力作用下产生的裂纹

(a) 800目气雾45钢粉末成形件

(b) 500目水雾316L粉末成形件

图 5-20 SLM 成形件在应力集中作用产生开裂或翘曲变形

热应变场分布情况如图 5-21 所示。熔池的高温与周围形成较大温度梯度，所以熔池附近的热变形较大。远离熔池部分的温度梯度小，产生的热应变较小[5]。

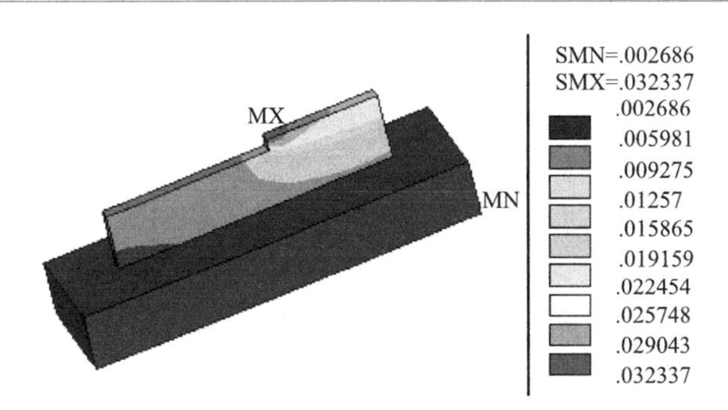

图 5-21 0.34s 时刻 SLM 成形件热应变分布

5.3.2 预热技术

一般而言，常见的减少残余应力及应变的方法有后处理、使用合适的扫描策略、预热等。较为常见的减小残余应力的方法是对零件进行退火处理，在 SLM 成形结束后，将零件从基板上通过线切割取下，然后放至热处理炉中在合适的温度下进行退火处理，可有效地释放残余应力。有资料表明 SLM 成形件在 600℃ 保温 1h 可有效地释放残余应力。但退火消除残余应力的方法有较大的局限性，这种方法仅适用于激光选区熔化成形过程中零件未开裂的场合，对于已开裂释放应力的零件而言无法使用。而实时后处理的方法有效地解决了这个问题，它是通过双激光器并轨进行预热及退火处理，两个激光器分别为光纤激光器及二氧化碳激光器。在激光选区熔化成形过程中，光纤激光器用于零件的成形，二氧化碳激光器进行实时预热及退火，从而减小温度梯度，实时释放残余应力。

使用不同的扫描策略也会导致不同的成形效果，优化扫描策略也可减少零件开裂倾向。主要是在不同扫描策略下，相邻扫描线成形时间不同，扫描区域范围也不同，当扫描区域较大时，相邻扫描线扫描时间间隔较长，先扫描的线条有较长时间冷却，造成相邻扫描线条温度梯度大，易产生裂纹，而且扫描区域过大，流失的热量也较多，熔池温度就越低，润湿性越差，不利于零件的成形。

通过不同温度下对不同基板及粉末的预热，可以提高粉末与基板的润湿性，使温度梯度趋于一致，减小激光能量密度的输入，缓解能量集中现象，使热量均匀分布于零件及成形粉末，同时成形过程中持续加热也可实时对加工的零件进行退火，释放部分残余应力，对开裂现象的抑制作用比较明显，因此通过预热来提高成形件侧壁表面质量，减少基体内的小球颗粒及硬脆化合物，减小甚至消除残余应力，达到抑制裂纹产生的作用显著。通过 SLM 成形前对基板进行预热，降低热量的输入，减少热量积累，可得到最优激光能量密度，提高试样侧壁表面质量。在 SLM 成形过程中加热，可有效减小温度梯度，在 SLM 成形结束后保温及缓冷可释放试样中的残余应力。

比利时鲁汶大学研究了激光选区熔化成形 M2 高速钢 HSS 时的裂纹问题，研究表明激光选区熔化过程中的裂纹及剥落现象由残余应力引起，且这种缺陷出现在许多金属 SLM 成形过程中，严重制约着金属在 SLM 中的应用。通过对基板进行预热可以形成稳定的温度场，降低温度梯度，从而降低甚至消除残余应力。试验表明当预热温度在 200℃时，可以获得无裂纹的 M2 HSS 的 SLM 成形件，且相对致密度达 99.8%[6]。

为此有研究学者设计了一台加热装置为 SLM 成形过程提供预热，其产热部分为陶瓷加热片，最高加热温度达 600℃，并有温度控制器实时控制温度，然后在不同的预热温度下对近 α 钛合金进行试验，分别选定了三组不同预热温度进行对比，预热温度分别为 150℃、250℃和 350℃，在 SLM 成形过程中加热装置会根据温度反馈进行间断性的加热，待 SLM 成形结束后对零件保温 1h，然后缓慢冷却，直至室温。将 SLM 成形的试样进行镶样、抛光，其试样侧壁形貌如图 5-22 所示，图 5-22(a)～(c) 分别是预热温度为 150℃、250℃和 350℃下成形试样的侧壁形貌。由图 5-22(a) 可见，在试样侧壁裂纹较多，布满了整个区间，但由图 5-22 可明显地看出随着预热温度的提高，裂纹数量逐渐减少，当预热温度升高到 250℃时，如图 5-22(b) 所示，宏观裂纹已减少至一条，当预热温度升高到 350℃时，如图 5-22(c) 所示，侧壁上裂纹继续减少，侧壁内未发现明显裂纹。由此可见预热对裂纹的抑制作用较为明显[7]。

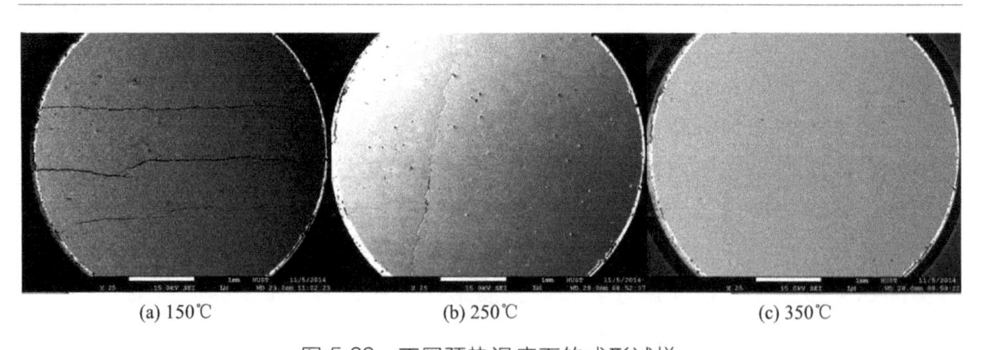

(a) 150℃　(b) 250℃　(c) 350℃

图 5-22　不同预热温度下的成形试样

5.3.3 激光扫描策略[8, 9]

在激光选区熔化工艺中，金属粉末被快速加热，达到材料熔点，颗粒开始熔化，形成液相熔池，颗粒受表面张力的作用产生移动，密度加大，当激光束移动到其他位置后，熔池急剧冷却，液相温度下降到凝固点温度并开始凝固，然后再冷却到室温。整个过程中熔化部分与已加工部分以及基板之间存在巨大的温度梯度，熔池在冷却过程中的收缩受到已加工部分和基板的约束，不同程度自由收缩，导致扫描层面中的应力形成，而这种应力主要以拉应力为主，同时已加工部分和基板被形成拉应力，这种拉应力称为残余应力。当层面内的残余应力超过材料的抗拉强度后，就会把已凝固的或正在凝固的路径拉断，产生裂纹。同时残余应力和裂纹的产生必然降低层面的强度，当多个层面的同一个方向上的残余应力集中到一定程度超过层面间的屈服强度后，就会引起多个层面向上的翘曲，即零件的翘曲变形。

单道扫描时，路径两侧由于热传导开始冷却，相对于扫描矢量方向，两侧所受到的约束较小，收缩能够自由进行，而沿扫描矢量方向，由于熔化持续进行，温度下降较慢，收缩过程也相对较慢，因此其冷却受到已冷却部分的约束，由于扫描矢量方向上的尺寸越大，所受到的约束越大，使得沿扫描矢量方向残余变形最大，从而导致矢量方向的残余应力最大。不同的扫描方式，扫描路径的长度不同，长线段由于冷却后收缩大，残余应力大，这种残余应力会引起翘曲变形，当残余应力超过材料屈服强度后会导致裂纹的产生，而裂纹的产生必然引起强度下降。相反，矢量长度短时，残余应力小，引起收缩小，不易产生翘曲和裂纹[8,9]。因此扫描方式可影响激光熔化层面的残余应力分布、大小以及变形和裂纹的产生，从而影响到零件的力学性能。激光选区熔化成形过程中常用的扫描方式有：逐行变向扫描方式、变扫描矢长分块变向扫描方式、螺旋线扫描方式和环形扫描方式。

(1) 逐行变向扫描方式

图 5-23 所示的逐行扫描方式被广泛应用于快速成形中，其应用于金属熔化成形时有如下优势：该扫描方式易于控制和实现；沿短边方向扫描时，相邻两次扫描的间隔时间短，温度衰减慢，前一次被扫描熔化的粉末还没有冷却凝固，相邻的扫描又开始，因而相邻扫描路径之间温差较小，同时前一次扫描相当于对后一次扫描的粉末进行预热，由于扫描间隔时间短，预热效果明显，降低了金属熔化时形成的温度梯度，减少了内应力，可减少翘曲变形。

但是根据金属熔化成形的特点分析，该扫描方式应用到金属熔化成形有以下不足。

① 扫描方向单一　由于采用直线扫描，因此扫描路径的长度由零件模型决定。零件为矩形或者细长形零件时，沿单一方向上的长度最长。从前面的分析可知，沿扫描路径在矢量方向存在最大拉应力，该扫描方式是沿单一方向长线扫描，因此单一方向上的每条扫描路径收缩方向相同，容易集中收缩应力，从而产生某一方向的翘曲变形，当残余应力大于材料的屈服强度时，将在扫描的垂直方

向上产生裂纹。

② 尺寸精度不一致　由于金属熔化冷却产生膨胀和收缩，单一方向的扫描使该方向的材料在冷却固化时产生的收缩量最大，而在垂直方向由于没有扫描路径，而是路径的本身宽度，且路径是互相平行的，因此收缩时产生的收缩量最小，因此在两方向上的收缩量不同，必然导致加工后零件的尺寸精度不一致。

③ 组织均匀性差　扫描方向上的扫描路径长度远大于垂直方向上的扫描路径长度，因此从宏观上看，两个方向的组织结构有不同，使得零件的组织均匀性差，从而导致零件在两个方向上的力学性能有很大的差异，以至于影响加工后零件的整体力学性能。

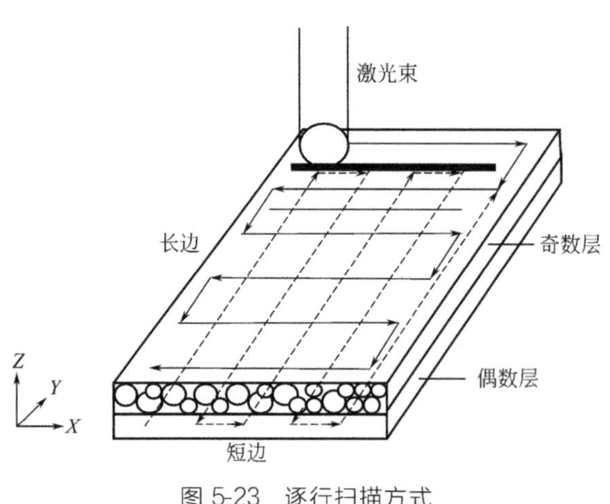

图 5-23　逐行扫描方式

(2) 变扫描矢长分块变向扫描方式

图 5-24 为变扫描矢长分块变向扫描方式，该种扫描方式把扫描区域预先划分为若干个小方块，每个小方块的尺寸大小相同，在扫描时，采用每个小方块单独熔化成形后，再转移到其他小方块扫描，直到划分的所有小方块扫描完成。在每个小方块单独扫描时，一般采用逐行扫描方式。但相邻的小方块逐行扫描方向互相垂直，以保证相邻扫描方向断开。所有小方块的扫描顺序一般非有序选择，即先任选一个小方块扫描，待该方块扫描完成后，再从剩下的所有方块中任选一个扫描，这样依次选择完所有小方块为止。

该种扫描方式避免了逐行扫描方式中扫描路径方向单一和尺寸精度不一致的不利之处，保证每一熔化区域都是短边扫描。但是若以每一小方块为基本单元来看，当切片形状细长时，容易出现方向和方向的基本单元数目不一致，且所有基本单元无法通过扫描熔化形成一个扫描层整体，单元之间没有任何应力和约束，每个单元内部的收缩容易造成单元的接缝处出现裂纹现象，引起整体组织均匀性差的后果。

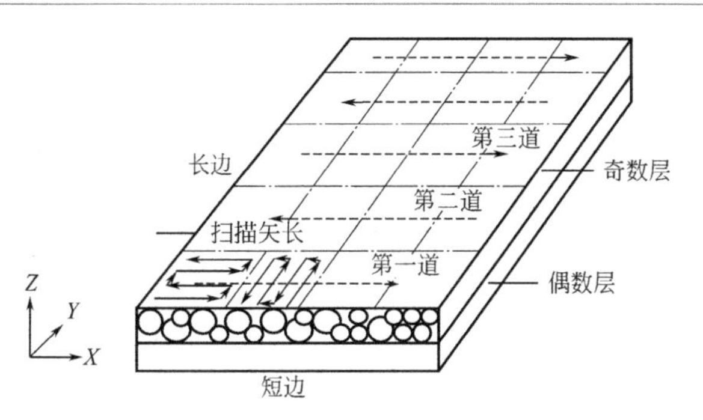

图 5-24　变扫描矢长分块变向扫描方式

（3）螺旋线扫描方式

图 5-25 为螺旋线扫描方式，螺旋线扫描方式是对分区扫描方式的进一步优化：各向同性，大量降低翘曲变形，提高零件的成形精度，成形效率高。

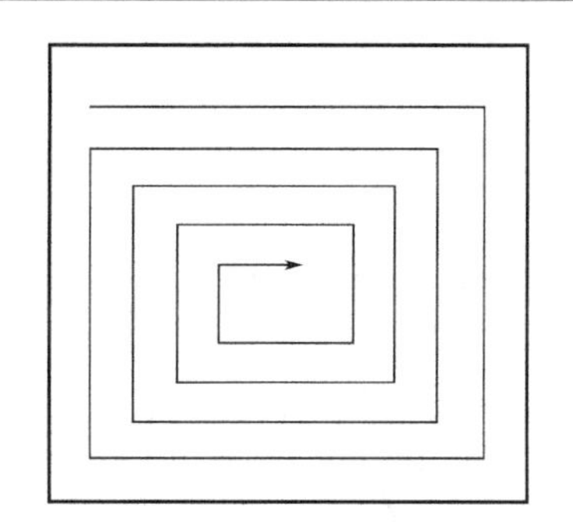

图 5-25　螺旋线扫描方式

当分析加工过程中加工层面的内应力时，必须以某一方向上的内应力来计算。当扫描矢量方向与应力矢量方向一致时，金属熔化冷却所引起的内应力最大；当扫描矢量方向与应力矢量方向垂直时，内应力最小。如对于逐行扫描方式，沿平行 X 轴方向的路径最长，该方向的内应力最大，但是沿 Y 方向统计内应力时，若扫描路径之间没有重叠，则该方向扫描路径长度最小，该方向内应力最小。

如采用逐行或螺旋扫描方式计算矩形形状层面时，其路径均以光栅形式分布，产生的残余应力称为拉应力，如图 5-26 所示。

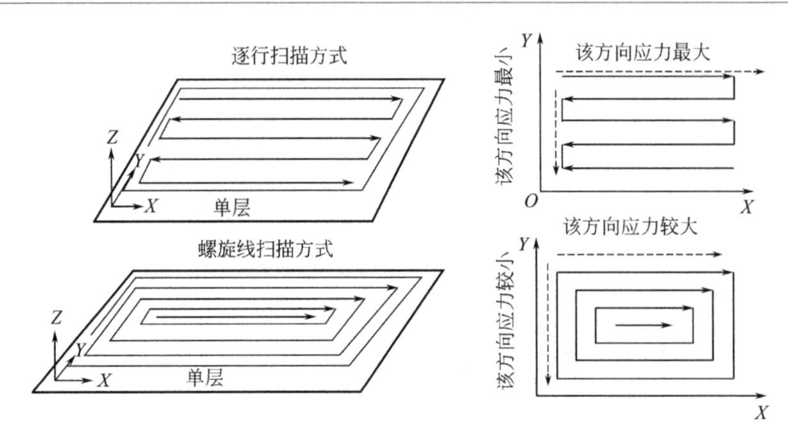

图 5-26　平行于扫描路径方向会产生沿扫描方向的残余应力

当沿着一定的圆弧进行扫描熔化时，由于扫描路径有一定的熔化宽度，不仅沿扫描路径的平行方向上产生残余应力，在垂直于扫描路径方向也会产生残余应力，因此扫描区域是一个环形区域且扫描路径方向也为环形时，则此垂直扫描路径方向的残余应力指向圆心，这个残余应力称为弯曲应力。如采用螺旋扫描方式计算圆形层面的扫描路径时，其路径就为环形形状，容易产生弯曲应力。而利用逐行扫描计算路径时，其路径仍为光栅形状没有弯曲应力产生，如图 5-27 所示。

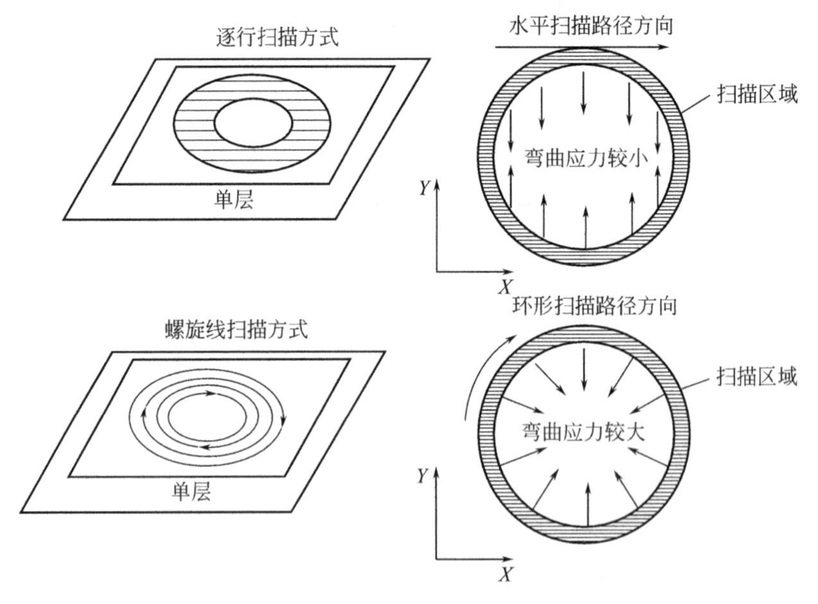

图 5-27　垂直于扫描路径方向产生的残余应力

(4) 环形扫描方式

环形扫描方式在切片的轮廓区域范围内不断以给定的半径沿圆弧路径扫描，每扫描一圈，半径的长度增加一个扫描间距，在扫描过程中路径以固定角速度作圆周运动，同时其线速度大小不变，但方向不断改变，这个方向即圆周的切矢量方向。因此在任意一个线（切）矢量方向上，由于金属熔池引起的收缩内应力分散在圆弧路径方向上，减少了沿激光束运动方向（线矢量方向上）翘曲变形的可能性。同逐行扫描方式相比，环形扫描方式的扫描长度在某一固定矢量方向上距离最短，理论上距离为 0，因此在相同收缩率情况下，收缩量小，可以提高熔化后成形件轮廓的精度。

环形扫描方式减少了加工层面扫描方向上的应力收缩，对于简单形状如块形、四面体以及切面逐层减少的零件，沿扫描方向的翘曲变形明显减少，但环形扫描方式在减少直线扫描方向的翘曲变形同时却增加了向心方向的收缩应力，当向心收缩应力增加到一定程度时易引起四周向中间凸起的翘曲变形，我们称这种变形为环形翘曲，如图 5-28 所示[10]。

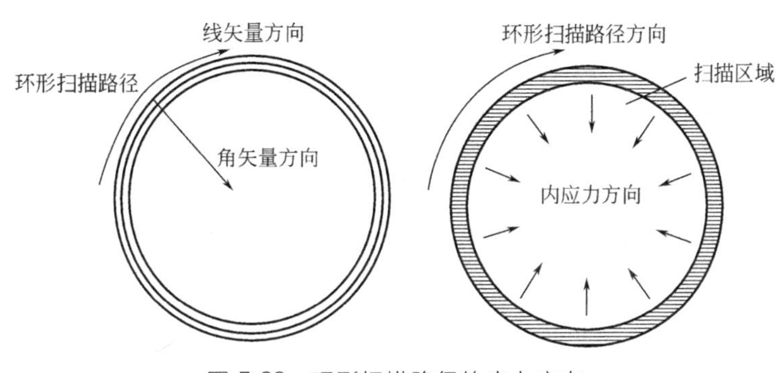

图 5-28 环形扫描路径的应力方向

除了上述几种扫描方式，条状扫描也经常被应用到零件生产当中，如图 5-29 所示。激光按照不同长度的矩形在成形截面内熔化金属粉末，有效提高了成形效率。

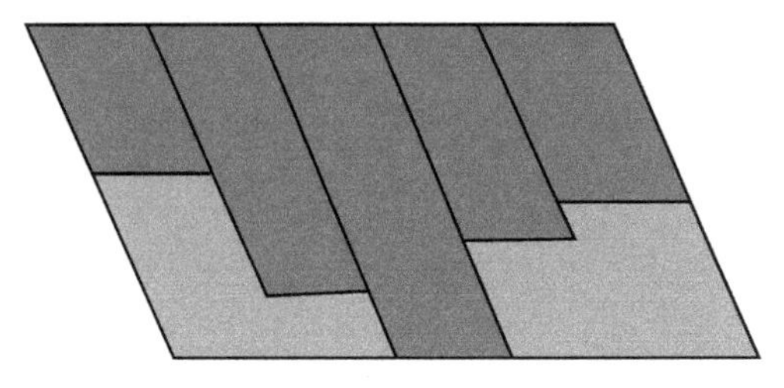

图 5-29 条状扫描方式

参考文献

[1] 赵晓. 激光选区熔化成形模具钢材料的组织与性能演变基础研究[D]. 华中科技大学，2016.

[2] 吕和祥，蒋和洋. 非线性有限元. [M]. 北京：化学工业出版社，1992.

[3] 吴长春. 冶金热力学. [M]. 北京：机械工业出版社，1991.

[4] Labudovic M., Hu D., Kovacevic R. A three dimensional model for direct laser metal powder deposition and rapid prototyping [J]. Journal of Materials Science，2003，38 (1)：35-49.

[5] 章文献. 选择性激光熔化快速成形关键技术研究[D]. 武汉：华中科技大学，2008.

[6] Kempen K，Thijs L，Vrancken B，et al. Producing crack-free，high density M2 HSS parts by Selective Laser Melting：Pre-heating the baseplate [J]. Utwired. engr. utexas. edu，2013.

[7] 张洁，李帅，魏青松，等. 激光选区熔化Inconel 625合金开裂行为及抑制研究[J]. 稀有金属，2015，39 (11)：961-966.

[8] Zhang W，Shi Y，Liu B，et al. Consecutive sub-sector scan mode with adjustable scan lengths for selective laser melting technology[J]. International Journal of Advanced Manufacturing Technology，2009，41 (7-8)：706.

[9] 刘征宇，宾鸿赞，张小波，等. 生长型制造中扫描路径对薄层残余应力场的影响[J]. 中国机械工程，1999，10 (8)：848-850.

[10] 钱波. 快速成形制造关键工艺的研究 [D]. 武汉：华中科技大学，2009.

第6章

制件的组织及性能

6.1 制件的微观组织特征

6.1.1 铁基合金组织

铁基合金（Iron base alloys）是一种使用量大且应用范围广泛的硬面材料，其最大的特点是综合性能良好，使用性能范围较宽，而且材料价格低廉。目前使用金属粉床激光增材制造技术成形的铁基合金材料主要包括 304L 不锈钢[1]、316L 不锈钢[2]、AISI 420 不锈钢和 FECR24NI7SI2 奥氏体耐热钢等[3]。

（1）304L 不锈钢

图 6-1(a) 和图 6-2 (a) 为 SLM 成形 304L 不锈钢制件的扫描电子微观组织（SEM）。图 6-1(b) 和图 6-2(b) 为被测点的能量色散光谱图，结果表明：SLM 成形 304L 不锈钢制件的显微组织为柱状和纤维状的奥氏体[1]。

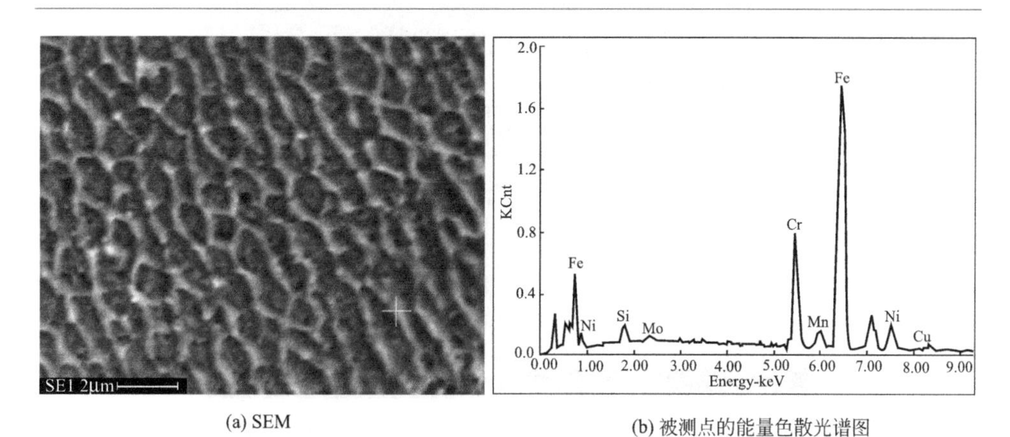

(a) SEM

(b) 被测点的能量色散光谱图

图 6-1　SLM 成形 304L 不锈钢制件 SEM 图及晶界能谱图[1]

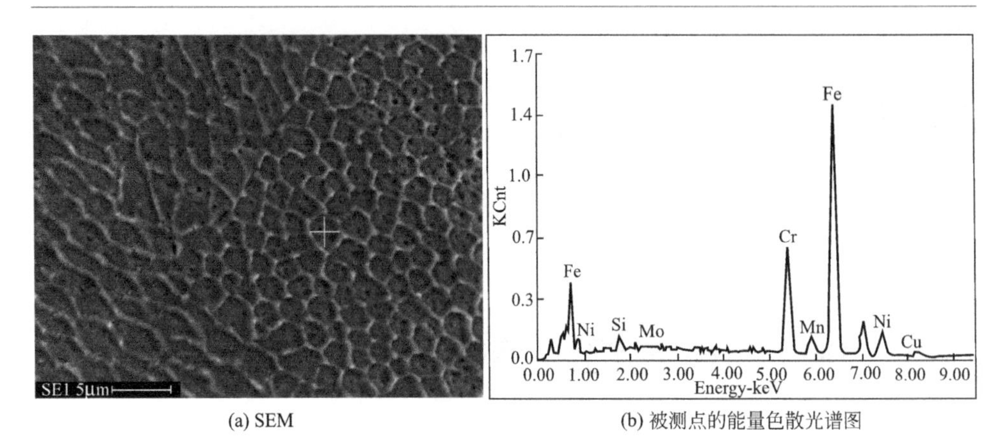

(a) SEM (b) 被测点的能量色散光谱图

图 6-2 SLM 成形 304L 不锈钢制件 SEM 图及晶粒能谱图[1]

(2) 316L 不锈钢

图 6-3 为 SLM 成形 316L 不锈钢低倍显微组织形貌。制件的致密度较高，试样内部没有观察到明显的气孔、裂纹等宏观缺陷；此外，可以清晰地看到激光熔覆道之间相互搭接的轨迹所形成的鱼鳞状边界。可见，在合适的成形工艺条件下，利用 SLM 技术可以成形出近致密的 316L 不锈钢制件[2]。

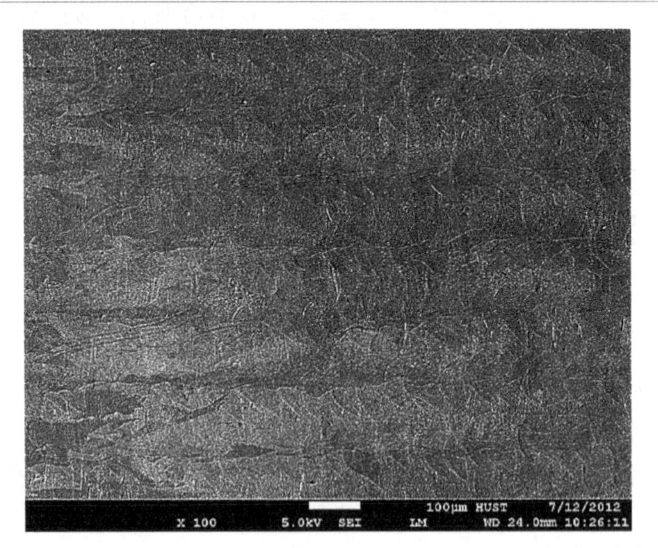

图 6-3 SLM 成形 316L 不锈钢低倍微观组织形貌（SEM）[2]

由于 SLM 制件是由线到面、由面到体逐步成形的，制件内部的显微组织往往具有明显的取向性。图 6-4 所示为 SLM 成形的 316L 不锈钢在不同观察面内的典型微观形貌。从图中可以看出，试样经轻微腐蚀后，具有明显的“道-道”搭接晶界。图 6-4(a) 所示为 *X-Y* 平面内的微观形貌，可看到同一层内相邻熔覆道之间的搭接边界。此外，在熔覆道内主要为垂直熔覆道生长的柱状晶，在熔覆道的搭接区域存在明显的转向枝晶。图 6-4(b) 所示为 *Y-Z* 平面内的微观形貌，从图中可看到同一层内相邻熔覆道之间的搭接边界，以及层间相邻熔覆道间的搭接边界，晶粒主要呈现外延生长的特性。同时，也可以明显观察到上下熔覆道叠加所形成的鱼鳞状纹路，一个鱼鳞纹即一条熔覆道，无数熔覆道反复循环，最终形成了致密的 SLM 制件。可见，SLM 成形的 316L 不锈钢制件内部具有显著的规律性熔覆道边界[2]。

(a) *X-Y*平面内微观形貌

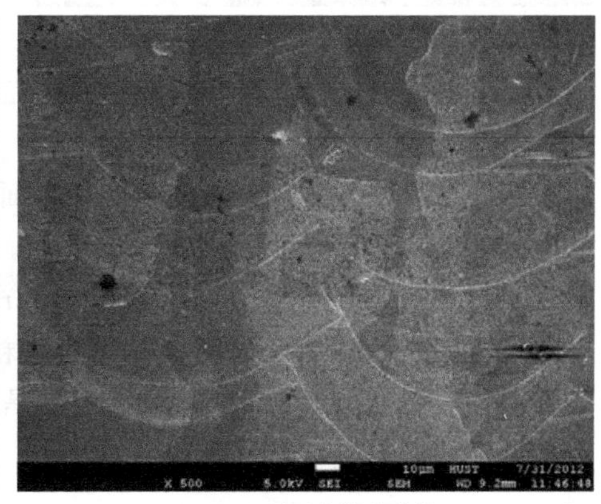

(b) *Y-Z*平面内微观形貌

图 6-4　SLM 成形的 316L 不锈钢的典型形貌（SEM）[2]

图 6-5 所示为 *Y-Z* 平面内熔覆道中的微观组织，熔覆道内的细小柱状晶呈现出显著的外延生长特性。从图 6-5(a) 可以看到熔覆道叠加所形成的鱼鳞状纹路，图 6-5(b) 显示其内部具有外延生长的枝晶。一个鱼鳞纹即一条熔覆道，即在 SLM 过程中，前一个光斑形成的熔池凝固所产生的枝晶在后一个光斑加热冷却过程中继续生长，如此反复循环，使枝晶不断生长。这是由于，在 SLM 成形过程中，热量的传输依赖于相邻凝固的熔池并向后传递（与激光移动方向相反）。因而，无论是熔覆道内还是熔覆道之间，晶体生长方向都是沿着最大的散热方向（与熔覆道边界垂直），并且晶体生长方式是以该熔化边界为基底的非均匀形核。在熔覆道中，熔池中的热量主要通过已凝固的熔覆道和基体底部向下扩散，在平行于扫描方向即垂直于熔池平面方向，有较大的过冷度。而熔池中液态金属凝固时，晶粒沿着温度梯度较大的方向择优生长，因此形成了如图 6-5 所示的具有明

显取向的晶粒[2]。

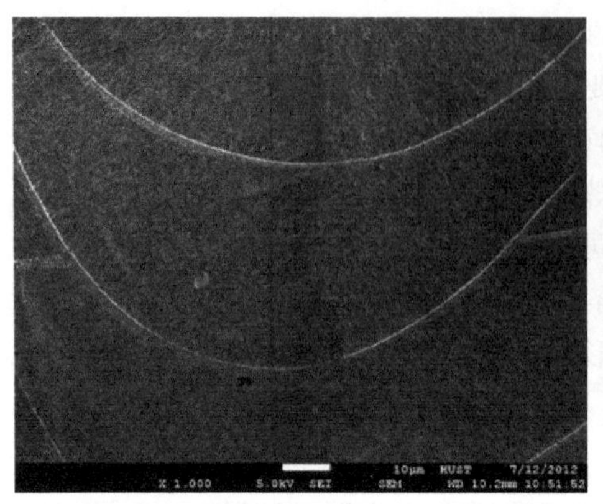

(a) ×1000倍

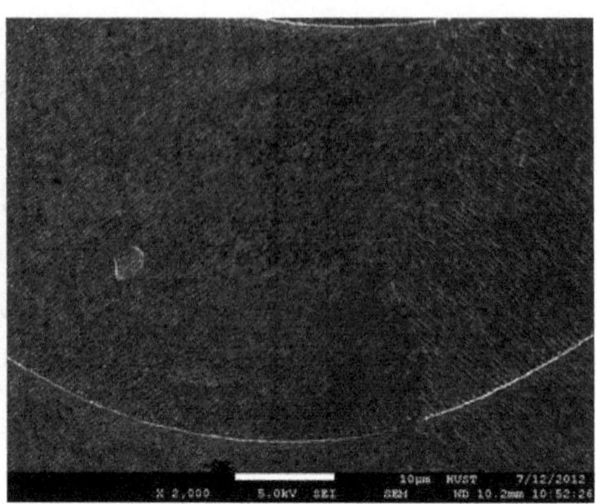

(b) ×2000倍

图 6-5 Y-Z 平面内熔覆道剖面的微观组织形貌（SEM）[2]

图 6-6 所示为熔覆道中心不同观察面上的微观组织形貌，可以看出，不同平面上的显微组织表现出完全不同的形貌。图 6-6(a) 所示为平行于熔覆道方向的微观组织形貌，其主要为粒径约为 0.3μm 的胞晶组织。图 6-6(b) 所示为垂直于熔覆道方向的微观组织形貌，其主要为粒径约为 0.3μm 的柱状晶，且具有明显的方向性。显然图 6-6(a) 中的胞状晶是图 6-6(b) 中柱状晶的截面，可见熔池内部的晶粒取向呈现出显著的方向性[2]。

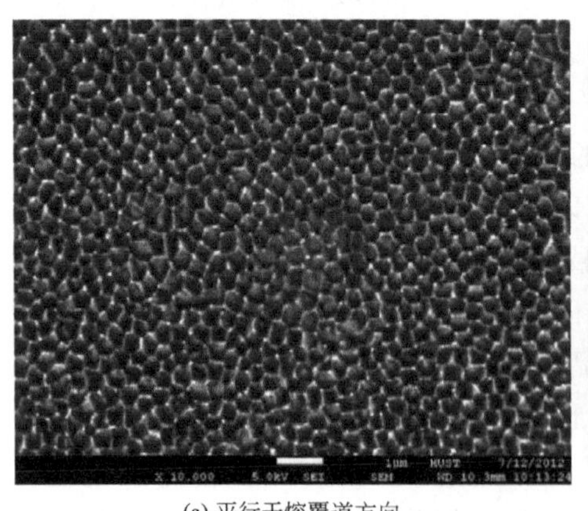

(a) 平行于熔覆道方向

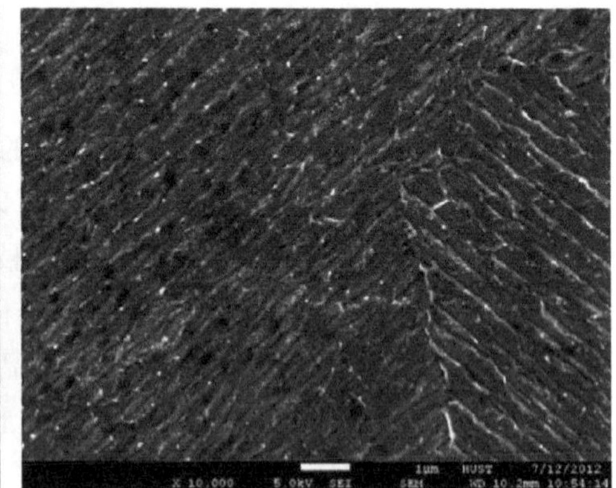

(b) 垂直于熔覆道方向

图 6-6 熔覆道中心不同观察面上的微观组织形貌（SEM）[2]

(3) AISI 420 不锈钢

420 不锈钢是一种马氏体型不锈钢，具有一定耐磨性、抗腐蚀性及较高的硬度。

图 6-7 为采用不同 SLM 工艺成形的 420 不锈钢制件 *X-Y* 平面（扫描平面）的微观组织形貌，其中箭头所指方向表示激光扫描方向。从图中可以看出 4 种工艺参数成形的试样微观组织相似，试样接近全致密。但如图 6-7(a) 中圆圈所示，使用 120W 激光功率成形的试样存在一些微孔和微裂纹。孔隙形状不规则（$<5\mu m$），可能与局部润湿不足有关，而微裂纹是由于 SLM 过程中的热应力造成的。从图中可以看到多层加工后熔化道搭接情况比单层扫描更加紊乱。由于此次采用的激光能量密度比较接近，成形件致密度都超过 99%，可见激光功率对微观组织的影响并不明显。图 6-8 为采用 120W 激光功率成形试样的 *X-Z* 平面（堆积方向）的微观组织形貌，图中呈现出 SLM 制件典型的鱼鳞状形貌，半圆形的熔池边界（Molten Pool Boundary，MPB），说明成形过程中，层与层之间良好的重熔和搭接。同时，*X-Z* 平面的微观组织也观察到了微裂纹和孔隙，其中，微裂纹更容易出现在熔池边界处［图 6-8(b)］[3]。

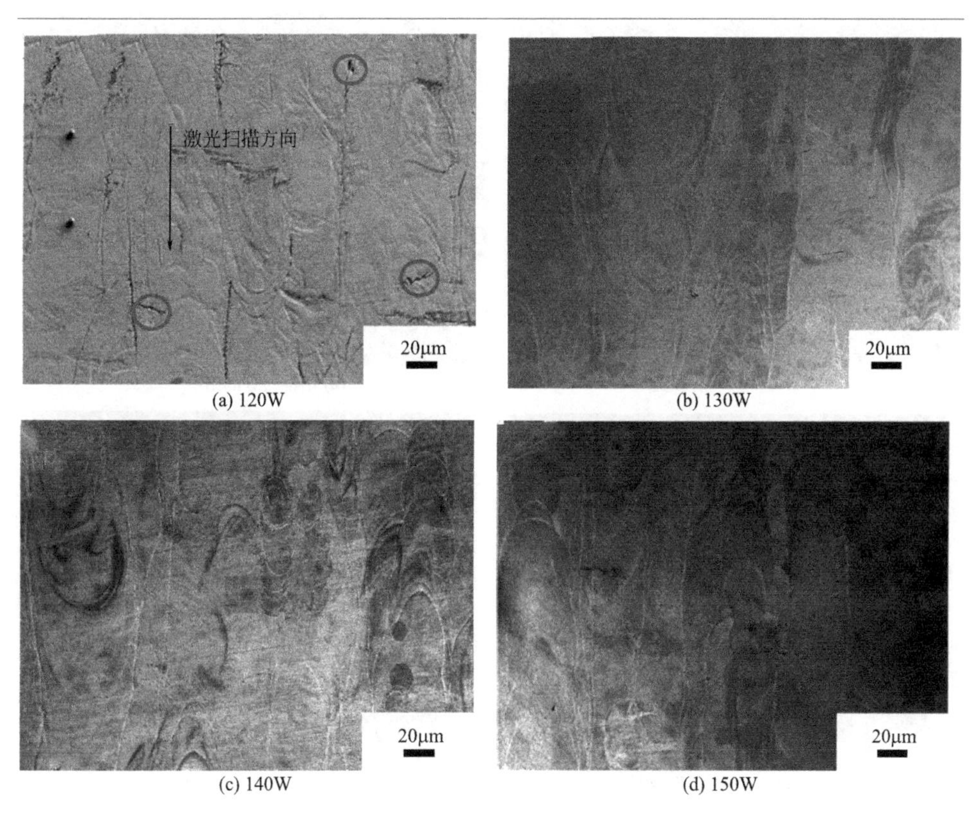

(a) 120W (b) 130W (c) 140W (d) 150W

图 6-7 不同激光功率下 SLM 成形 420 不锈钢制件 X-Y 平面的微观组织形貌[3]

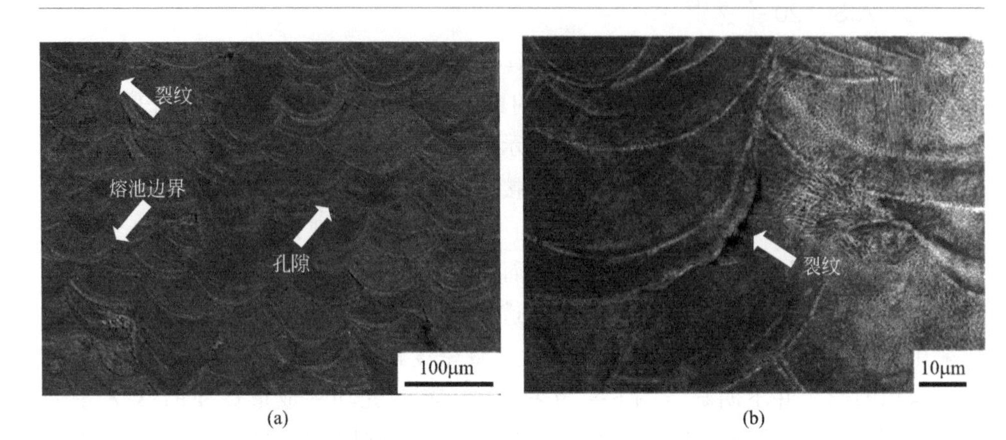

(a) (b)

图 6-8 使用 120W 激光功率 SLM 制件 X-Z 平面的微观组织[3]

图 6-9(a) 为放大 400 倍时的微观组织形貌，由于在 SLM 成形过程中，金属

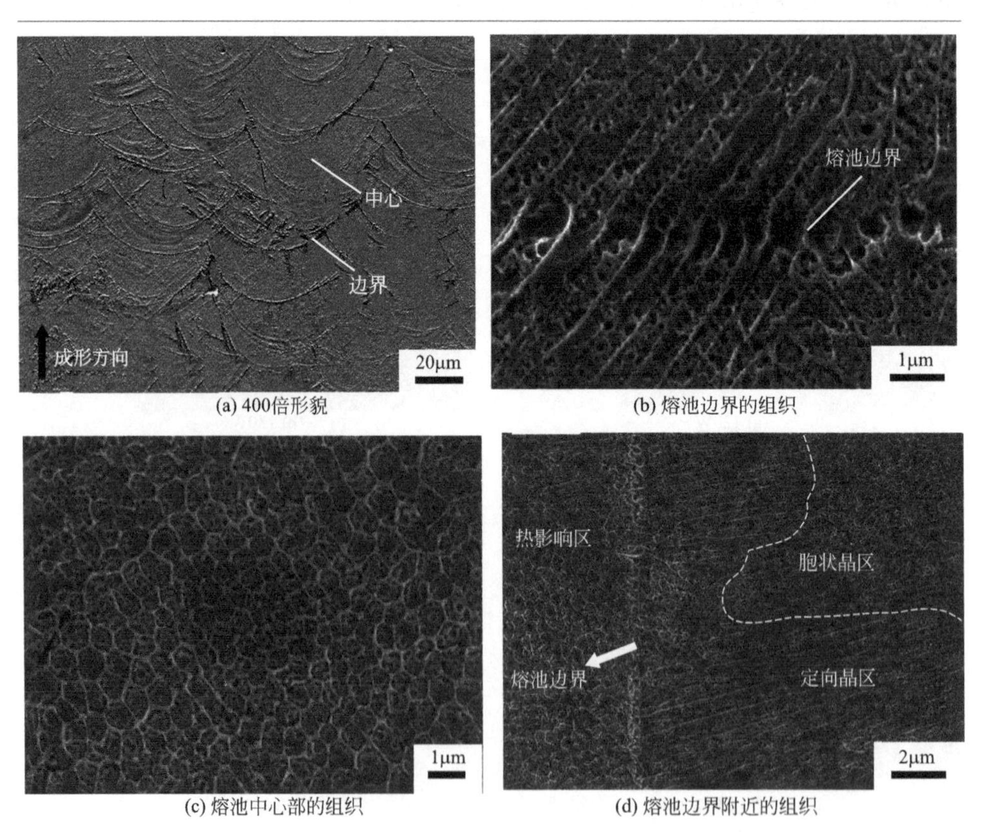

(a) 400倍形貌 (b) 熔池边界的组织

(c) 熔池中心部的组织 (d) 熔池边界附近的组织

图 6-9 使用 140W 激光功率下 SLM 制件 X-Z 平面的微观组织[3]

的冷却凝固方式为逐道逐层，可清晰地看到微熔池的搭接边界，呈现出鱼鳞纹外观，其形状特征刚好符合激光束能量高斯分布的特点。激光在当前扫描层重熔上层，沿高度方向形成了图 6-9(a) 中的熔池边界。图 6-9(b) 为图 6-9(a) 中熔池边界处的微观组织，图 6-9(c) 为图 6-9(a) 中熔池中心部位的微观组织，图 6-9(d) 为熔池边界附近的微观组织。从图中可以看出，熔池内部、边界组织形貌存在很大的差异。与传统制造的 420 不锈钢相比，SLM 成形件的晶粒十分细小，晶粒尺寸小于 1μm。熔池内部晶粒为细小的胞状晶，熔池边界晶粒比熔池内部晶粒更小，并呈现出定向结晶。图 6-9(b) 中的虚线箭头为晶粒的生长方向。从图 6-9(d) 可以清晰地看到在熔池边界处存在不同的区域，包括热影响区（Heat Affected Zone，HAZ）、胞状晶区和定向晶区。在热影响区内，由于 SLM 过程中周期性的热作用造成晶粒长大，定向晶区从熔池边界处开始沿热量散失的方向生长，而在熔池内部由于快速冷却形成胞状晶区[3]。

（4）FECR24NI7SI2 奥氏体耐热钢

图 6-10(a) 为试样垂直激光扫描方向横截面（X-Y 面）的微观组织形貌图，图中可以看到几道相邻熔池搭接的情况，熔池呈现出周期鱼鳞状波动，主要受移动激光束能量高斯分布及液固界面润湿特性的影响。在熔池边界处和内部均存在微裂纹，微裂纹成蛇形扩展开裂，同时还有很多微裂纹的晶界。图 6-10(b) 为试样平行于生长方向纵截面的微观组织电镜图片，其中黑色箭头标明了熔池边界，熔池由下向上堆积，纵向相邻两条熔池有部分区域重熔，呈现规则的鳞片状结构，且鳞片状结构排布均匀，水平与竖直方向排布整齐无明显偏移，相邻两条熔池的高度差为 20～40μm。对比不同截面的微观形貌，发现横截面的微裂纹数量远多于纵截面微裂纹数量，说明裂纹倾向于沿着水平方向扩展[3]。

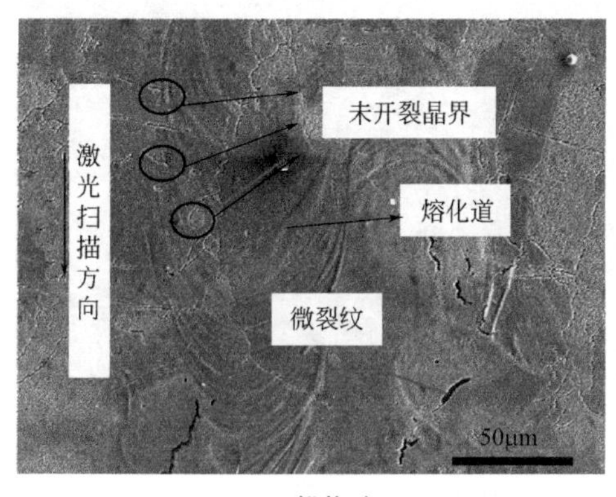

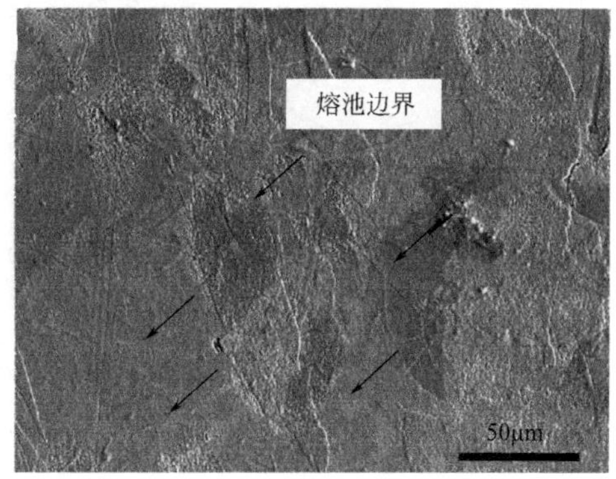

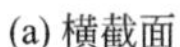
(a) 横截面　　(b) 纵截面

图 6-10　成形试样微观组织形貌[3]

图 6-11 为成形试样微观组织的高倍 SEM 图片。如图 6-11(a) 所示，在成形件横截面内可观察到 SLM 成形件晶粒十分细小，晶粒尺寸小于 1μm，图中的箭头为大角度晶界，图中左下部和右上部的组织为柱状晶，且有明显的生长取向差异。图 6-11(b) 为图 6-11(a) 中右上部组织的放大图，可以看出在晶粒中析出了白色第二相，该析出物为纳米级颗粒状，且部分区域析出相连接成线状。图 6-11(c) 为试样纵截面靠近熔池边界位置的微观组织形貌，白色曲线标记为熔池边界，在熔池边界两侧晶粒生长取向基本一致。箭头表示不同位置晶粒生长方向，可以看出晶粒生长方向大致为熔池边界法向方向，微熔池重熔后结晶表现出“外延生长”的特征，晶粒沿热量散失最快的方向生长。从图 6-11(d) 中观察到图 6-11(b) 所示的第二相析出物，析出物主要呈颗粒状分布[3]。

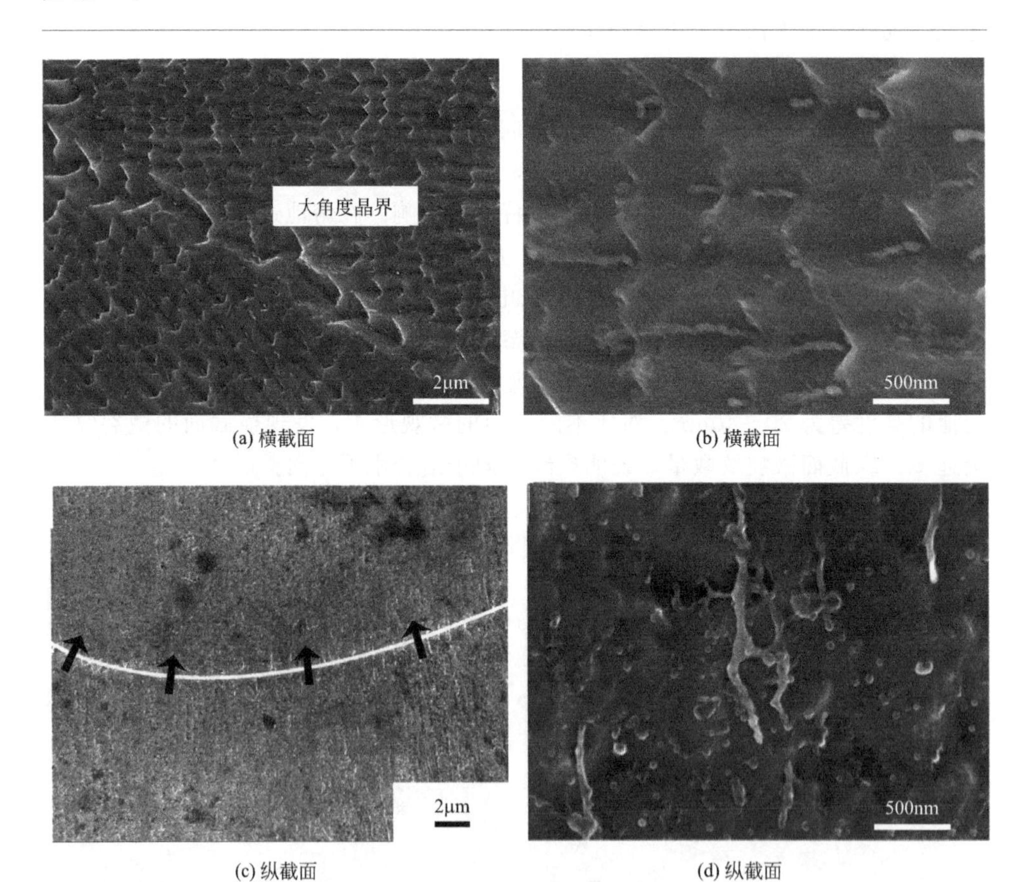

图 6-11 1 号成形试样微观组织高倍 SEM 图片[3]

6.1.2 钛基合金组织

按照亚稳状态下的相组织和β相稳定元素的含量进行分类，可将钛合金分为α型、α+β型和β型钛合金三大类，进一步可细分为近α型和亚稳定β型钛合金。钛合金的基本组织是密排六方的低温α相和体心立方的高温β相。除了少数稳定的β型钛合金之外，体心立方的高温β相一般都无法保留到室温，冷却过程中会发生β相向α相的多晶转变，以片状形态从原始β晶界析出。因此，钛合金中片状组织由片状α与片状α之间的残余β相构成，即β转变组织。

（1）α型钛合金

α型钛合金主要含有α稳定元素和中性元素，在退火状态下一般具有单相α组织，β相转变温度较高，具有良好的组织稳定性和耐热性。

TA2（工业纯钛）具有良好的耐蚀性能、力学性能和焊接性能，在船舰、化工等诸多领域有重要的应用。使用激光增材制造技术制造TA2/TA15梯度结构材料时，由于TA2高温停留时间长，TA2钛合金显示出魏氏α板条结构的近等轴晶粒。冷却时，α相首先从β晶界析出，α板条结构从原奥氏体晶界转移到晶粒中，相同取向的初始α相逐渐生长直到整个β晶粒转变为α相。当不同取向的α相相遇时，就形成了不规则的锯齿形边界。因为在界面处没有残留的β相，所以很难区分单个α板条结构[4]。

（2）近α型钛合金

近α型钛合金中含有少量β稳定元素，退火后组织中形成少量β相或金属间化合物。

作为金属近净成形制造技术，激光沉积具有很大的应用潜力，在钛合金航空航天领域受到高度关注。TC2（Ti4Al1.5Mn）作为一种中等强度的近α型钛合金，其体积分数和α、β相形态等微观结构特征可以通过在α+β相区域中进行热处理改变。激光沉积的TC2合金包含α板条结构和不超过10%β的片层魏氏组织。在合金的微观组织中，可以发现较大的原始β晶粒和较小的α相。粗大的原始β晶粒晶界清晰完整，且在晶粒内部存在细长平直、互相平行的片状α相[5]。

（3）α+β型钛合金

α+β型钛合金又称为马氏体α+β型钛合金，合金中同时加入α稳定元素和β稳定元素，α相和β相都得到强化，具有优良的综合强度，适用于航空结构件等。退火组织为α+β相。

TC4（Ti6Al4V）是应用最广泛的α+β型中强钛合金，具有优异的综合力学性能，使用温度范围较宽，合金组织和性能稳定，作为医用人工关节材料，具有生物相容性好、综合力学性能优异、耐腐蚀能力强等优点，因此被广泛应用于医疗领域。图 6-12 所示为多孔植入物表面 SEM 和 SLM 成形钛合金的微观形貌图，图 6-12(a) 为多孔植入物表面 SEM 图，图 6-12(b) 为 SLM 成形钛合金的微观形貌。观察 SLM 成形的钛合金植入物［图 6-12(a)］，可以发现多孔结构中的颗粒由部分熔融的原始粉末颗粒引起，显著增加了样品的表面粗糙度，可促进骨整合，多孔植入物的粗糙表面形貌将提高其作为骨向内生长结构的性能。由于 SLM 工艺的快速冷却（大于 10^3K/s），β 相中固溶的 V 原子无法扩散出单元晶胞，因此转变为 α 相。在室温下，采用增材制造技术制备的 TC4 合金保留了大量的高温针状 β 相，马氏体相成为主要微观组织。然而，马氏体转变是一种无扩散转变，原子无法随机或按序列穿过界面，新相（马氏体）将继承其初始相的化学组成、原子顺序以及晶体缺陷。

(a)

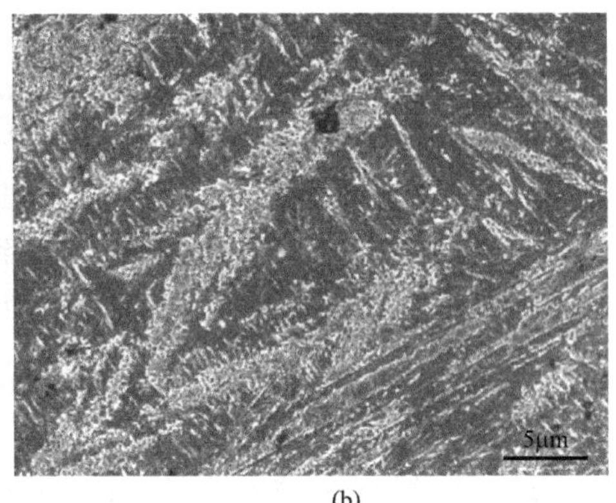

(b)

图 6-12 多孔植入物表面 SEM 和 SLM 成形钛合金的微观形貌[2]

高强 α+β 型钛合金的典型代表还有 TC17（Ti5Al2Sn2Zr4Mo4Cr），适合于制造航空发动机整体叶盘、转子和大截面锻件。激光沉积成形 TC17 合金的典型微观组织由外延生长的柱状 β 晶粒组成，冷却过程中，随着 α+β 相场温度降低，α 相体积分数增加，在 β 基体中析出的 α 相显示出复杂的特征，在合金的不同部位可以观察到具有不同形态的初生 α（α_p）、次生 α（α_s）和马氏体 α′组织。

(4) 亚稳定 β 型钛合金

TB6（Ti10V2Fe3Al）这类亚稳定 β 型合金在退火或固溶状态具有非常好的工艺塑性和冷成形性，焊接性能良好。激光直接沉积成形 TB6 合金的显微组织主要由细长条状的 α 相和原始 β 相组成，晶粒晶界明显，等轴晶晶粒大小不等，晶粒内部则是镶嵌在原始 β 相上的细小的 α 相。在沉积过程中，初始几层基体温度低，熔池冷却速度高，易于形成细小的等轴晶粒；随着沉积层数的增加，基体温度逐渐升高，熔池冷却速率降低，晶粒容易长大，且在沉积下一层时，已沉积层中会出现热影响区，也会促使相的长大及晶粒的长大。

(5) β型钛合金

这类合金在退火后全为稳定的单相β组织。目前稳定β型钛合金很少，只有耐蚀材料 TB7（Ti32Mo）、阻燃钛合金 Alloy C（T35V15Cr）和 Ti40（Ti25V15Cr0.2Si）。

6.1.3 镍基合金组织

(1) 镍基合金简介

高温合金是指通常用于540℃温度以上的合金，广泛用于航空工业零件、海洋/燃气涡轮机、核反应器、石油化工厂、医学牙齿构件等。高温合金长时间暴露在650℃以上还可以保持自身大部分性能不发生变化，同时拥有良好的低温韧性和抗氧化性能。

高温合金按照基体元素分为镍基、铁基及钴基高温合金。镍基高温合金强化主要有两种方式，两种方式主要由元素种类及含量决定，图6-13所示为镍基高温合金按元素分类体系图。第一种镍基高温合金主要依靠金属间化合物沉淀在面心立方结构矩阵中对合金进行加强，称之为沉淀强化，代表合金如 Inconel 718。另一种镍基高温合金代表是 Hastelloy X 和 Inconel 625 等，它们本质上是一种固溶体合金，元素固溶后会对基体起到强化作用，同时也可能通过一些后续处理引发碳化物沉淀而产生强化作用[6]。

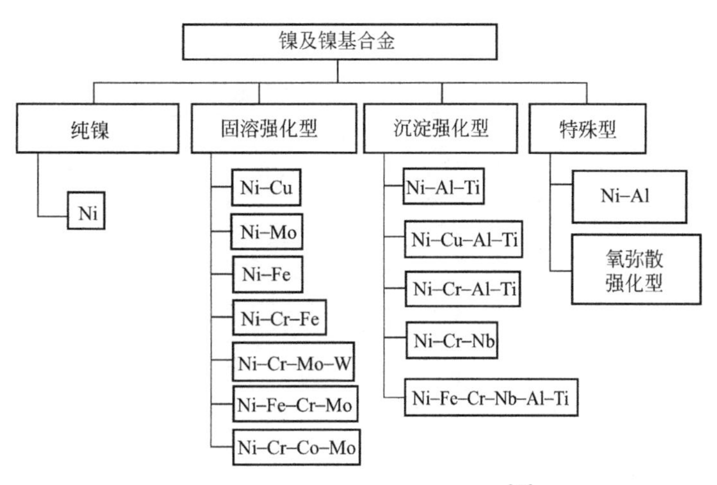

图6-13 镍基高温合金分类[7]

镍基高温合金含有大量的 Nb、Mo、Ti 等强化元素，因此冶炼加工、机加工等工序由于这些合金化元素较多变得非常复杂，并且加工难度很大。目前存在的主要问题如下：①常规铸造偏析严重，有害相会造成组织性能的缺陷。由于高温合金的合金元素种类很多，有些可能多达 20～30 种，合金的饱和度很高。②机加工难度大，容易产生加工硬化。成形件机加工特别困难，需要特殊的刀具，并且刀具的磨损速度很快。另外随着航空发动机对推重比的要求越来越高，燃烧室的温度也越来越高，涡轮叶片内部需要设计大量的冷却流道，外形也越来越复杂，传统技术手段已很难满足要求。因此，利用新型技术制造此类合金有一定的实际应用需求。在一系列新技术当中，增材制造技术被认为是最有发展前景的技术之一。由于该技术特殊的工艺特点，成形过程中冷却速度快，有效避免了元素的偏析；层层叠加型的制造方式可以使得制造零件突破几何形状的限制；可以少/无加工余量。关于增材制造技术成形镍基高温合金，国内外已经进行了大量的研究，积累了大量的实验数据，为该技术的实际应用提供了很好的指导作用[7]。

（2）SLM 成形镍基合金

目前研究较多的 SLM 镍基合金主要有 Inconel 625、GH4169、Inconel 718 及 Waspaloy 合金等，研究内容包括：SLM 成形过程中工艺参数对制件质量的影响、熔凝组织的形成规律与控制、热处理工艺对组织的影响以及成形材料力学性能等基础研究。

① Inconel 625　图 6-14 为光镜下 SLM 成形 Inconel 625 制件水平截面（*XY* 面）和竖直截面（*XZ* 面）的微观形貌。从图中可以清晰地看到被激光熔化时的熔池边界，横截面反映了道与道搭接成形的一层熔池形貌，纵截面显示了层与层之间沉积而形成的 U 形熔池边界[7]。

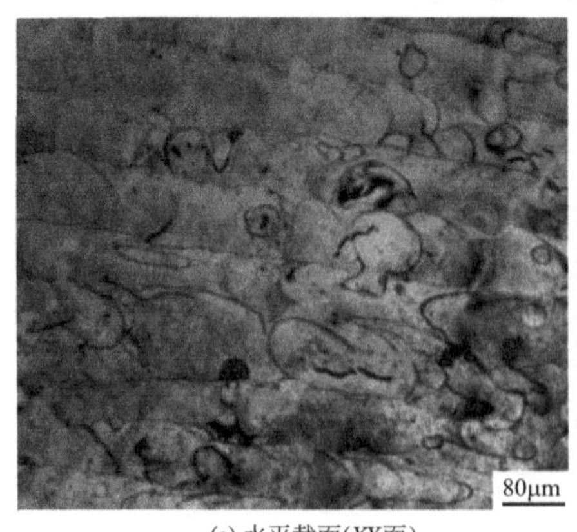

(a) 水平截面(*XY* 面)

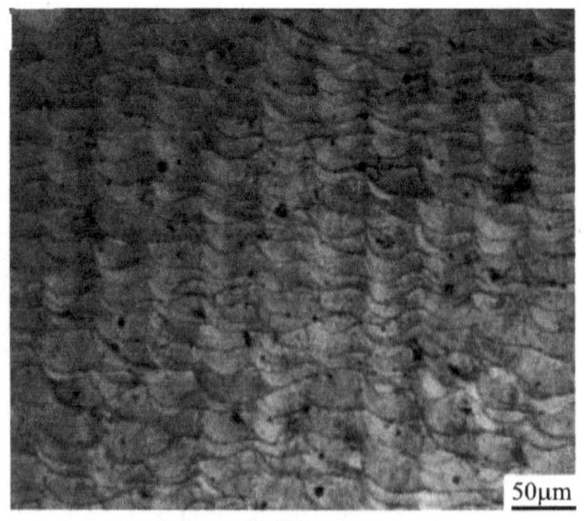

(b) 竖直截面(*XZ* 面)

图 6-14　光镜下熔池形貌[7]

SLM 成形 Inconel625 高温合金的组织为细长柱状晶。进一步对两个不同截面进行观察，图 6-15(a) 为竖直截面上低倍微观组织，可以明显看出层层叠加制造的熔池痕迹；图 6-15(b) 是高倍图，图中柱状枝晶尺寸在 0.5μm 左右，组织细小，未发现二次枝晶，并且有穿越层层边界的现象。SLM 成形过程中的熔池有它独特的传热特征，整个过程是层层叠加型的制造方式，材料也是一层接着一层凝固的，最底层材料最先凝固。每一层熔池凝固顺序也是由最底部向上部进行，熔池中金属从固相基底外延生长，表现出了典型的柱状生长的特点。这种组织产生的原因是冷却速度及温度梯度都比较大，结晶主干彼此平行沿着热量散失的反方向生长，侧向生长完全被抑制，故没有二次枝晶的出现。下一层扫描后新

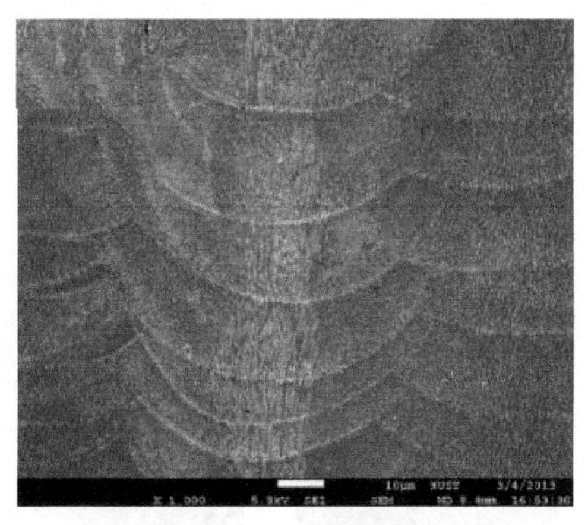

(a) 低倍下纵截面微观组织

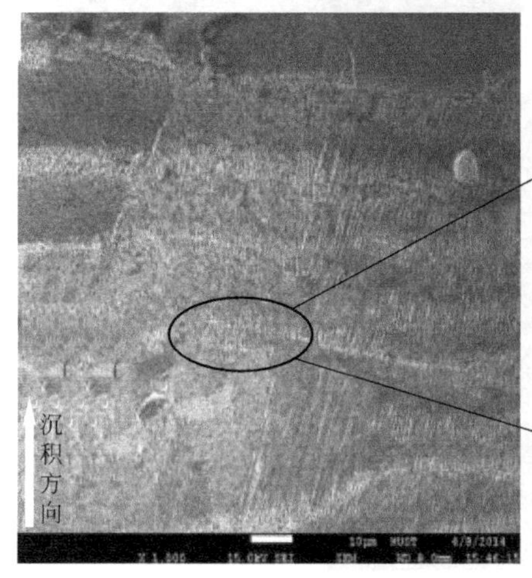

(b) 高倍下纵截面微观组织

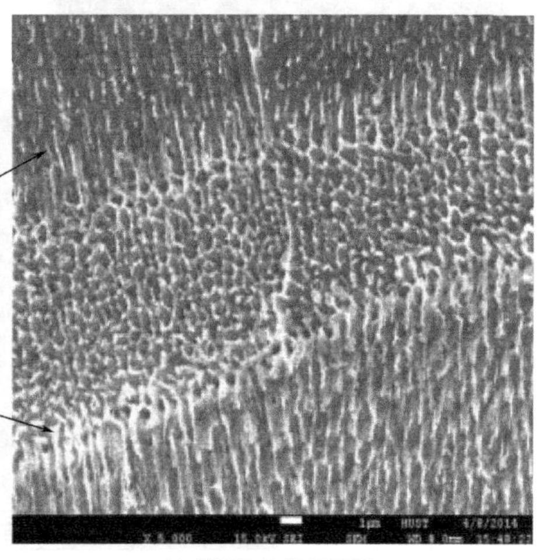

(c) 层层边界微观组织

图 6-15 纵截面微观组织 [7]

的柱状组织在原有的组织基体上继续生长，因此形成了穿越晶界的组织形貌。图 6-15(c) 是层与层结合处的微观组织放大图，此处晶体形态不再是柱状晶形态而是胞状晶形态，激光熔化每一层粉末过程中，熔池底部温度梯度 G 大，凝固速度 v_S 小，G/v_S 大，因此容易出现平面晶生长，随着凝固的进行，G/v_S 的比值下降，结晶体从平面晶生长转变为胞状晶生长[7]。

图 6-16(a) 为低倍下横截面微观组织形貌。横截面不同位置的冷却速率和温度梯度不同，微观组织也有所不同。选取两块区域进行分析。1 号区域为道与道之间搭接区域，激光光斑直径约为 90μm，扫描间距为 70μm，也就是搭接的区域大小为 10～20μm，如图 6-16(b) 所示。2 号区域为大部分未搭接的区域，微观组织如图 6-16(c) 所示。整个水平截面组织各个区域有着不同的形貌，未搭接处组织呈现为胞状组织，组织细小，胞状晶直径约为 0.5μm[7]。

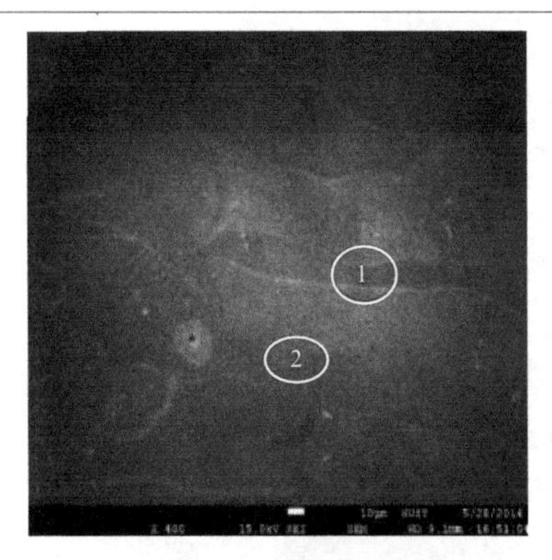

(a) 低倍下横截面微观组织

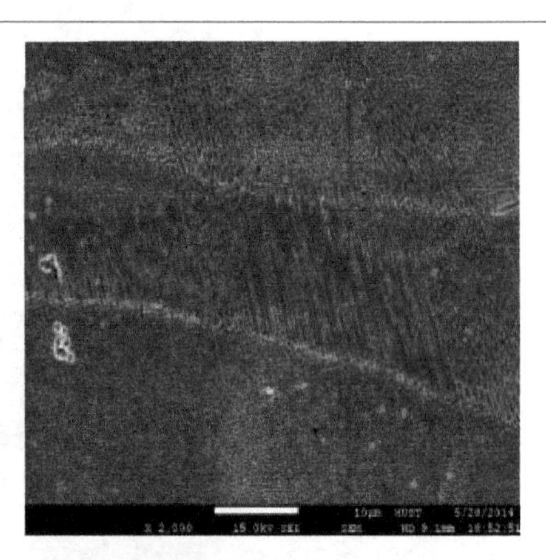

(b) 搭接处组织

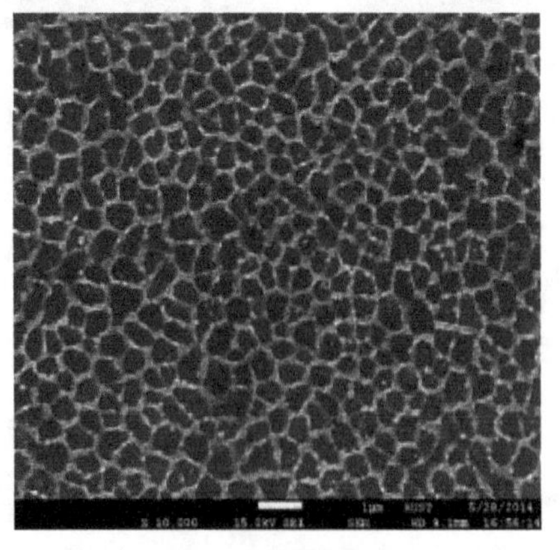

(c) 高倍下横截面微观组织

图 6-16 电镜下横截面微观组织[7]

搭接区域会出现部分树枝晶形貌，晶体生长形态主要跟成分过冷、温度梯度和生长速度相关。搭接区域被激光束熔化作用了两次，与受激光作用一次的其他区域相比热量积累会很大，搭接区域附近的凝固速度 R_S 变小。由于 R_S 的相对减小，原先晶体生长形态由胞状晶结构转变为胞状树枝晶或者柱状树枝晶。搭接区域也有胞状晶产生，这是因为 SLM 过程中晶体凝固速度基本达到快速凝固速度的范畴，速度较快，可以超过 10^6K/s，此区域温度梯度的影响力不是主导作用，所以搭接处组织并不全是树枝晶形态[7]。

从上面两个截面微观组织可以看到 SLM 制件合金组织跟常规合金组织相比，晶粒的细化程度更高，这是因为 SLM 成形过程中具有周期性快速加热和快速冷却的特点，凝固速度已经达到了快速凝固的速度范畴，热传递、热传质及凝固时候液固界面的局域平衡也不再适用，组织结构显著细化，凝固过程偏离平衡，使得组织固溶极限能力变强，从而改善了普通凝固速度下容易形成偏析的弊端[7]。

② GH4169　镍的制法有：a. 电解法，将富集镍的硫化物矿焙烧成氧化物，用碳还原成粗镍，再经电解得纯金属镍；b. 羰基化法，将镍的硫化物矿与一氧化碳作用生成四羰基镍，加热后分解，得到纯度很高的金属镍。相应的粉末形态如图 6-17 所示[8]。

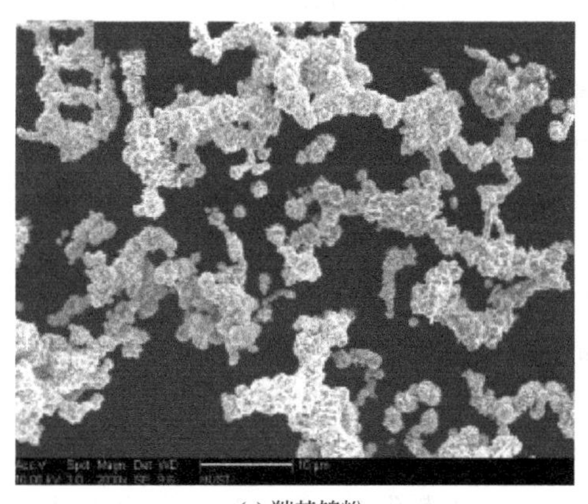

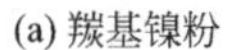

(a) 羰基镍粉

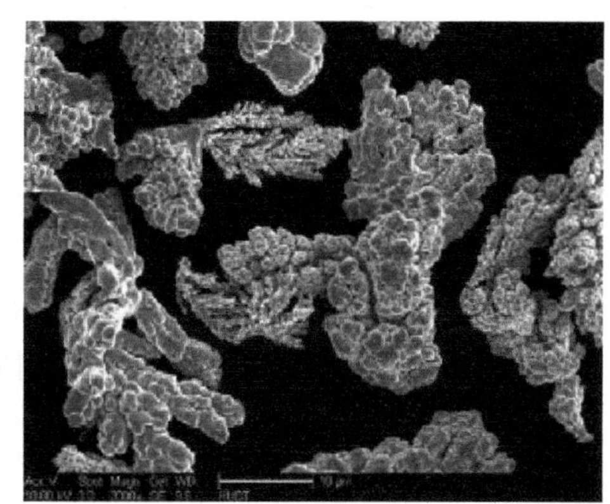

(b) 电解镍粉

图 6-17　原材料粉末形貌[8]

羰基镍和电解镍在相同的工艺参数下的成形效果有很大的不同，如图 6-18 所示。羰基镍相对于电解镍成形轨迹更连续，润湿角更小［图 6-18(a)］，这是由于羰基镍热解法获得的镍粉比电解法得到的镍粉具有纯度高、粒度小、比表面大及活性高等优点。其次，由于基板为铁基，铁的原子半径与镍相似，属同一周期，两者固溶度比较高，两者的固液润湿角也相对比较小，因此纯镍更容易铺展开，形成连续的扫描轨迹线。而对于纯度稍差的电解镍，由于少量杂质的存在，粉末在熔化及凝固的过程中，杂质元素 Fe、Zn、Cu 等在高温情况下易与 O_2 发生反应，而且凝固时会因为其密度的不同在熔池的上表面或下表面析出，使金属液滴表面张力变大，球化倾向增大，与基板的润湿性变差［图 6-18(b)］[8]。

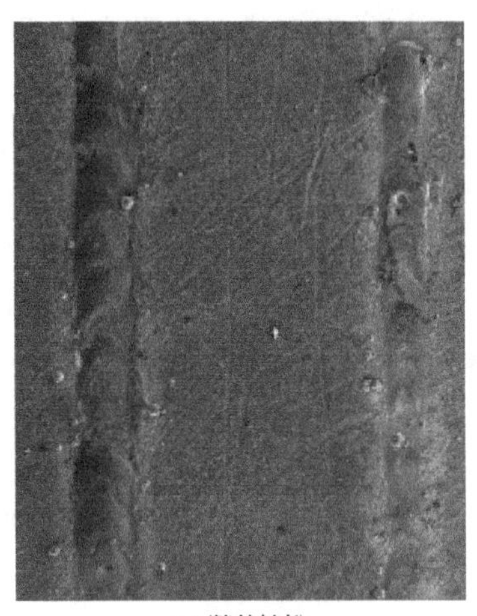

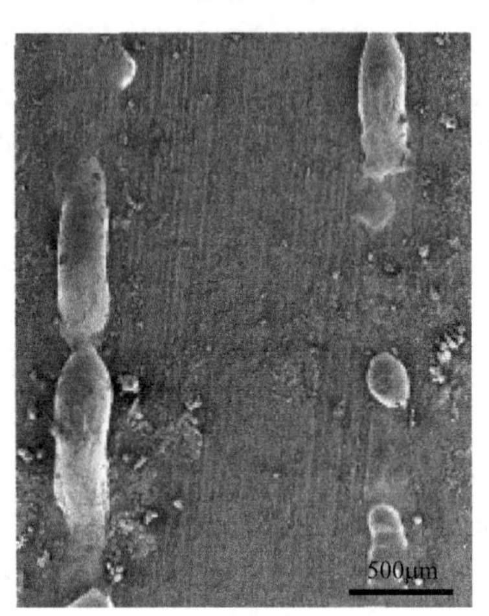

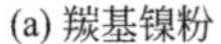
(a) 羰基镍粉　　(b) 电解镍粉

图 6-18　羰基镍与电解镍在相同工艺参数下的扫描轨迹[8]

可见，金属粉末的物化性质决定了最终 SLM 制件的性能，在选择 SLM 成形用粉末时需考虑以下方面：a. 粉末中的氧含量，氧含量越低，SLM 成形效果越好；b. 粉末形状，趋近球形的粉末成形效果好；c. 粉末流动性，粉末流动性好，铺粉效果好，成形效果好[8]。

镍基高温合金与羰基镍粉在相同的激光参数下成形结果分别如图 6-19 所示。图 6-19(a) 和图 6-19(b) 的加工参数相同，从左至右扫描速度为 100mm/s，激光功率为 150W；扫描速度为 100mm/s，激光功率为 180W[8]。

从图 6-19 可以看到，在相同的加工参数下，不同粉末其成形性差别很大，其中羰基镍粉末成形铺展情况比较好，球化现象及微孔不明显，这是因为相对于镍基高温合金，羰基镍的抗氧化能力更强。但是比较图 6-19(a) 和图 6-19(b) 可以发现羰基镍粉熔化的粉末比镍基高温合金熔化的粉末要少，这是因为羰基镍粉末［图 6-17(a)］粒度（2～8μm）远远小于镍基高温合金（44～150μm），其比表面积更大，表面张力更大，因此粉末之间产生的范德华力更大，使得粉末团聚现象严重，将直接导致铺粉时粉末被铺粉辊带走；其次羰基镍粉与基板之间的范德华力也更大，导致进入熔池的粉末相对较少，因而羰基镍粉熔化的粉末少[8]。

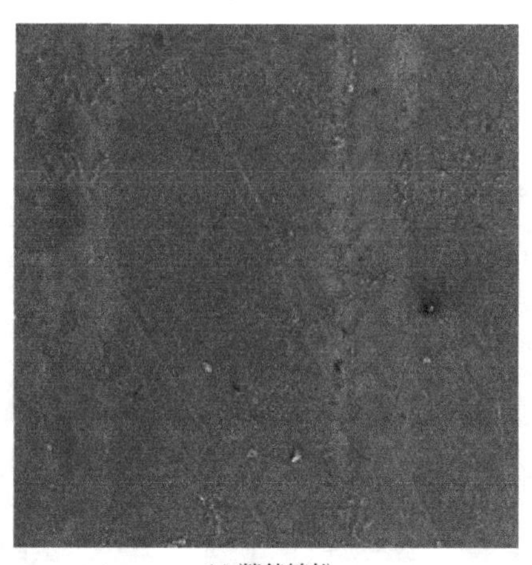
(a) 羰基镍粉

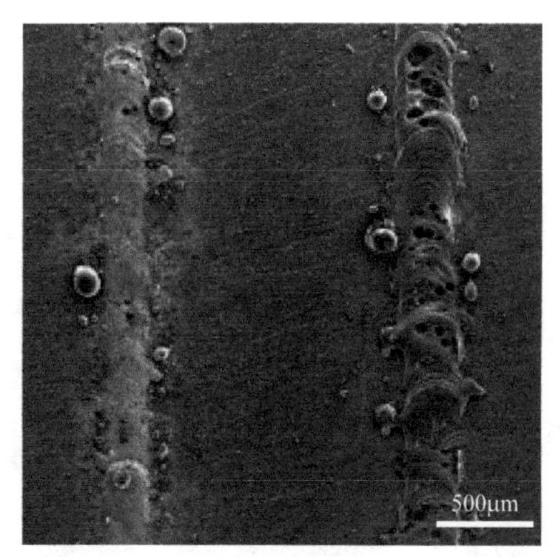

(b) 镍基高温合金GH4169

图 6-19 不同材料 SLM 扫描线形貌[8]

镍基高温合金 GH4169 在成形时对温度非常敏感，从图 6-20 可以看到，在扫描速度 100mm/s，激光功率 180W 下的扫描轨迹线出现孔洞，必然会导致体成形时制件相对致密度的下降，制件各项性能也会下降，因此通过优化加工参数解决单道扫描线出现孔洞的问题，是进行面成形、体成形的前提[8]。

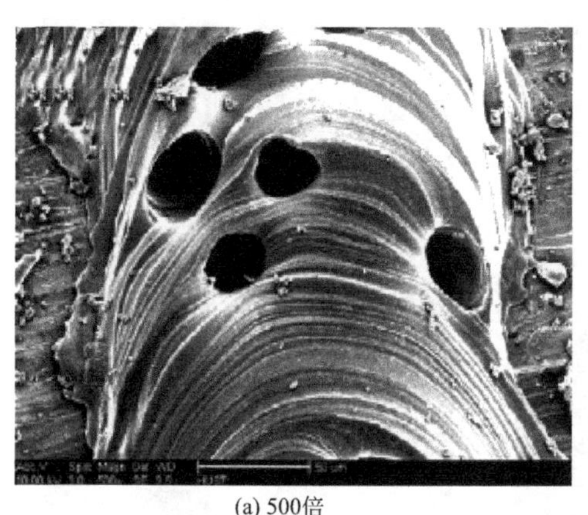
(a) 500倍

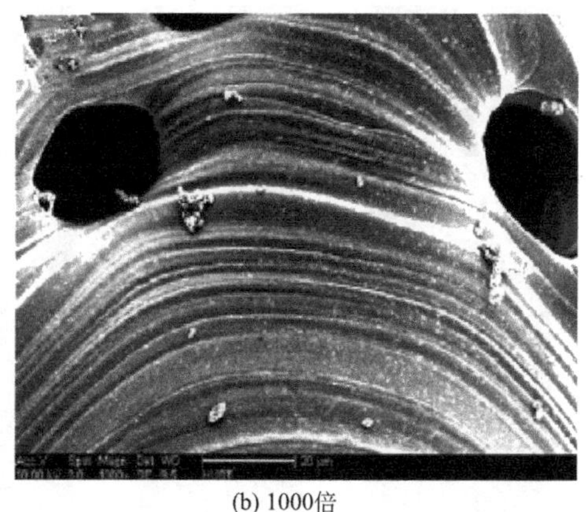
(b) 1000倍

图 6-20 镍基高温合金单道扫描照片[8]

激光功率越高，金属熔液温度越高，其液固界面张力越小，其润湿性越好，因此能与基板结合形成一条连续的熔道，如图 6-21 和图 6-22 所示。同时金属熔液温度越高，粉末熔化越充分，扫描线宽也越大。激光功率低时，只有部分粉末的温度可以达到熔点，熔化成孤立的小球，同时因为温度太低，与基板间不能进行原子间扩散，最后无法与基板粘合在一起，如图 6-21（a）和图 6-22（a）所示[8]。

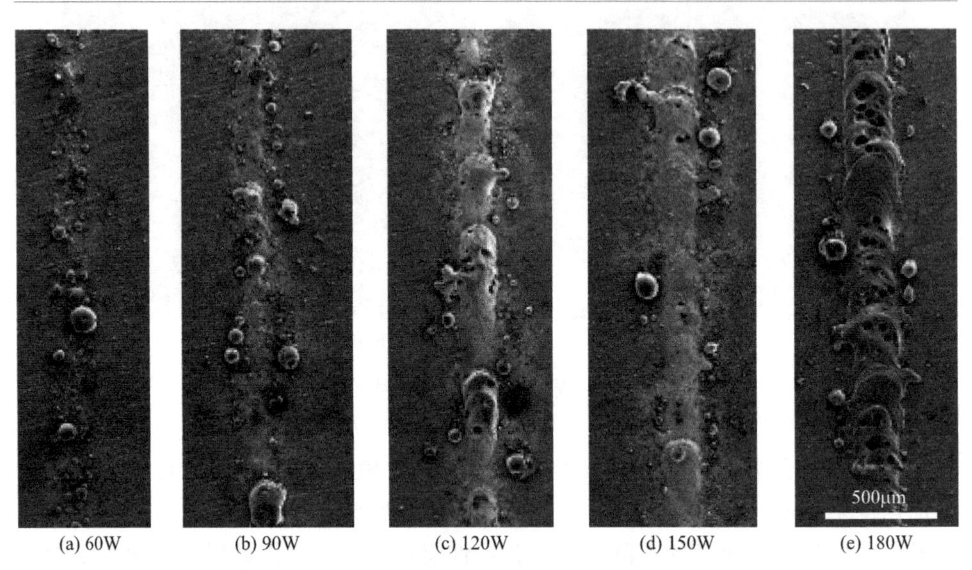

图 6-21 扫描速度为 100mm/s，功率变化对镍基高温合金扫描线的影响[8]

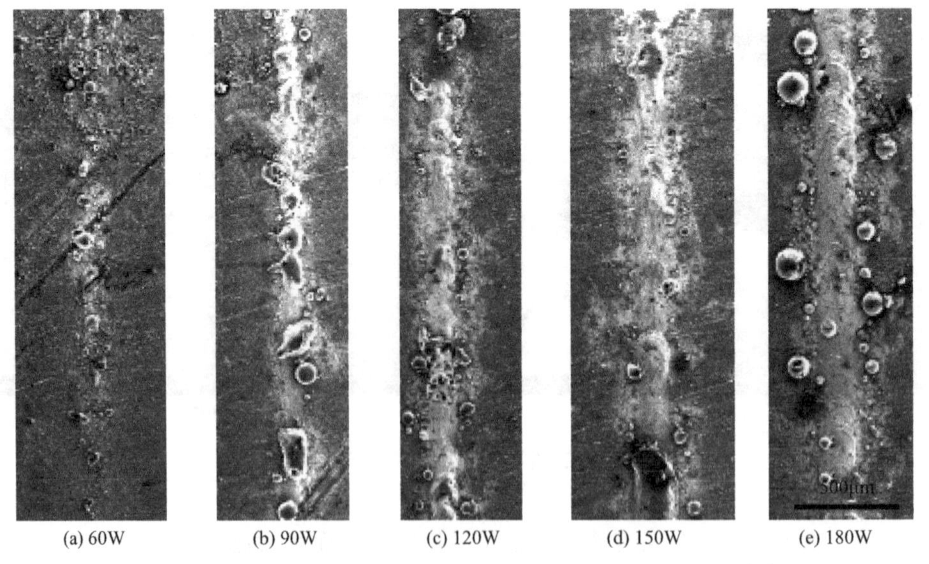

图 6-22 扫描速度为 150mm/s，功率变化对扫描线的影响[8]

但是，镍基高温合金，如GH4169合金，对温度很敏感，过大的激光能量输入会对其产生很大的影响。由于上表层粉末先熔化，下表层粉末后熔化，在熔液中的气泡可能无法及时溢出，此时激光光斑移走，熔液温度迅速下降而凝固，形成如图6-21(e)所示的孔洞，因此当扫描速度为100mm/s时，150W激光功率为合适的工艺参数。若此时降低扫描速度，金属熔液凝固速度降低，粉末中的气体会有足够的时间溢出，将会成形出连续无气孔的熔道，如图6-24(a)所示[8]。

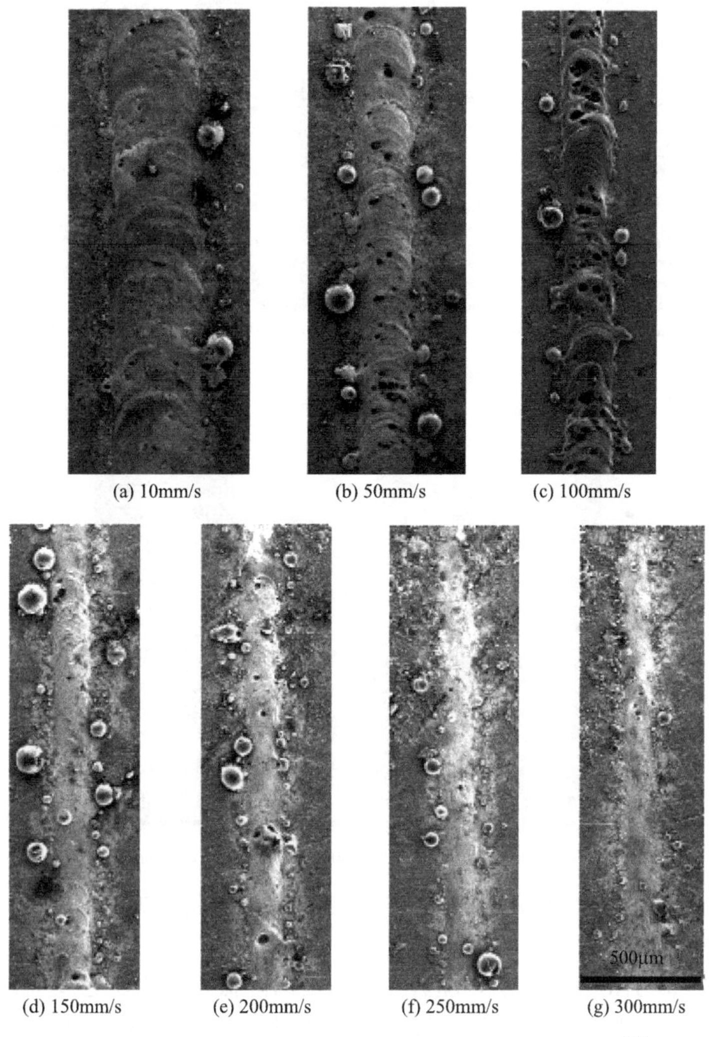

(a) 10mm/s (b) 50mm/s (c) 100mm/s
(d) 150mm/s (e) 200mm/s (f) 250mm/s (g) 300mm/s

图6-23 180W激光功率，不同扫描速度下的扫描轨迹[8]

激光功率一定的情况下，镍基高温合金 GH4169 的扫描线宽随扫描速度的提高而降低。在 180W 和 150W 激光功率作用下，采用不同的扫描速度成形 GH4169 粉末的扫描轨迹如图 6-23 和图 6-24 所示[8]。

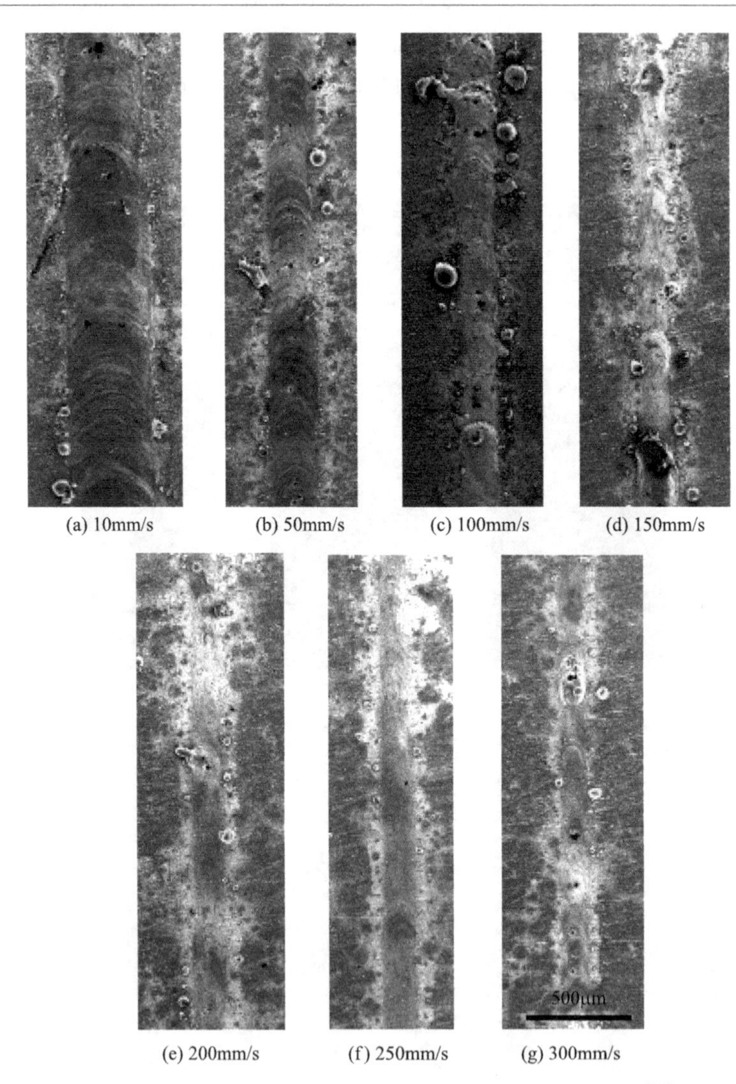

(a) 10mm/s (b) 50mm/s (c) 100mm/s (d) 150mm/s
(e) 200mm/s (f) 250mm/s (g) 300mm/s

图 6-24 150W 激光功率，不同扫描速度下的扫描轨迹[8]

如图 6-23 与图 6-24 所示，随着扫描速度的降低，扫描轨迹线周围出现更多的球化现象，这对于体成形第二层铺粉影响很大，根据材料在不同速度下的熔化情况和扫描线宽可以确定合适的扫描间距保证面成形的进行，可以根据润湿情况和球化程度来优化工艺参数，使成形过程更稳定[8]。

通过 SEM 分别观察 GH4169 合金在扫描速度为 40mm/s 和 80mm/s，层厚依次增加时扫描道的形貌（图 6-25、图 6-26）。可以看出，随着扫描层厚的增加，扫描线宽逐渐增加，扫描线连续性越来越差，同时球化现象越来越明显，熔体与基板的粘合越来越差。层厚过厚时扫描线不能直接粘合到基板上[8]。

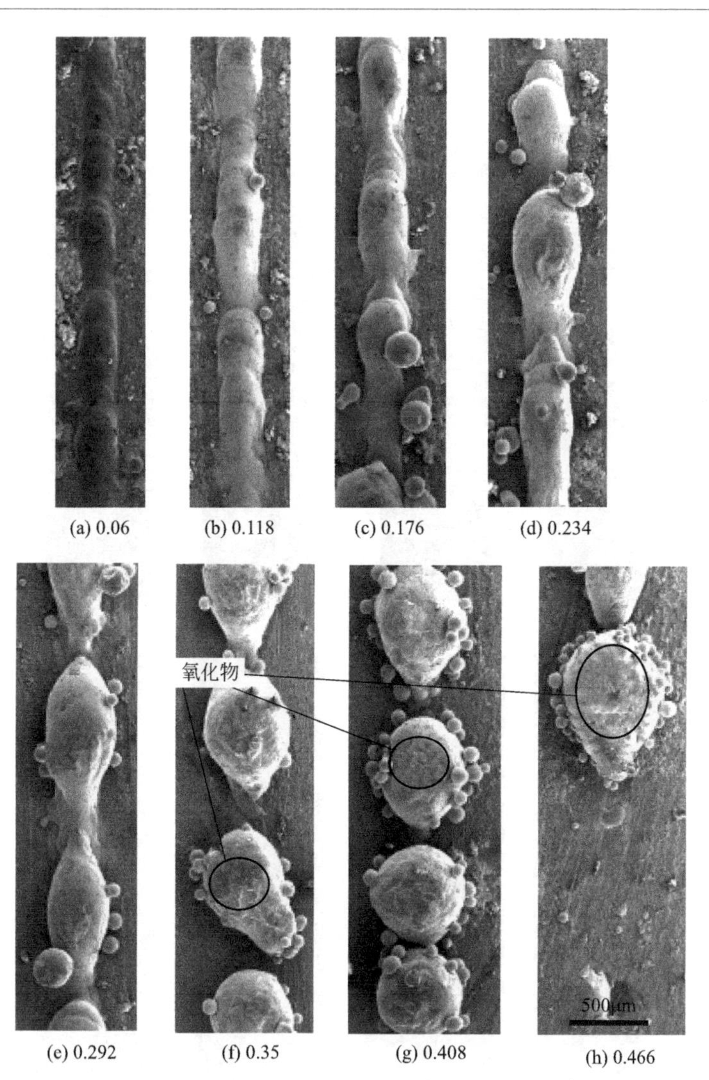

图 6-25　扫描速度为 40mm/s，层厚（mm）依次增加[8]

由图 6-25 和图 6-26 可以看出，0.06mm 的层厚比较合适，粉层变厚后，由于热量在粉末之间的传递，厚度方向上更多的粉末熔化，从而使得熔体体积变大，表现为扫描线宽增大。但是由于粉层底部的粉末吸收的热量相对较少，温度越高，金属熔液表面张力越小，因此粉层底部熔液表面张力比较大，球化倾向增大。当粉层厚度继续增大时，由于激光的熔化深度有限，熔化的熔池不能与基板接触（图 6-27），热量无法散失，在表面张力作用下团成大球，而且液态下时间过长，氧化可能性增加。因此要控制球化现象的产生，保证扫描熔道与基板的良好结合，应该尽量降低铺粉层厚，以有利于后续的面成形和体成形。另外，降低层厚也是降低扫描线宽，提高零件成形精度的一个方法[8]。

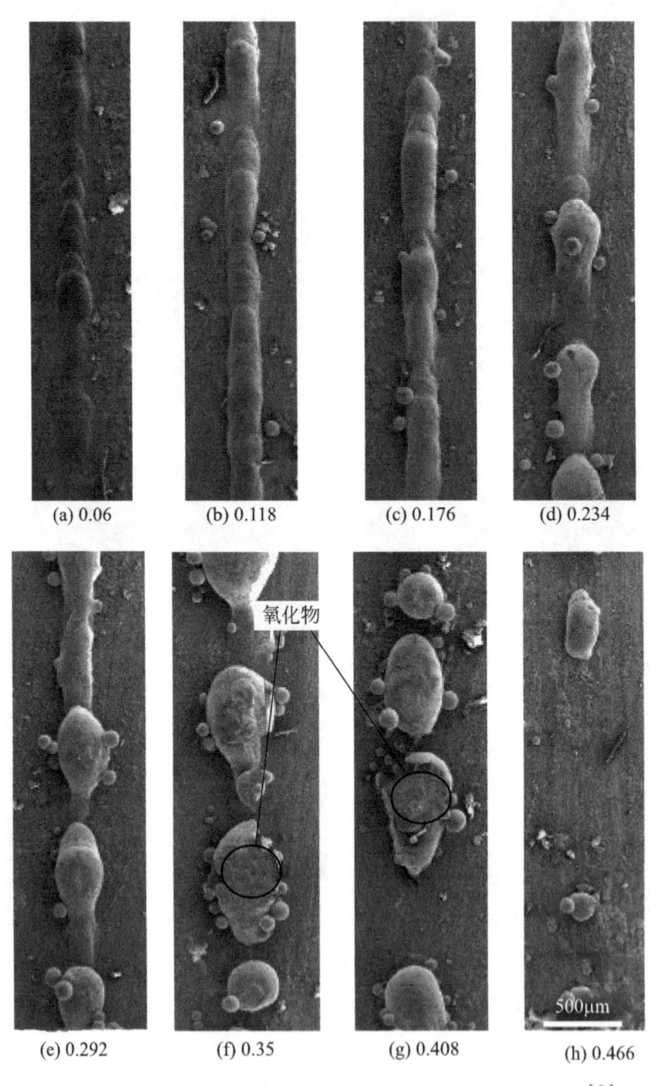

图 6-26 扫描速度为 80mm/s，层厚（mm）依次增加[8]

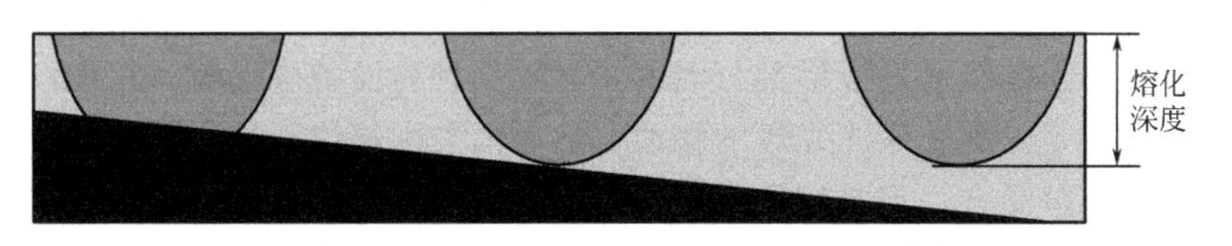

图 6-27 扫描层厚与熔池深度关系示意图[8]

从图 6-26 和图 6-27 还可以看出，当粉末层厚较厚时，形成的球上表面有一层粗糙的壳。通过 EDS 能谱分析，发现此壳氧含量较高，这是因为粉末层厚较大时，粉末熔体球化后与基板或者已成形部分接触面积小，而且粉末的热导率远小于基板和已成形部分的热导率，熔体热量散发比较慢，在液态下停留的时间比较长，发生氧化反应的可能性增大。由于镍基高温合金中金属原子量不同，在液态下会出现上浮或者下沉现象，又因为 SLM 熔道中存在 Marangoni 流现象，加速了熔体中的传质，形成的氧化物漂浮在熔体表面最终形成氧化物壳。由于金属与其氧化物之间润湿性很差，熔道表面氧化严重将直接影响扫描道之间的搭接以及下一层成形时熔体与已成形部分的润湿和黏结[8]。

因此，降低层厚可有效地避免球化效应，减少氧化物生成，提高成形的稳定性，提高最终零件的性能。

观察激光功率为 150W，扫描速度分别为 10mm/s 和 50mm/s 时的扫描线在 1000 倍下的形态，发现 SLM 单线扫描轨迹与焊接熔池形貌类似，呈现出鱼鳞纹，而且 SLM 参数不同，形成的鱼鳞纹形态也不一样，如图 6-28 所示。

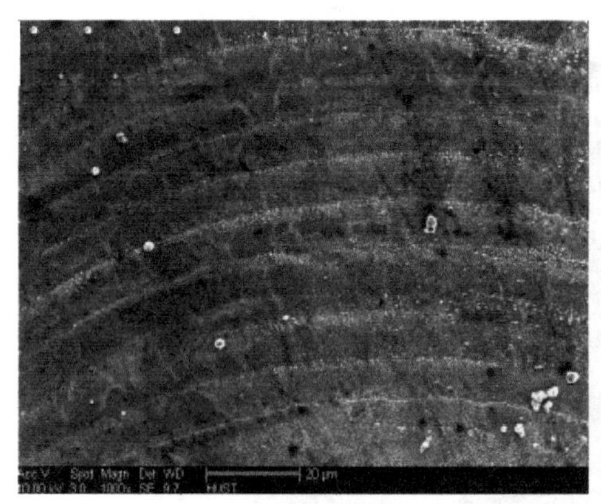

(a) 激光功率150W，扫描速度10mm/s

(b) 激光功率150W，扫描速度50mm/s

图 6-28 扫描熔道鱼鳞纹形态[8]

鱼鳞纹的形成机制可以采用传热传质凝固理论解释。当激光照射在粉床上时，粉末吸收热量迅速熔化，熔融金属液下部接触传热速度非常快的基板或者已成形部分，由于基板和已成形部分温度相对较低且与设备成形腔体相连，熔体的热量被迅速导走。随着激光光斑的移动，热源消失，熔体开始凝固，并与基体或者已成形的部分结合，但是熔体凝固又会释放出结晶潜热，在一定程度上提高了金属熔液的温度，抑制了晶粒的生长。这两个过程交替出现，且由于输入能量的点热源是匀速移动的，在扫描方向上便出现了周期性的热变化，因而表现为晶粒生长的周期变化，其宏观表现即为鱼鳞纹状的熔痕，同时也反映了成分和组织的不均匀[8]。

对比扫描速度分别为 10mm/s 和 50mm/s 的扫描熔道鱼鳞纹图片［图 6-28(a) 和 (b)］发现，在其他参数相同的情况下，扫描速度不同，晶粒生长周期也不同。扫描速度越慢，热源消失得越慢，结晶潜热累积到影响结晶速度的时间也越短，而且熔体凝固速度也越慢，表现在相邻鱼鳞纹的距离越小；扫描速度越快，热源消失得越快，结晶潜热累积到影响结晶速度的时间也越长，熔体凝固速度也越快，因此，晶粒生长变化的周期也越大，表现在相邻鱼鳞纹的距离越大，弧度越大[8]。

对扫描线鱼鳞纹进行 EDS 线扫描分析（图 6-29）发现 O、C、Si 等非金属元素偏聚于鱼鳞纹的边界处，说明金属熔道内存在氧化物。而 Fe、Cr、Nb 分布比较均匀，说明 Fe、Cr 均匀固溶在 Ni 中，而 Nb 与 Ni 形成稳定的 Nb_3Ni 相。Ni、Mn 有明显的大于鱼鳞纹的分布周期，且 Ni 含量较多时 Mn 含量较少，而 Mn 含量较多时 Ni 含量较少，说明 Ni、Mn 的分布与金属析出顺序和液固溶解度有较大关系，Ni 与 Mn 不容易形成相组织，且固溶度不高[8]。

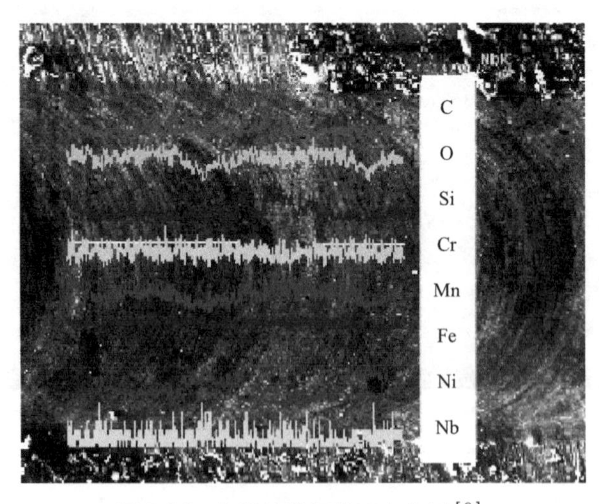

图 6-29　鱼鳞纹线扫描元素分析[8]

SLM成形扫描道鱼鳞纹的存在，说明SLM加工不仅在层叠加方向上性能与成形平面不同，即便是在成形层内，由于材料组织与成分的不均匀，性能也不尽相同[8]。

通过优化工艺参数，可以采用镍基高温合金成形出具有一定复杂度的高性能零件，如图6-30所示[8]。

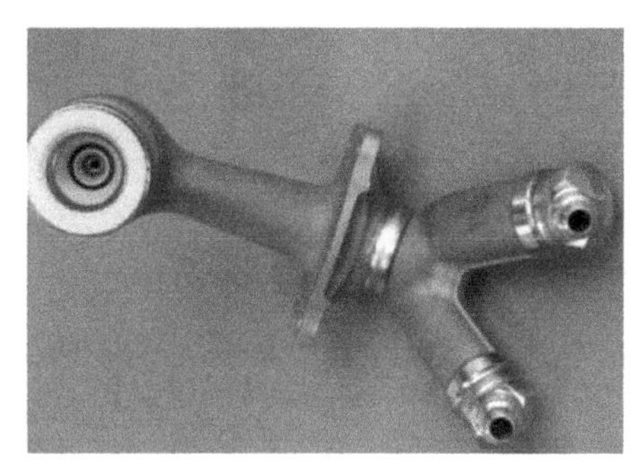

图6-30 SLM成形镍基高温合金的发动机燃油喷嘴[8]

6.1.4 铝基合金组织

铝及铝合金材料密度低、比强度高、耐腐蚀性强、成形性好，具有良好的物理特性和力学性能，在航空、航天、汽车、机械制造等领域具有极为重要的地位，是工业中应用最广泛的一类有色金属结构材料。

(1) 铝合金的分类及用途

铝合金主要分为铸造铝合金和锻造铝合金。塑性变形的能力对于锻造铝合金是极其重要的，而铸造铝合金必须具有容易浇铸和良好的充模性能。这导致了两种合金成分含量的不同。一般铸造铝合金的合金含量是10%～12%，锻造铝合金的合金含量一般为1%～2%（个别情况下达到6%～8%）。铸造铝合金通常在纯铝中加入的元素有Si、Mg、Zn、Cu等，如Al-Si、Al-Mg、Al-Si-Cu、Al-Si-Mg、Al-Mg-Si、Al-Cu和Al-Zn-Mg等。锻造合金除上述4种合金元素外，还常加入Fe、Mn等元素，如Al-Si、Al-Mg、Al-Mg-Si、Al-Fe-Si、Al-Mg-Mn、Al-Zn-Mg和Al-Zn-Mg-Cu等。多数合金元素在铝中的溶解度是有限的，加入的合金元素不同，在铝基固溶体中的极限溶解度不同，合金共晶点位置也各不相同。因此，铝合金的组织中除了形成铝基固溶体（α-Al）外，通常还有第二相（单质或金属间化合物）出现。主要的铸造铝合金和锻造铝合金分类、性能特点和用途分别见表6-1和表6-2。

表 6-1　铸造铝合金分类、性能特点及用途

合金种类	合金系	牌号举例	性能特点	主要用途
铝硅合金	Al-Si	ZL102	铸造性能好，不能热处理强化，力学性能低	形状复杂、中等载荷零件
	Al-Si-Mg Al-Si-Cu Al-Si-Mg-Cu	ZL101，ZL107，ZL105，ZL110	铸造性能好，可热处理强化，力学性能高	形状复杂、中等或高载荷零件
铝铜合金	Al-Cu	ZL203	力学性能高、耐热性好、流动性差、易热裂、耐蚀性差	高温或室温强度较高的零件
铝镁合金	Al-Mg	ZL301	耐蚀性好、力学性能较高	高静载荷或要求耐蚀的零件
铝锌合金	Al-Zn-Si	ZL401	能自动淬火、力学性能高、耐热性低	形状复杂、高静载荷汽车、医药机械等零件

表 6-2　锻造铝合金分类、性能特点及用途

分类	名称	合金系	牌号举例	性能特点	主要用途
不能热处理强化	防锈铝	Al-Mg Al-Mn	5A05 3A21	耐热性、加工压力好，但强度较低	焊接在液体中工作的构件
可热处理强化	硬铝	Al-Cu-Mg	2A11，2A12	力学性能好	中等强度或高负荷零件
	超硬铝	Al-Cu-Mg-Zn	7A04，7A09	室温强度最高	高载荷零件
	锻铝	Al-Mg-Si-Cn Al-Cu-Mg-Fe-Ni	2A14，2A05 2A70，2A80	锻造性能和耐热性好	形状复杂，中等强度锻件和冲压件

（2）粉床激光铝合金增材制造

目前采用粉床激光增材制造技术加工铝合金仍较为困难，主要源于以下 3 方面：①铝粉流动性较差，给铺粉过程带来了困难；②铝具有较高的反射率和热导

率，需要较高的激光功率，不仅增加了成本，还对打印设备提出了更高的要求；③对成形件质量影响最大的是氧化问题，氧化膜的存在降低了加工过程中材料内部各层、各道的冶金结合质量，增大了材料孔隙率，从而大大降低了成形件的力学性能。目前主要采用增加激光功率的方法蒸发氧化膜，虽然能够在一定程度上降低氧化膜的形成，但过高的激光功率又造成了严重的球化现象[9]。目前仍没有相关报道提出一种能够完全避免氧化发生的方法。

采用粉床激光增材制造生产的铝合金，其合金相与传统方法类似。由于 Al-Si-Mg 系合金可接近 Al-Si 共晶成分，相对于其他高强度铝合金有着更小的凝固范围，因此更适合采用激光制造方法进行加工，目前粉床激光增材制造对铝合金的研究也大多采用上述合金。

6.1.5 复合材料及其他组织

金属基复合材料是以陶瓷为增强材料，金属为基体材料而制备的。由于其具有高比强度、比模量、耐磨损以及低热胀系数等优异的物理和力学性能，在航空航天、军事领域及汽车等行业中显示出巨大的应用潜力。

(1) Fe/SiC 复合材料

图 6-31 所示为 Fe/SiC 复合材料从不同面观察到的典型微观组织，显示了 SiC 增强颗粒的分布情况和金相组织。从图 6-31(a) 及能谱图［图 6-31(b)］中可以看出，SiC 颗粒在整个基体中都分布非常均匀；另外，在 SLM 制备的复合材料中，SiC 增强相颗粒的结构也发生了变化，由原始的多边形变成了圆形［图 6-31(d)］。统计结果显示 SiC 在 Fe 基体中的体积分数为 (1.6±0.1)%，低于初始复合粉末中 SiC 的含量，并且 SiC 颗粒的平均粒径只有 78nm，这也证实了在 SLM 成形过程中生成了纳米 SiC 颗粒。比较图 6-31(e) 和图 6-31(g) 可以看出，在加入微米级 SiC 颗粒后，Fe 基体的组织结构发生了明显的变化，还能观察到组织中存在针状马氏体和珠光体。由于初始 Fe 粉中 C 的含量只有 0.03%，马氏体和珠光体的生成与 SiC 添加相中的 C 有一定的关系，表明了部分 SiC 颗粒发生了分解。细晶组织是由分散的 SiC 颗粒诱导的异质形核造成的，特别是纳米 SiC 颗粒，能够有效阻止凝固过程中晶粒的生长，此外，在纯 Fe 试样中，顶面和前侧面的微观组织（沿成形方向为细长或柱状晶粒）都很不均匀，加入 SiC 后，两个面都得到了很均匀的组织。这是因为相变的过程（比如马氏体和部分珠光体的形成）会产生潜热，形成一个与熔池相似的温度梯度，这种均匀的组织结构有助于获得不同方向上均匀的拉伸性能。因此，在 Fe 基体中加入 SiC，可能是一种能消除 SLM 制件固有的各向异性力学性能的有效途径[10]。

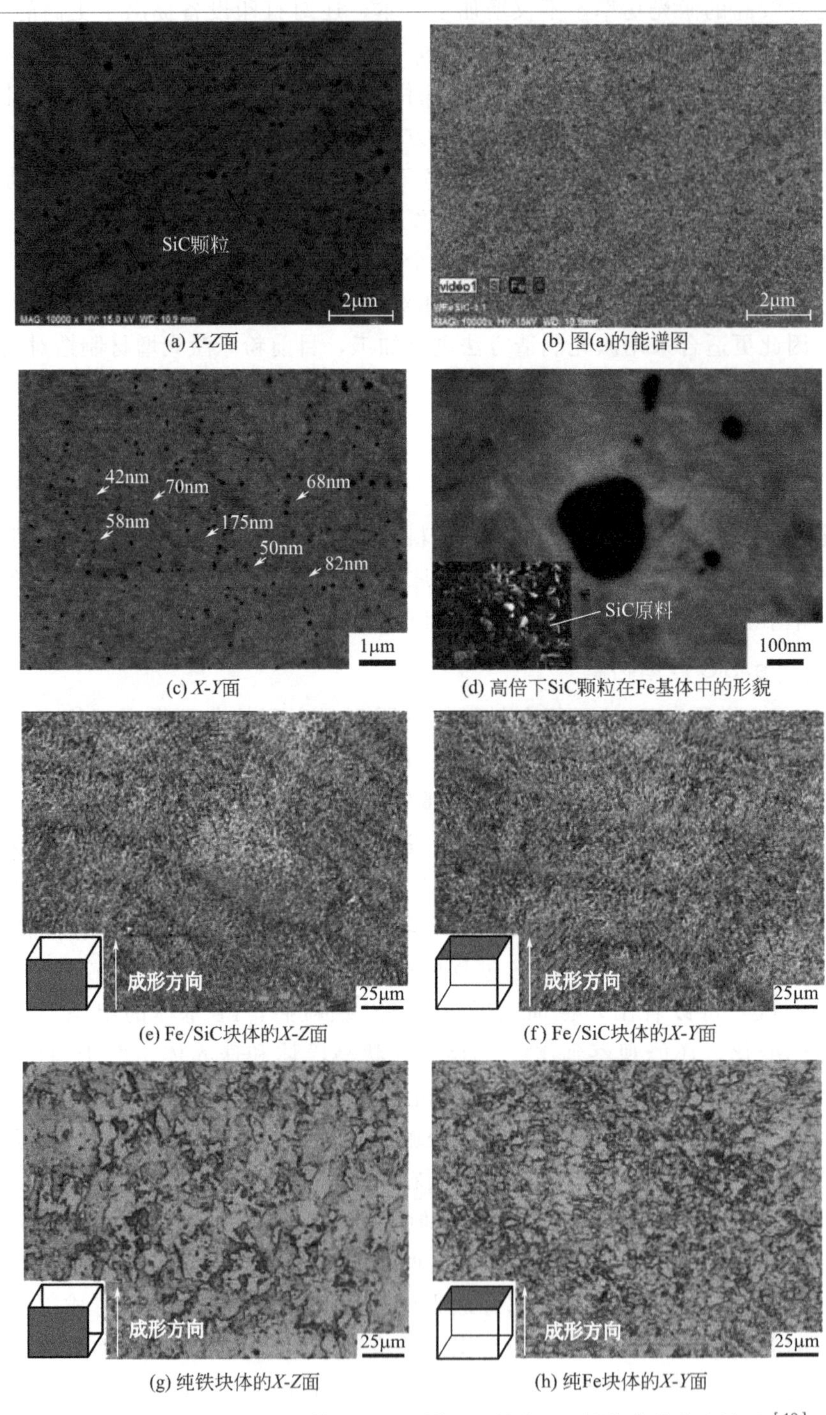

(a) X-Z面 (b) 图(a)的能谱图

(c) X-Y面 (d) 高倍下SiC颗粒在Fe基体中的形貌

(e) Fe/SiC块体的X-Z面 (f) Fe/SiC块体的X-Y面

(g) 纯铁块体的X-Z面 (h) 纯Fe块体的X-Y面

图 6-31 不同方向 SEM 图谱显示 SiC 增强颗粒在 Fe 基体中的分布情况 [10]

(2) TiN/AISI 420 复合材料

图 6-32 为不同激光功率 SLM 成形的质量分数为 1%的 TiN 复合材料试样的显微组织。当激光功率为 140W 时，可以看到很多残余的孔隙较均匀地分布在成形件上，孔隙的长度超过了 200μm，主要是因为激光能量不足造成的。同时也可以看到从孔隙的边缘扩展出的一些微裂纹。当使用的激光功率增加时，大尺寸孔隙缺陷大大减少 [图 6-32(b)～(d)]，孔隙的尺寸也减小到 20μm 左右。造成该现象的主要原因如下：SLM 成形过程中，TiN 颗粒较小的密度（5.43～5.44g/cm^3）和良好的高温稳定性，高温下保留下来的 TiN 颗粒会在液体金属浮力和 Marangoni 对流的作用下向微熔池的边缘迁移。熔池边界在 TiN 颗粒的影响下变得不再明显，因此未观察到“道-道”搭接的熔池[3]。

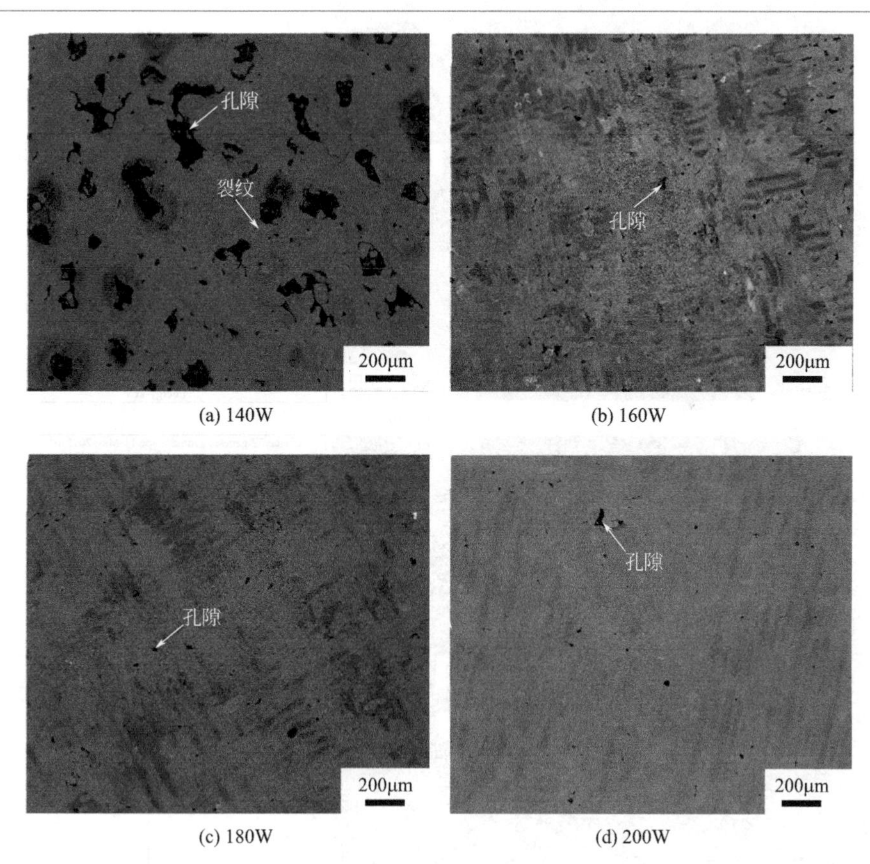

图 6-32 不同激光功率 SLM 成形质量分数为 1%的 TiN 复合材料试样的显微组织[3]

图 6-33 为 SLM 成形的复合材料中无缺陷处 TiN 颗粒及其扩散区域分布情况的电镜照片。对图中不同衬度的位置进行 EDS 点能谱测试，其中 Ti 元素的含量如表 6-3

所示，根据 Ti 元素含量可以区分出 TiN 颗粒、不锈钢基体和扩散区。如图 6-33(a) 所示，当激光功率为 140W 时，可以看到 TiN 仍保持了接近原始颗粒的形貌，TiN 颗粒和不锈钢基体之间没有裂纹、孔隙等缺陷存在。如图 6-33(b)～(d) 所示，当激光功率增加时，未观察到原始的 TiN 颗粒存在。小尺寸的 TiN 颗粒在高温下可能向不锈钢基体发生扩散，形成了 Ti 元素含量为 2%～4%的扩散区。当使用的激光功率增加时，微熔池的温度升高，Ti 原子的扩散能力得到提升，因此可以看到扩散区内 Ti 元素的含量随着激光功率增大而升高[3]。

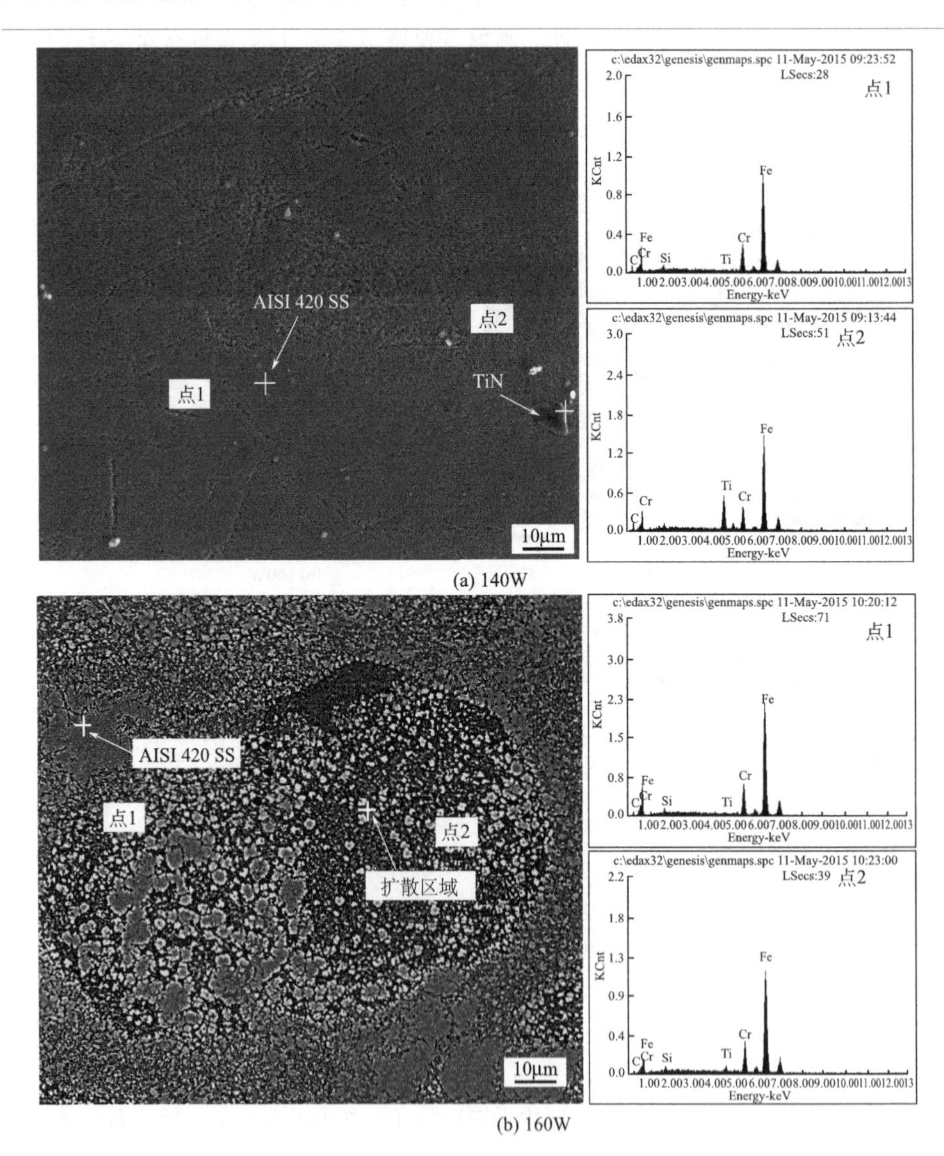

(a) 140W

(b) 160W

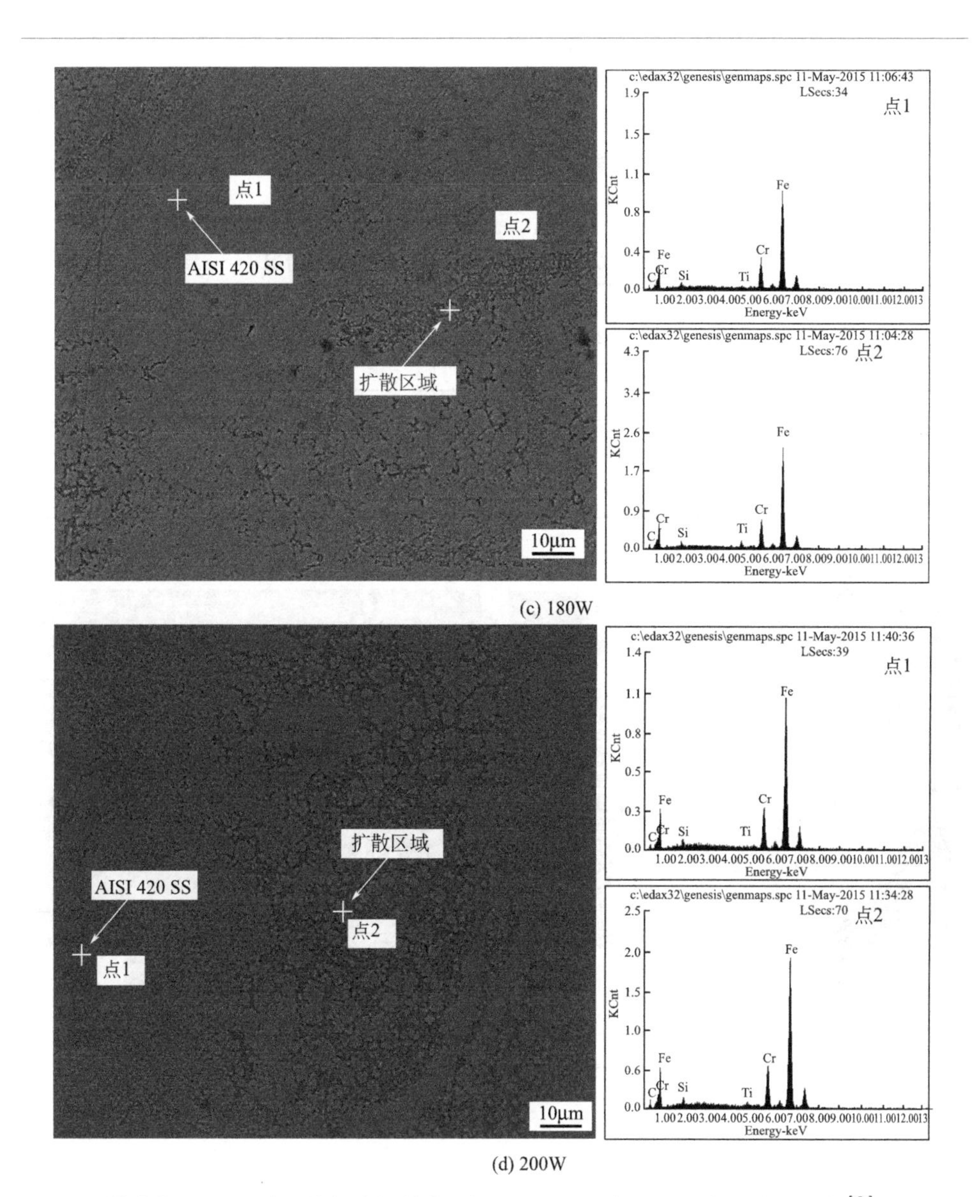

(c) 180W

(d) 200W

图 6-33　SLM 成形的复合材料中无缺陷处 TiN 颗粒及其扩散区域的分布 [3]

SLM 成形的复合材料中 TiN 颗粒的含量仅为 1%，在无缺陷的组织内很难观察到完整的 TiN 颗粒，而在不同激光功率成形试样的组织缺陷附近都发现了 TiN 颗粒。图 6-34(a) 为 140W 激光成形的复合材料试样孔隙缺陷附近的微观组织，根据 EDS 能谱区分出 TiN 颗粒、扩散区和不锈钢基体。从电镜图片也可以看出不同区域的显微组织有明显的差异，扩散区的组织呈现为微小的针状组织，而420不锈钢区域为微小的胞状晶。图6-34(b)为TiN和420不锈钢界面的高倍电镜图片，从图中可以看出TiN可以与过渡区之间存在良好的冶金结合。同时TiN颗粒的尺寸超过了20μm，远大于原始的TiN颗粒，说明SLM成形过程中TiN颗粒存在聚集长大的现象。如上所述的微观组织说明了TiN在成形的复合材料中分布并不均匀[3]。

表6-3 SLM成形复合材料中Ti元素的分布情况[3]

Ti含量(质量分数)/% 区域 / 功率/W	420不锈钢	TiN	扩散区
140	0.32	11.18	
160	0.59		2.87
180	0.74		2.41
200	0.43		3.25

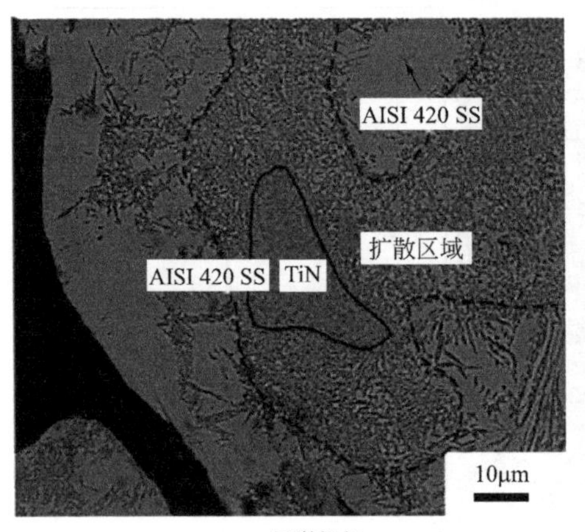

(a) 显微组织

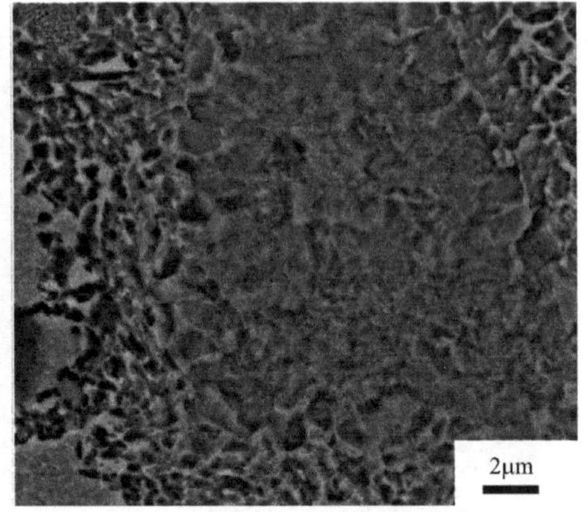

(b) TiN/不锈钢界面形貌

图6-34 140W激光功率SLM成形TiN/AISI 420复合材料制件[3]

(3) CNT/AlSi10Mg复合材料

图6-35所示为采用300W激光功率，750mm/s扫描速度，SLM成形CNT/AlSi10Mg复合材料制件的扫描电镜图，可以观察到试样中生成了许多孔隙和裂纹。图6-35(a)中的孔洞可以分为球形孔隙和不规则孔隙，其中球形孔隙的尺寸小于20μm，而不规则孔隙尺寸较大，超过50μm。球形孔隙的形成源于成形过程中熔池内和粉末中的气体，由于CNTs具有较高的表面能，在复合粉末中夹带气体，在SLM成形过程中，这些气体会保留在成形件中。不规则孔隙的形成是由于在快速凝固过程中缺口填充不完全所致，如图6-35(b)垂直截面所示，

可以观察到一些长度大于200μm的裂纹，AlSi10Mg容易在熔化层顶部与氧气反应形成一层氧化层，因为氧化物和金属间的润湿性很差，所以会形成长裂纹并沿着表面传播[11]。

图6-35(c)和(d)是高倍下的SEM图，其微观组织和SLM制备的铝合金件很相似，都为细小的胞状树枝晶组织。图6-35(c)中显示了在组织中有Al_2O_3生成，这是SLM成形过程中发生氧化的结果。在图6-35(d)中，可以明显辨别出三个不同的区域，据报道，SLM成形铝合金的显微组织受两个重叠的熔化道和后续形成的层所产生的热量的影响，造成局部热处理和CCZ区域中晶粒粗化，Si相在HAZ区域变成了不连续的颗粒。虽然在复合粉末中观察到了CNTs，但是根据微观结构很难找到CNTs存在的痕迹，这也就表明CNTs发生了分解。同时，激光功率越高，越有助于初生α-Al晶粒的生长[11]。

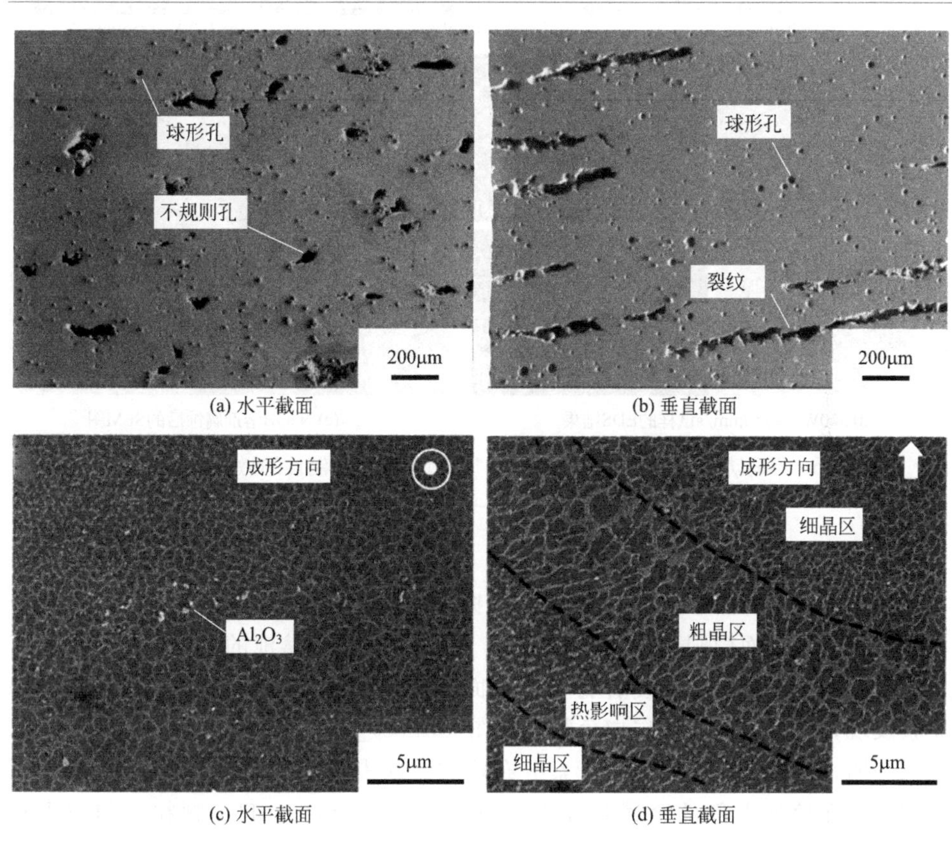

(a) 水平截面　(b) 垂直截面

(c) 水平截面　(d) 垂直截面

图6-35　SLM成形CNT/AlSi10Mg复合材料制件（300W，750mm/s）的SEM图[11]

图6-36所示为微观组织的SEM图和EDS结果。图6-36(a)～(c)分别为不同功

率（240W、300W和360W）下成形出的复合材料的微观组织图。根据微观组织和XRD结果，在基体中没有发现CNTs。如图6-36(d)所示，使用EDS扫描测定了C元素的分布，可以看出，C元素分布均匀，而Si元素集中分布在初生Al晶粒边界。为了检测CNTs是否存在，用NaOH溶液对试样进行了腐蚀，在SEM图中发现了具有纳米尺度的薄共晶硅片[11]。

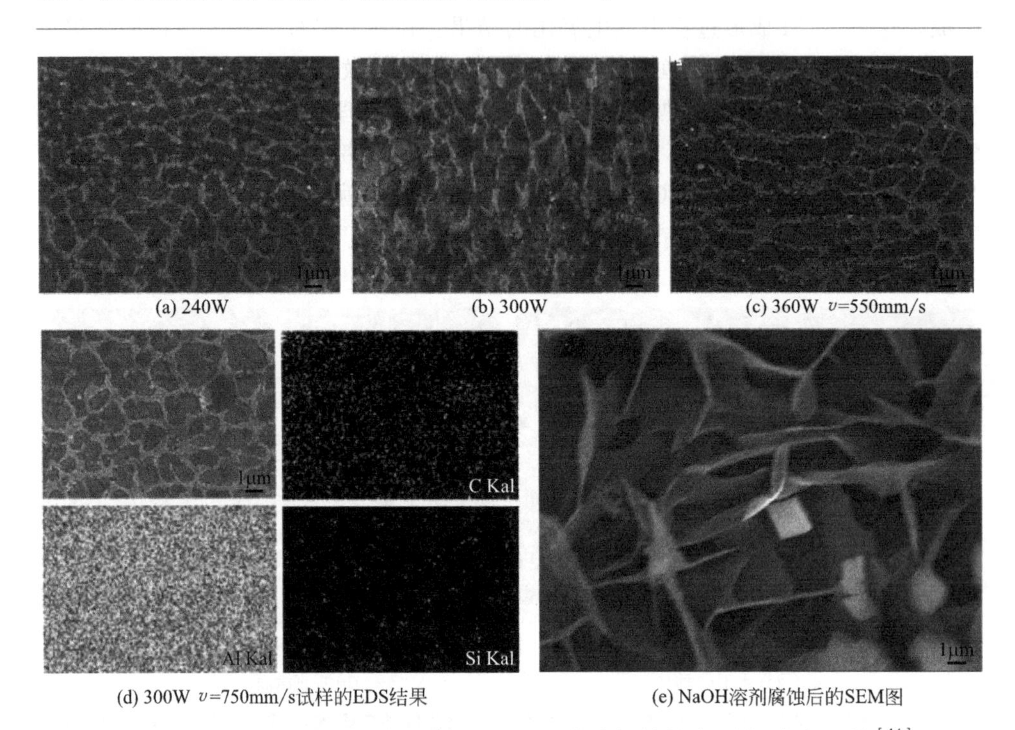

图6-36 不同功率下SLM成形CNT/Si10Mg复合材料制件的微观组织形貌[11]

(4) HA/316L复合材料

图6-37是电镜下观察到的未经打磨抛光处理的SLM成形316L-15nHA复合材料试样原始表面微观形貌及能谱分析，观察面平行于熔池的扫描方向，即垂直于粉层堆积方向的平面。复合材料的表面粗糙，有大量的点状凸起。高倍SEM观察发现，材料表面为一层白色物质［图6-37(b)］。图6-37(c)～(e)的面EDX结果表明，Ca、P、Fe及其他元素分布均匀。这表明经过SLM过程后纳米HA均匀分布在熔池上部的金属基体中。由于球磨混粉后，nHA颗粒均匀包裹在316L不锈钢颗粒的表面，在SLM过程中熔池内部熔体发生对流，在毛细管流的作用下，金属颗粒表面较轻的nHA颗粒被推挤到了熔池上部。激光的作用下，金属与nHA陶瓷间产生了冶金结合，形成了金属-陶瓷微接触面[12]。

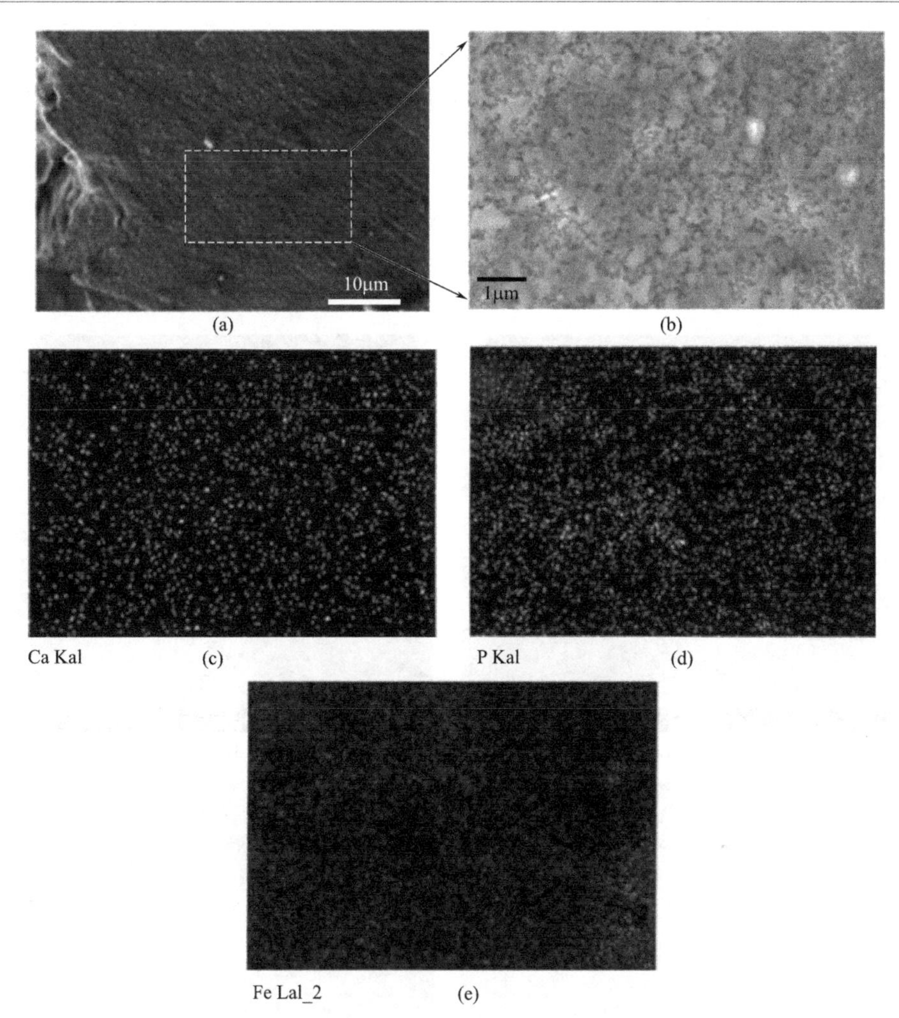

图 6-37 316L-15nHA 复合材料试样原始表面微观形貌及能谱分析[12]

图 6-38 为扫描速度为 250mm/s 时，不锈钢及三种不同纳米 HA 体积含量的 316L-HA 生物复合材料的低倍微观组织。由图中可以看出，图 6-38(a)～(c) 是 250mm/s 时，不同 nHA 含量的试样显微组织。不锈钢［图 6-38(a)］中没有出现显著微裂纹，316L-5nHA［图 6-38(b)］试样出现了连续的扩展微裂纹，裂纹长度为几百微米。316L-10nHA 及 316L-15nHA［图 6-38(c) 和(d)］试样裂纹密度增大，且各裂纹互相连通[12]。

裂纹是由于 SLM 成形过程中的热应力及纳米 HA 的影响而产生的。由于 SLM 成形过程是一个急熔急冷的过程，激光热源的热输入不均匀，存在较大的温度梯度，制件的各部分热膨胀或收缩趋势不一致，彼此牵制，导致 SLM 制件内部存在大量应力。同时，HA 与 316L 不锈钢的热胀系数差异较大，导致制件中存在较大的残余应力，HA 中还含有大量的 P 元素，热裂纹对 P 元素尤其敏感，在凝固的过程中易产生裂纹[12]。

比较不同纳米 HA 体积含量的微观组织可知，随着纳米 HA 的添加量从 0 增加到 5%及 10%～15%，复合材料中的裂纹密度不断增大，这最主要的原因是随着 HA 含量的增加，P 元素增多，导致材料的裂纹敏感度增大[12]。

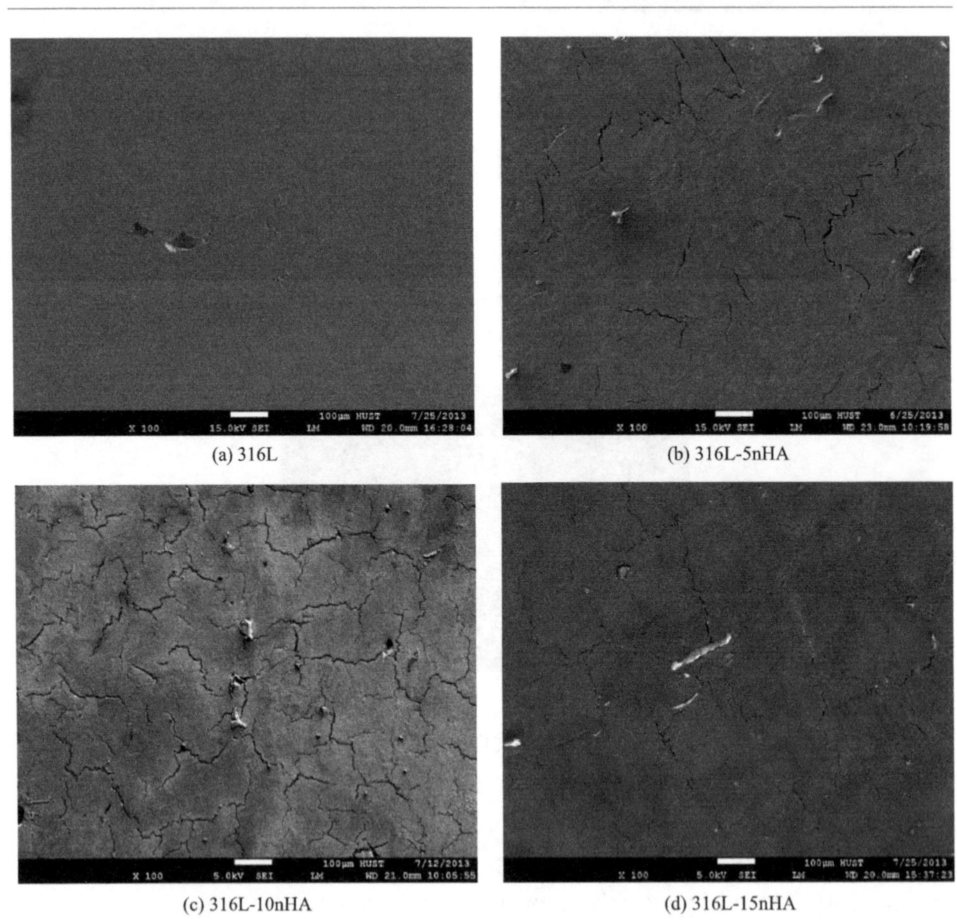

(a) 316L (b) 316L-5nHA

(c) 316L-10nHA (d) 316L-15nHA

图 6-38 扫描速度为 250mm/s 时，SLM 成形纯 316L 不锈钢及三种复合材料制件的低倍微观组织[12]

图 6-39 为扫描速度分别为 350mm/s、400mm/s 时 316L-10nHA 复合材料试样的微观形貌，可以看出，随着扫描速度的增大，316L-10nHA 复合材料试样中裂纹密度变化不大。当纳米 HA 的体积含量为 5%时，增大扫描速度可以避免裂

纹的产生或降低裂纹密度，但当 nHA 的体积含量达到一定程度时（10%），由于 P 元素的增多，大大增加了材料对裂纹的敏感性，增大扫描速度对裂纹抑制作用较小[12]。

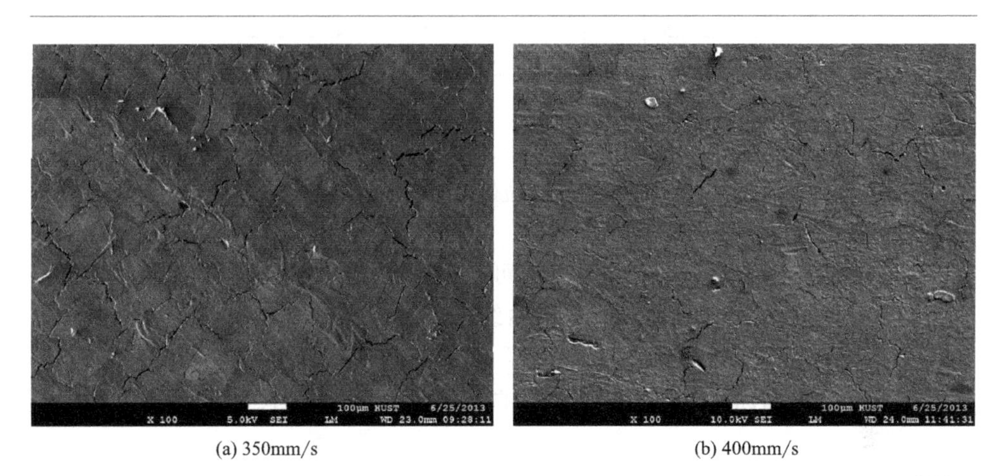

(a) 350mm/s (b) 400mm/s

图 6-39 不同扫描速度下 SLM 成形 316L-10nHA 生物复合材料制件的低倍微观组织[12]

6.2 制件的性能及其调控方法

6.2.1 制件性能及微观结构表征

(1) 力学性能表征

金属材料的力学性能是零件或结构件设计的依据，也是选择、评价材料和制定工艺规程的重要参量。在金属材料研究上，它们是合金成分设计、显微组织结构控制所要达到的目标之一，也是反映金属材料内部组织结构变化的重要表征参量。金属材料力学性能随受载方式、应力状态、温度及接触介质的不同而异。受载方式可以是静载荷、冲击载荷和循环载荷等。应力状态可以是拉、压、剪、弯、扭及它们的复合，以及集中应力和多轴应力等。温度可以是室温、低温与高温。接触介质可以是空气、其他气体、水、盐水或腐蚀介质。在不同使用条件下，材料具有不同的力学行为和失效模式，因而必须有相应的力学性能指标表征。下面便是描述金属材料在激光增材制造过程中主要力学性能的表征参量。

① 拉伸性能　材料的常温拉伸试验一般采用圆柱形试样或者板状试样，其结构形式对试样形状、尺寸和加工精度均有一定要求。一般拉伸试样包括三个部

分：工作部分、过渡部分和夹持部分，如图 6-40 所示。

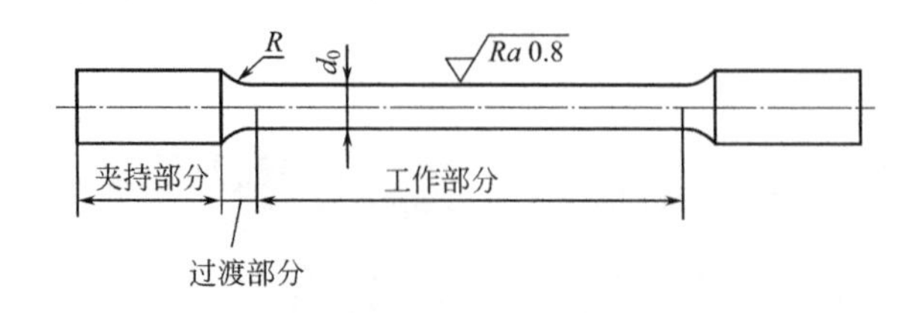

图 6-40　拉伸试样[13]

一般试验机都带有自动记录装置，可把作用在试样上的力和所引起的伸长自动记录下来，给出力-伸长曲线，这种曲线便是拉伸图或拉伸曲线。材料在外力作用下，变形过程一般可分为三个阶段：弹性变形、弹塑性变形和断裂。

工程应力也称标称应力，即用试样原始截面积 S_0 去除拉伸载荷 F 所得的商

$$R=\frac{S_0}{F} \tag{6-1}$$

工程应变，即以试样的绝对伸长量 ΔL 除以标距长度 L_0，得到相对伸长

$$\varepsilon=\frac{\Delta L}{L_0} \tag{6-2}$$

图 6-41[12] 为不同扫描速度下 SLM 成形 316-HA 试样的应力-应变曲线，即工程应力-应变图。图中不同的曲线表示不同扫描速度下的应力-应变曲线。其曲线的纵坐标表示应力，单位是 MPa，横坐标表示应变。

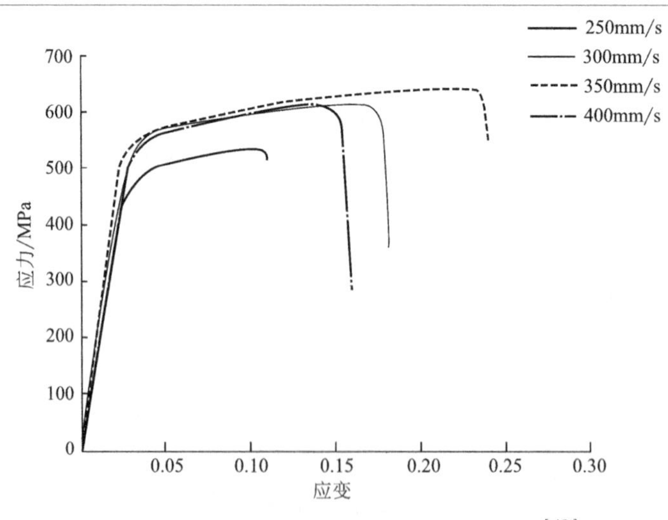

图 6-41　316-HA 试样的拉伸应力-应变曲线[12]

随着扫描速度的增大，316L-HA 复合材料的拉伸强度分别为 508MPa、580.4MPa、622.3MPa 和 606.4MPa，316L-HA 复合材料的伸长率分别为 11.1%、18.1%、23.4%和 15.7%，在 350mm/s 时达到最大值。在应力-应变曲线上，可以直接给出材料的力学性能指标，如屈服强度 R_{eL}、R_{eH}、抗拉强度 σ_b、断后伸长率 A。

a. 屈服强度。屈服强度是工程技术上最为重要的力学性能指标之一。因为在生产实际中，绝大部分工程构件和机器零件在其服役过程中都处于弹性变形状态，不允许有微量塑性变形产生。像高压容器，如其紧固螺栓发生过量塑性变形，即无法正常工作。这种因塑性变形出现而导致失效的情况，要求人们在材料的选用中提出另一个衡量失效的指标，即屈服强度。

有明显屈服现象的材料的屈服强度定义为上屈服强度和下屈服强度，如图 6-42 所示。

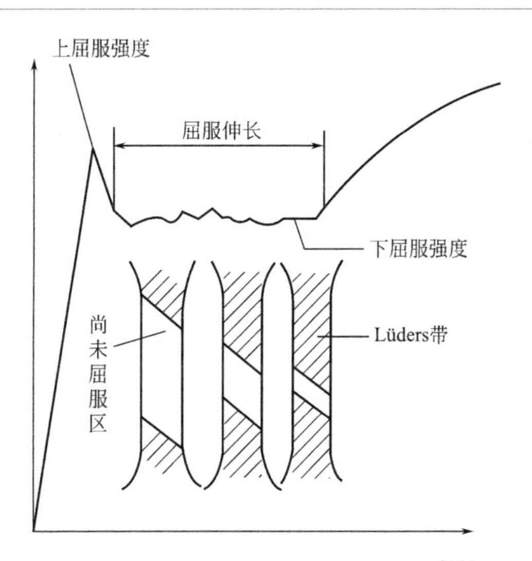

图 6-42 上、下屈服强度与屈服伸长[13]

b. 抗拉强度。抗拉强度是金属由均匀塑性变形向局部集中塑性变形过渡的临界值，也是金属在静拉伸条件下的最大承载能力。表征材料最大均匀塑性变形的抗力，拉伸试样在承受最大均匀变形的抗力，变形是均匀一致的，但超出之后，金属开始出现颈缩现象，即产生集中变形。其计算公式为

$$\sigma_b = \frac{F_b}{S_0} \tag{6-3}$$

c. 断后伸长率。断后伸长率为试样断裂后标距长度的相对伸长值。它是在试样拉断后测定的。将试样断裂部分在断裂处紧密对接在一起，尽量使其轴线位于

一直线上，测出试样断裂后标距间的长度 L_u，则断后伸长率计算式为

$$A=\frac{L_u-L_0}{L_0} \tag{6-4}$$

由于断裂位置对 A 的大小有影响，其中断在正中间的试样，其伸长率最大。因此，断后标距 L_u 的测量方法根据断裂位置的不同而不同，有如下两种。

第一种，直接法。如断裂处到最接近的标距断点的距离不小于 $L_0/3$ 时，可直接测量标距两端点的距离。

第二种，移位法。如断裂处到最接近的标距断点的距离小于 $L_0/3$ 时，则用移位法将断裂处移动到试样中部测量，如图 6-43 所示。

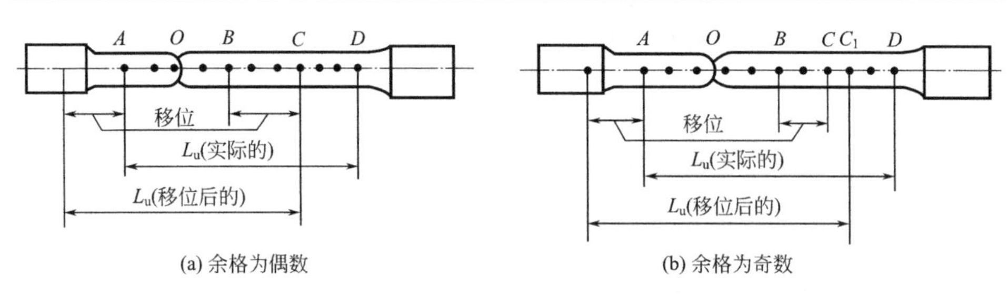

图 6-43 用移位法测量断后伸长率[13]

② 压缩性能 在实际工程中，有很多用粉床激光增材制造的零件包含承受压缩载荷的部分。例如机器的机座、零件的支承座等部分。因此对原材料进行压缩试验的评定是必要的。

按实际构件承受载荷的方式可简化为单向压缩、双向压缩和三向压缩。而在激光增材制造过程中主要研究的是单向压缩，简称压缩试验。单向静压缩试验可以看作是反方向的拉伸。因此，金属拉伸试验时所定义的各种性能指标和相应的计算公式，压缩试验都具有相同的形式。所不同的是，压缩时试样的变形不是伸长而是缩短，截面积不是横向缩小而是横向增大，此外，塑性材料压缩时达不到破坏的程度，负荷变形曲线的最后部分一直上升，如图 6-44 中曲线 1 所示。所以，压缩试验主要用于脆性材料和低塑性材料，例如利用激光粉床增材制造进行非晶复合材料的成形，以显示在拉伸试验中所不能显示的材料在韧性状态下的工作状态，如图 6-44 中曲线 2 所示。

(2) 物相性能表征

① 金相显微镜（OM） 金相是指金属或合金的化学成分以及各种成分在合金内部的物理和化学状态。在显微镜下看到的内部组织结构称为显微组织或金相组织。

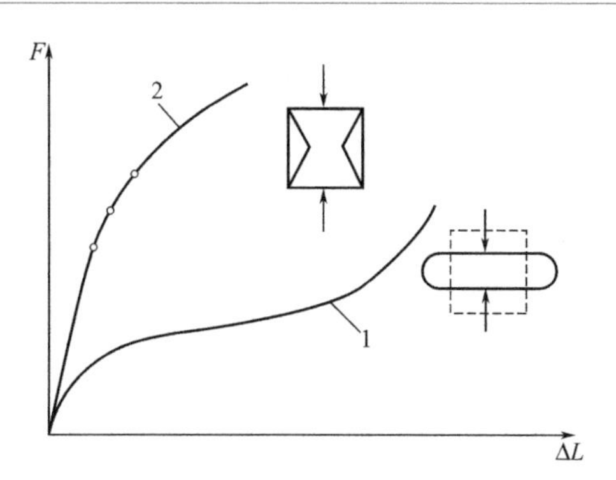

图 6-44 压缩负荷-变形曲线[13]
1—塑性材料；2—脆性材料

用金相可以观察材料的微观形貌。图 6-45 为不同扫描速度下单熔化道纵向截面 OM。可以看出，随着扫描速度的不断增大，熔池尺寸（深度和宽度）不断减小。图 6-46 为采用 OM 观察到的激光扫描线形貌。可以看出，激光扫描线为鱼鳞状，类似于传统焊接线形貌，只是尺寸大小有所差别[14]。

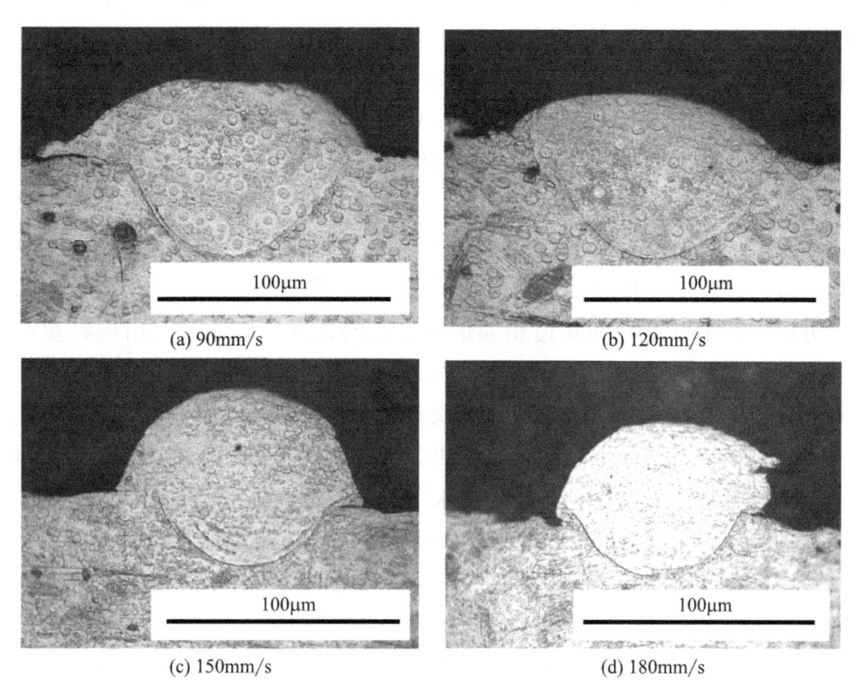

图 6-45 不同扫描速度下单熔化道纵向截面（OM）[14]

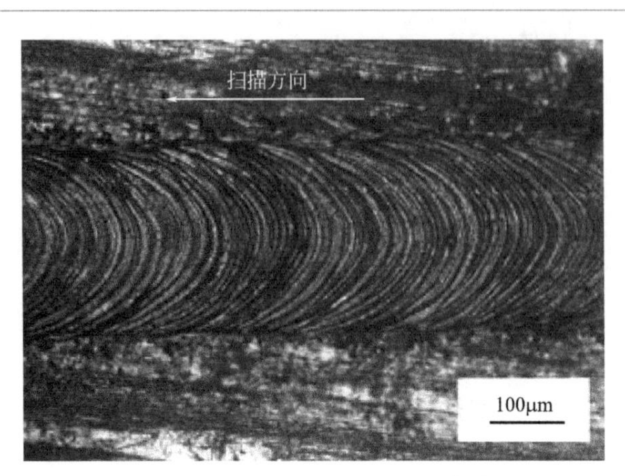

图 6-46 扫描线形貌（OM）[14]

② 扫描电子显微镜（SEM） 扫描电子显微镜（Scanning Electron Microscope，SEM）是材料科学领域中应用最广泛的一种显微分析仪器。现在大部分 SEM 都配备了能谱仪（Energy Dispersive Spectrometer，EDS），此外，波谱仪（Wavelength Dispersive Spectrometer，WDS）也开始和 SEM 组合，组合后的 SEM 除了能进行试样的形貌观察，还可以进行微区成分分析。

在激光增材制造工艺方面的显微观察中，一般还要求 SEM 配备电子背散射衍射（Electron Black-Scatter Diffraction）附件，以便进行材料微区结构、晶体取向、显微缺陷等的研究。这里主要针对激光熔化粉末过程中，对形成的熔池形态的观测。

图 6-47 为 FeCr24Ni7Si2 奥氏体耐热钢在垂直激光扫描方向横截面和平行于生长方向纵截面进行加工得到扫描熔化道的 SEM 图像。图 6-47(a) 中黑色箭头为激光扫描方向，图中可以看到几道相邻熔池搭接的情况，熔池呈现出周期鱼鳞状波动，主要受移动激光束能量高斯分布及液固界面润湿特性的影响。在熔池边界处和内部均发现了微裂纹，微裂纹成蛇形扩展开裂。图 6-47(b) 中黑色箭头表示熔池边界，可以看到熔池由下向上堆积，纵向相邻两条熔池有部分区域重熔，呈现规则的鳞片状结构，且鳞片状结构排布均匀，水平与竖直方向排布整齐无明显偏移，相邻两条熔池的高度差为 20～40μm。对比不同平面的微观形貌，发现横截面的微裂纹数量远多于纵截面微裂纹数量，说明裂纹倾向于沿着水平方向扩展[3]。

图 6-48(b)～(d) 为 316L 不锈钢 SLM 制件拉伸断口的 SEM 照片，其中图 6-48(c) 和 (d) 为图 6-48(b) 的放大图。从图中可以看出这种断口的断裂属于混合断裂方式，有的区域出现韧性断裂，有的区域出现脆性断裂，如图 6-48(c) 显示的断口微观形貌为沿晶断裂，属于脆性断裂特征。图 6-48(d) 中显示断

裂过程中出现的韧窝，这种断裂首先是在塑性变形严重的地方形成显微空洞（微孔）。夹杂物是显微空洞成核的位置。在拉力作用下，大量的塑性变形使脆性夹杂物断裂或使夹杂物与基体界面脱开而形成空洞。空洞一经形成，即开始长大、聚集，最终形成裂纹，最后导致断裂[15]。

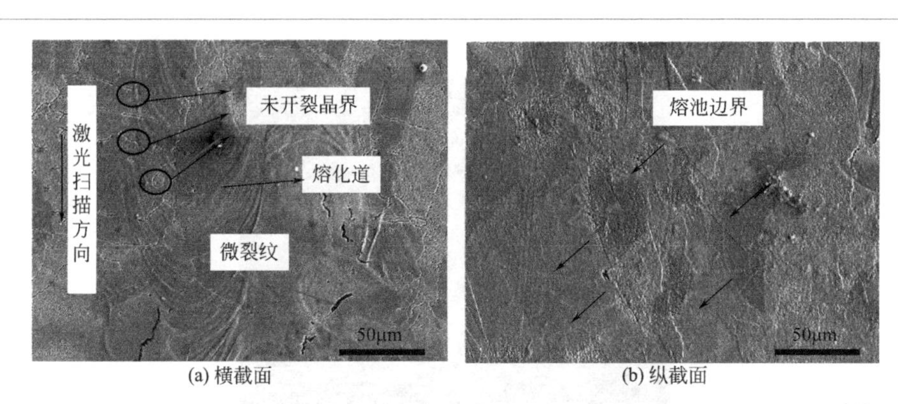

(a) 横截面　　(b) 纵截面

图 6-47　FeCr24Ni7Si2 奥氏体耐热钢在横纵截面加工得到扫描熔化道 SEM 图[3]

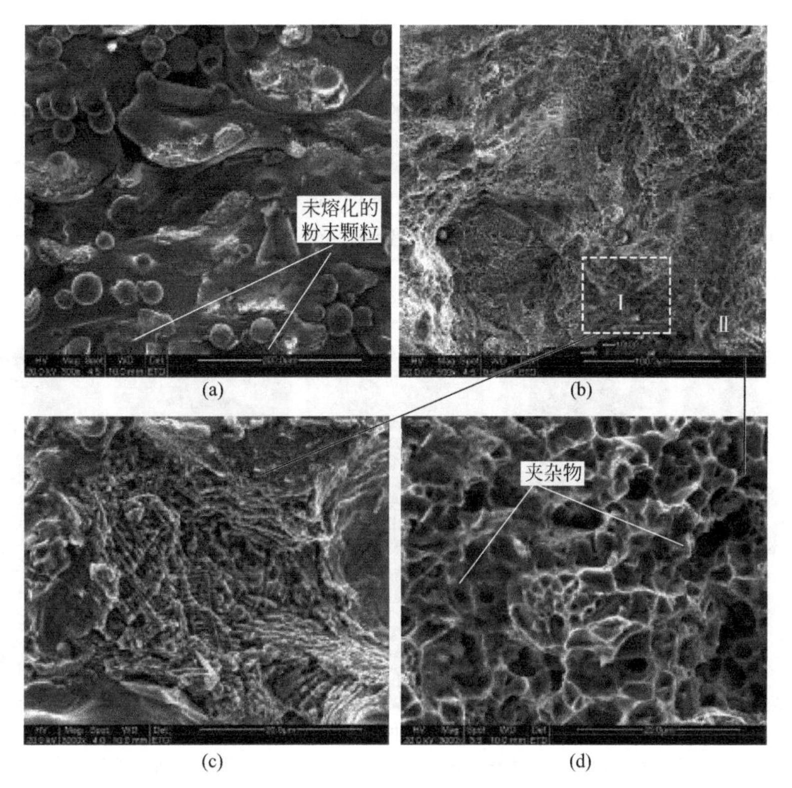

(a)　(b)　(c)　(d)

图 6-48　断口的扫描电镜形貌[15]

采用 SEM 对粉末材料进行观察，便于分析原材料的形状及粉末颗粒的粒径大小。如图 6-49 所示为医用金属粉末材料 F75Co-Cr 合金粉末形貌 SEM，其形貌近似于球形，粉末最大粒径在 10μm 左右。对原材料进行 SEM 检测观察，可以确认原材料对后续实验的影响，以便于实验的顺利完成。

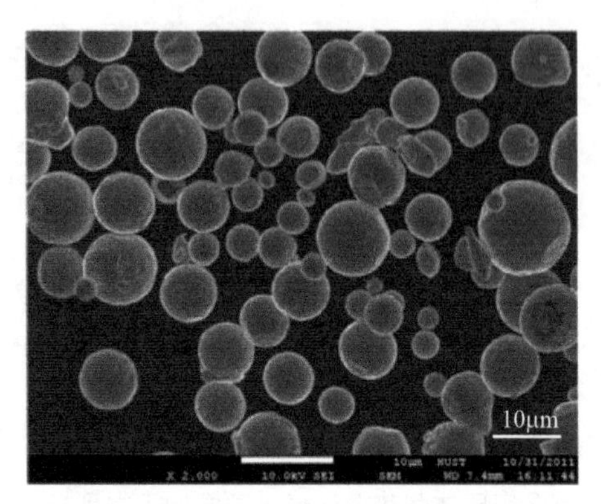

图 6-49 医用金属 F75Co-Cr 合金粉末形貌（SEM）[2]

通过 SEM 还能表征熔化道的形貌及成分。如图 6-50 所示为 304L 不锈钢在相同激光功率、不同扫描速度下熔化道的形貌。可以发现，其中宽度变化幅度较小值为 40μm，较大值为 214μm。整个扫描速度范围内，成形轨迹宽度变化幅度较大，受成形轨迹的分枝［图 6-50(c)～(e)］影响。其主要原因：一方面，液态金属存在较大表面张力，毛细管作用导致液态金属的流动；另一方面，水雾化法制得的不锈钢粉末流动性较差。

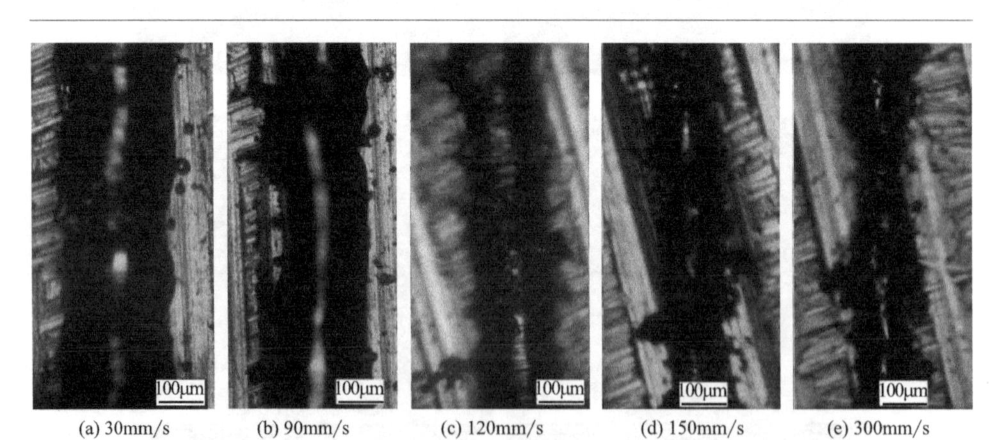

图 6-50 相同激光功率 98W，不同扫描速度，SLM 成形 250 目 304L 粉末的单道扫描轨迹特征[1]

③ 透射电子显微镜（TEM） 透射电子显微镜具备成像、衍射以及成分分析的多种功能，而其最基本的功能就是能够显微成像，可以数万倍、数十万倍的放大样品，直接观察到尺度极为微小的样品或样品上微小区域的结构。每一张电子显微像都是由亮度变化的像点构成的，这种变化实际上反映了电子波强度的变化，图像上越亮的地方表示电子到达的数量多，电子波强度大，而暗的地方表示电子到达的数量少，电子波强度低。这种电子波强度的变化就形成了衬度。当用TEM观察物质结构时，所得到的基本信息就是图像上的衬度变化。图像上某点 p 的衬度可以表达为

$$c_p=\frac{|I_p-I_b|}{I_b} \tag{6-5}$$

式中 c_p——p 点的衬度；

I_p——p 点的电子波强度；

I_b——p 点周围环绕区域的电子波强度。

显然，衬度反映的是强度的变化率。

在激光增材制造工艺中，一般会用TEM验证一些新相的存在。图6-51所示为SLM制备的SiC增强Fe基合金复合材料的TEM图像，该TEM图像表明亚微米大小的铁颗粒、非晶铁颗粒以及保留的微米和纳米SiC颗粒的存在[16]。

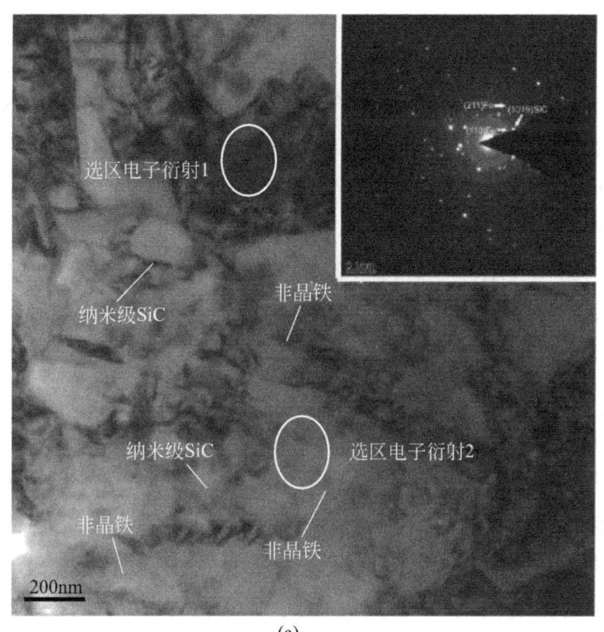

(a)

图6-51

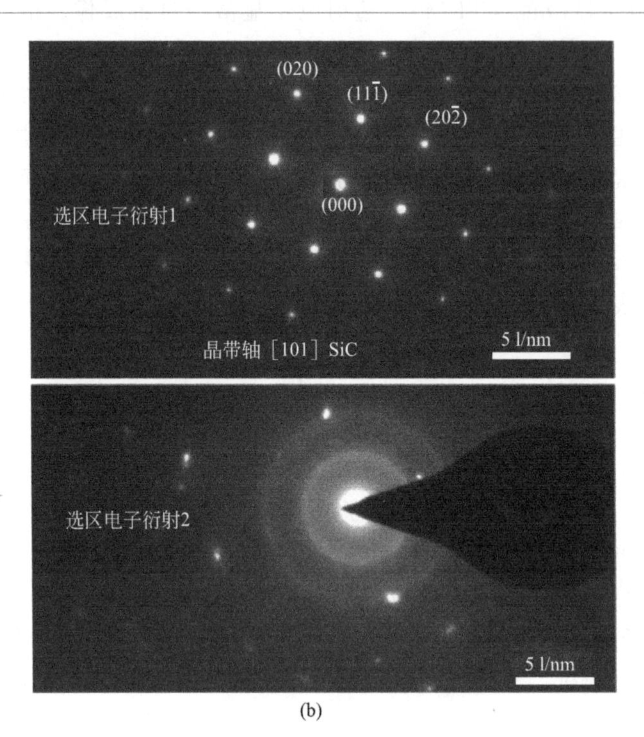

(b)

图 6-51 SLM 制备的 SiC 增强 Fe 基合金复合材料的 TEM 图像 [16]

图 6-52 为 SiC 增强 Fe 基合金复合材料的 TEM 前视图像和 SAD 模式图像。可以证实微米级铁颗粒和亚微米、纳米级 SiC 的存在。亚微米级和纳米级 SiC 颗粒的形成是由于部分熔融的原始单个微米级 SiC 颗粒。细铁颗粒的形成可以解释为更倾向在纳米 SiC 颗粒附近成核。

④ X 射线衍射（XRD） 材料中各物相的结构确定需要借助于 X 射线衍射分析。它不仅能确定材料的物相组成，还可测算它们的相对含量，可完成物相的定性和定量分析。一般激光增材制造的材料为多晶体，故在此只研究多晶体材料的 X 射线分析。

多晶体衍射花样能很方便地应用于物相的定性。这是因为每种物质都有其特定的晶格类型和晶胞尺寸，晶胞中各原子的位置也是一定的，因而对应有确定的衍射花样。由衍射花样上各线条的角度位置所计算的晶面间距 d 以及它们的相对强度 I/I_1 是物质的固有特性，即便该物质存在于混合物中也不会改变。故一旦确定物质衍射花样给出的 d 以及它们的相对强度 I/I_1 与已知的物质的相符，便可确定其相的结构。多晶体衍射图谱的形成如图 6-53 所示。

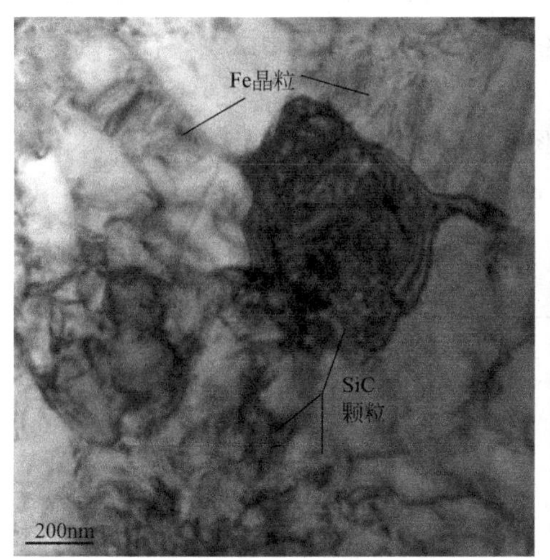

(a) SiC增强Fe基合金复合材料的TEM前视图像

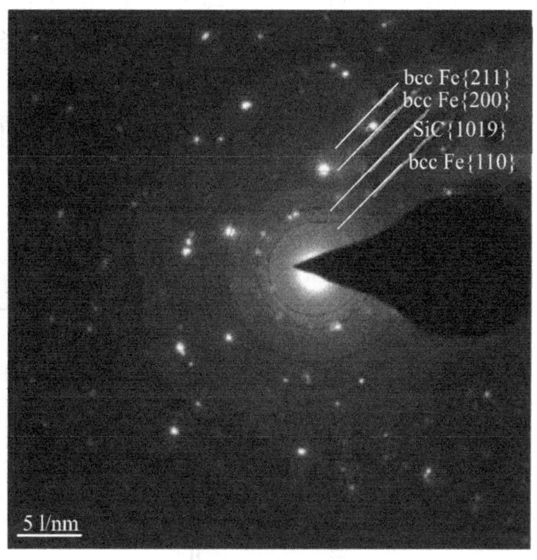

(b) SAD模式图像

图 6-52 SiC 增强 Fe 基合金复合材料的 TEM 前视图像和 SAD 模式图像[10]

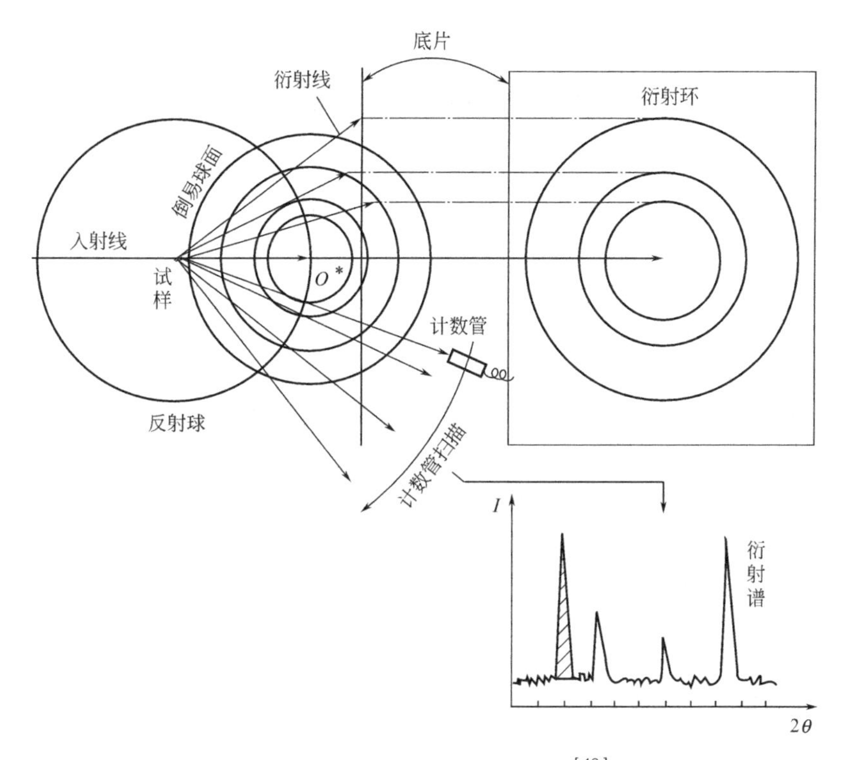

图 6-53 多晶体衍射图谱的形成[13]

在激光增材制造工艺中，利用 XRD 可分析材料的相组成，以及各种相的相对强度。如激光选区熔化制备近 α 钛合金制品出现了开裂现象，为了进一步探究钛合金的开裂原因，利用 X 射线衍射技术确定裂纹侧壁及基体的物质组成。对裂纹侧壁进行 X 射线衍射分析，其衍射图谱结果如图 6-54 所示。从图中可以看出，所测试的裂纹侧壁基体中大部分为 α′ 相，其中也出现了较多的化合物，如 Ti_3O、TiO 及 TiC 等。

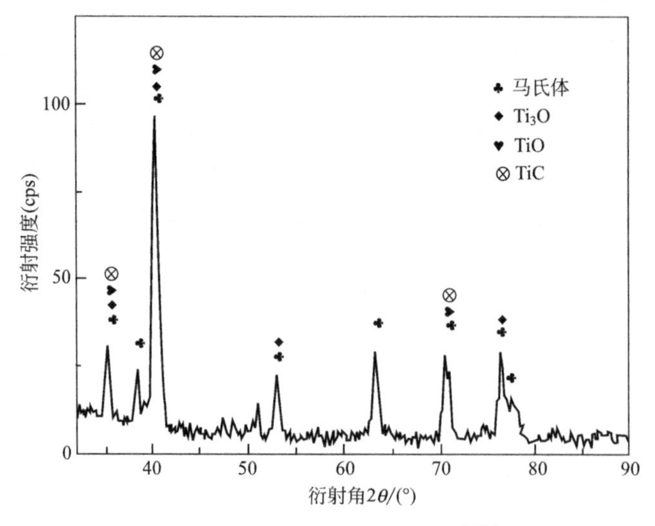

图 6-54 裂纹侧壁 XRD 检测[17]

在激光增材制造工艺中，也用 XRD 进行相的检测和不同工艺条件下相的强度比较。图 6-55 所示为 Ti6Al4V 原始粉末及 SLM 工艺成形的试样的 XRD，从图中可以看出，与原始粉末材料相比，经 SLM 工艺后的 Ti6Al4V 合金中 α 相和 β 相的比例发生了明显变化，其中 β 相的比例明显增加，这主要是由于在 SLM 过程中，Ti6Al4V 合金在经快速冷却的过程中，从 β 相转变为 α 相的过程来不及进行，β 相将转变为成分与母相相同、晶体结构不同的过饱和固溶体，即马氏体组织，其中含有大量的 α 相和初生 β 相[2]。

图 6-56 所示为对原始不锈钢粉末和混合粉末进行 XRD 测试，扫描角度 2θ 为 30°～100°，扫描速度为 5°/min。原始粉末中检测出 Fe-Cr 相和 CrFe7C0.45 相，而在混分粉末中仅增加了 TiN 相的峰位，未发现其他新物质明显的峰值，证实在混合粉末制备过程中两种粉末并未反应生成新的相。随着初始 TiN 含量的增加，测出的 TiN 峰越明显。

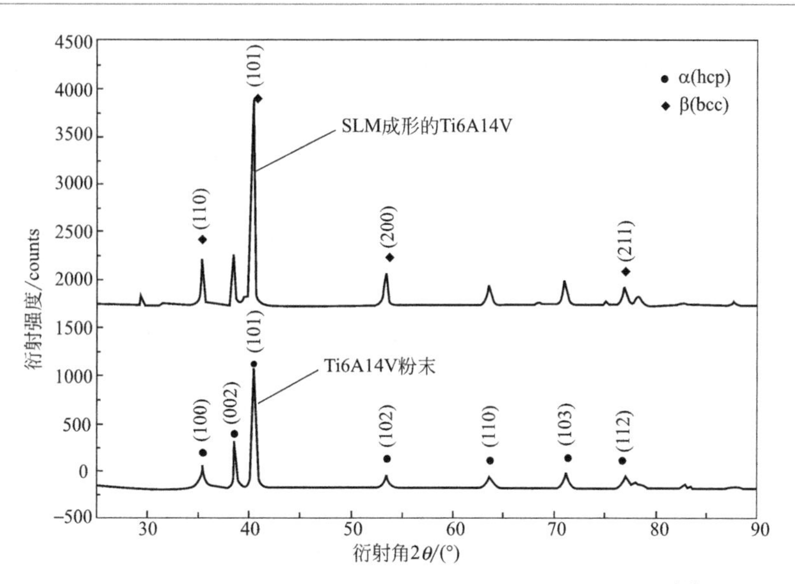

图 6-55 Ti6Al4V 原始粉末及 SLM 工艺成形的试样 XRD [2]

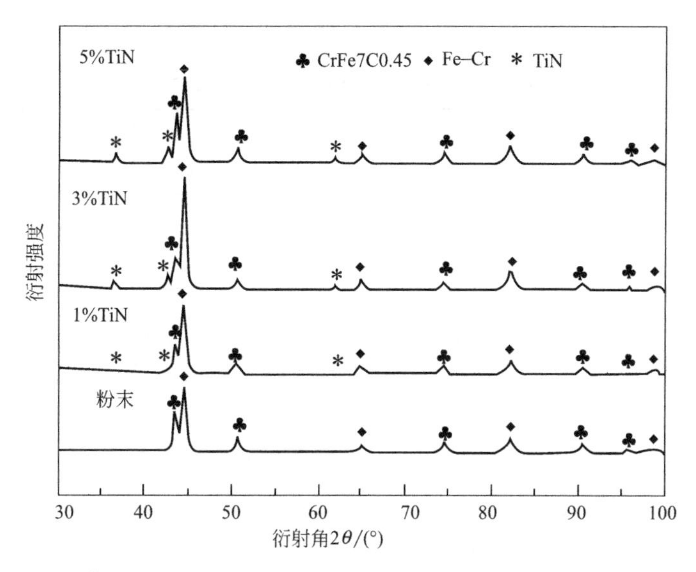

图 6-56 SLM 工艺 Ti-TiB 复合材料与 Ti-TiB2、CP-Ti、TiB2 粉末的 XRD 图谱对比 [3]

6.2.2 典型合金性能

目前，国内外已开发出多种 SLM 金属及其合金成形材料，按材料性质主要分为以下几类：铁基合金材料、钛基合金材料、镍基合金材料以及铝基合金材料等。研究中这些材料的 SLM 制件性能主要有：相对致密度、强度、硬度以及表面粗糙度。其中，制件的相对致密度主要用于判定金属粉末在 SLM 加工过程中是否全部被熔化。强度和硬度是材料的基本属性，通过对比铸造制件相应的性能，可以判断 SLM 制件是否满足各种工程应用场合的要求。表面粗糙度可以判断 SLM 制件是否还需要进行磨削、抛光等后处理加工。

(1) 铁基合金

近十年来，国内外针对铁以及铁基合金的 SLM 成形制造进行了大量研究。其中，多数学者的研究是基于 316L 开展的。关于铁基合金及化合物的 SLM 成形研究主要包括：Fe-Ni、Fe-Ni-Cu-P、Fe-Ni-Cr、Fe-Al 以及 Fe-Cr-Al 粉末。最终目的是通过调控 SLM 工艺参数，获得全致密的 SLM 合金组件及相应的合成微观结构。

① 相对致密度　相对致密度是金属粉末 SLM 制件密度与相应基体材料理论密度的比值，用于表征 SLM 制件的材料品质。通常情况下，金属 SLM 制件的相对致密度越高，制件的物理性能越好。表 6-4 为铁基碳化铬的 SLM 成形块体密度值。

表 6-4　铁基碳化铬的 SLM 成形块体密度

初始成分 碳化铬含量/%	密度/(g/cm³)			平均密度 /(g/cm³)	理论密度 /(g/cm³)	相对致密度 /%
	块体 1	块体 2	块体 3			
2.5	6.26	6.55	7.11	6.64	7.83	84.8
5	6.62	6.30	5.71	6.21	7.80	79.6
7.5	7.18	6.63	6.87	6.89	7.77	88.7

从表 6-4 中可以看出，在表 6-4 所示的参数下虽然能够成形块体，但致密度却不高，特别是碳化铬体积分数为 5%的混合粉末成形的块体，平均相对致密度只有 79.6%。在所有成形块体中，相对致密度最高的块体在碳化铬体积分数 7.5%的混合粉末成形的块体中，其相对致密度为：$d_{max}=7.18/7.77\times100\%=92.4\%$；而最低在碳化铬体积分数 5%的混合粉末成形的块体中为 $d_{min}=5.71/7.80\times100\%=73.2\%$，孔隙率很高。

从表中可以看出，初始成分相同的粉末在同一块基板上成形后相对致密度差别非常大。这可能是由于初始铁粉球形度不高，流动性不佳，在加入陶瓷相之后流动性更差。使用 HRPM-Ⅱ型激光选区熔化成形时，滚轮在铺粉过程中不同位置铺的粉末也相差较大。在成形过程中，发现铺粉系数要调到较高时，才能将粉末铺上。

将成形块体用热镶嵌料和金相试样镶嵌机镶样后，分别以 400 目、800 目、

1200 目和 2000 目的砂纸进行打磨，打磨好后用抛光液进行抛光。之后，将样品放在金相显微镜下观察（图 6-57）。

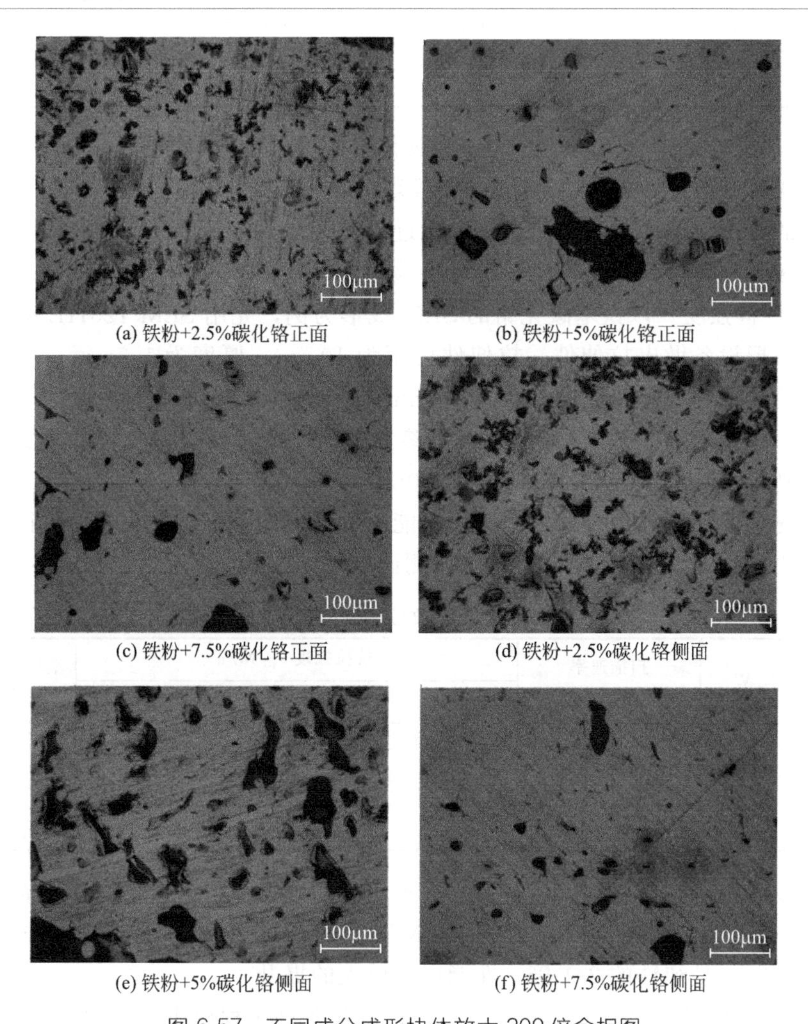

(a) 铁粉+2.5%碳化铬正面 (b) 铁粉+5%碳化铬正面 (c) 铁粉+7.5%碳化铬正面 (d) 铁粉+2.5%碳化铬侧面 (e) 铁粉+5%碳化铬侧面 (f) 铁粉+7.5%碳化铬侧面

图 6-57 不同成分成形块体放大 200 倍金相图

从金相图可以非常直观地看出，试样中孔隙很多，因放大倍数只有 200 倍，故黑色部分不可能是碳化铬。碳化铬体积分数为 2.5%的混合粉末成形块体中，孔隙十分多，且都较小；碳化铬体积分数为 5%的混合粉末成形块体中，孔隙不仅很多，且还有不少大孔洞；体积分数为 7.5%的混合粉末成形块体中，孔隙数量相对少一些，但也有较大孔洞。

在实验中，从每种成分的成形块体中选出一个，在金相显微镜下随机截取

10 张图片，做孔隙度统计。孔隙率统计如表 6-5 所示。

表 6-5 孔隙率统计

成分	铁+2.5%碳化铬	铁+5%碳化铬	铁+7.5%碳化铬
面 1 平均孔隙率	0.154016	0.064833	0.105271
面 2 平均孔隙率	0.204035	0.201563	0.050514

与表 6-5 对比可以看出，含 2.5%碳化铬的成形块体中，面 1 和块体 2 接近，面 2 与块体 1 接近；含 5%碳化铬的成形块体中，面 2 与块体 2 接近；含 7.5%碳化铬的成形块体中，面 1 与块体 3 接近，面 2 与块体 1 接近。所以，无论是阿基米德法还是图像处理，都能正确反映致密度的趋势。

② 材料强度　以铁基碳化铬的 SLM 成形为例，先用 SLM 125HL 型激光选区熔化成形设备做出拉伸件，拉伸件标距为 10mm，厚度为 1.5mm。从上到下前三组的成形参数为：扫描速率 1200mm/s 不变，激光功率分为 200W、240W 和 280W；第四、第五和第一组的成形参数，都保持激光功率 200W 不变，扫描速率分别为 600mm/s、900mm/s、1200mm/s。

首先将成形试样进行线切割，用万能电子材料试验机对其拉伸件进行拉伸试验，使用的加载速率为 0.5mm/min，测试结果如表 6-6 所示。

表 6-6 不同成形参数拉深试样极限抗拉强度

激光功率/W	扫描速率/(mm/s)	抗拉强度 σ_b/MPa			平均抗拉强度/MPa
		样品 1	样品 2	样品 3	
200	600	1158.3	—	—	1158.3
200	900	736.4	969.4	830.6	845.5
200	1200	532.8	535.4	546.5	538.2
240	1200	580.4	901.7	768.2	750.1

可以看出，在激光功率保持 200W 不变时，试样的抗拉强度随着扫描速率的增大而减小。纯铁的抗拉强度为 540MPa，而在试样中，最大抗拉强度达到 1158.3MPa，是纯铁的 2.1 倍，性能得到巨大的提升。

SLM 制件必须具备一定的强度值，以满足各种工程应用场合的需求。因此，强度是铁基合金 SLM 制件最重要的性能之一。相比于铸件，SLM 制件通常具有更高的强度性能，但是其塑性较差。在 SLM 成形过程中，粉末的熔化和凝固都是快速完成的，其微观结构更加均匀。对于合金粉末，合金元素在很小的空间内发生偏析，最终整个 SLM 制件的化学成分分布更加均匀，具有更高的强度性能。

③ 表面粗糙度　表面粗糙度偏大是 SLM 增材制造工艺的主要缺陷之一。采用金属粉末获得的 SLM 制件表面粗糙度一般约为 20μm。除了 316L 粉末，其他粉末在 SLM 成形后，大多需要进行喷砂打磨、喷丸加工或手工打磨等后处理工

序，以获取工程应用所需要的表面光洁度。

④ 显微硬度　表 6-7 为铁基碳化铬 SLM 成形块体的维氏硬度，其中，0.3kg 力的载荷，10s 的保压时间，对样品进行维氏硬度测量。

表 6-7　铁基碳化铬 SLM 成形块体维氏硬度表

初始成分	位置	硬度值($HV_{0.3}$)			
		第一点	第二点	第三点	平均值
铁粉+2.5%碳化铬	正面(*XY*)	229.3	275.1	239.7	248.0
	侧面(*XZ*)	197.1	171.4	184.8	184.4
铁粉+5%碳化铬	正面(*XY*)	421.0	403.0	427.3	417.1
	侧面(*XZ*)	223.3	281.0	253.1	252.5
铁粉+7.5%碳化铬	正面(*XY*)	502.2	545.4	520.3	522.6
	侧面(*XZ*)	538.4	540.0	522.9	533.8

从表 6-7 中可以看出，含碳化铬 2.5%成形块体硬度为 248$HV_{0.3}$，达到了很多钢材退火后的硬度值，例如 40Cr 在退火态硬度为 200HB 左右（约 180HV）；含碳化铬 5%的成形块体硬度为 417.1$HV_{0.3}$；含碳化铬 7.5%的成形块体硬度为 522.6$HV_{0.3}$，硬度达到了很多钢材淬火后硬度，如 4Cr13 钢淬火后硬度为 52HRC。

从图 6-58、图 6-59 中可以看到，无论是正面还是侧面，块体的维氏硬度随着初始粉末中碳化铬的含量增加而增加。

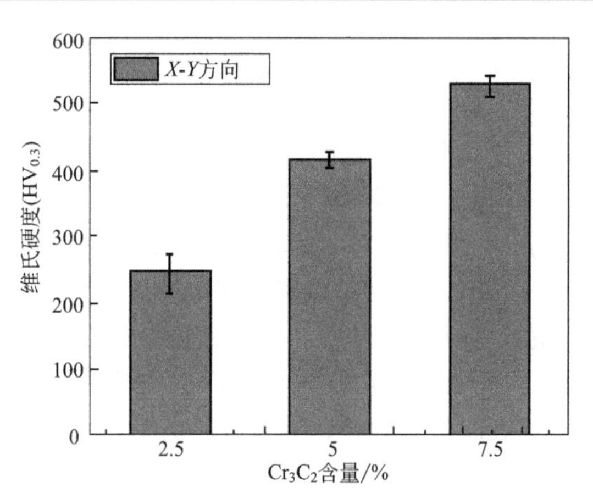

图 6-58　成形块体正面（X-Y 方向）硬度图

在碳化铬体积分数为 2.5%和 5%的成形块体的硬度上，侧面（*X-Z* 面）硬度值都要小于正面（*X-Y* 面）硬度值，这是由于 SLM 成形原理导致。在 SLM

成形过程中，正面（X-Y 面）是激光扫描的成形平面，而侧面（X-Z 面）是堆积平面，硬度必然会有差距。但在碳化铬含量 7.5%的块体中，结论却与其他的相反。

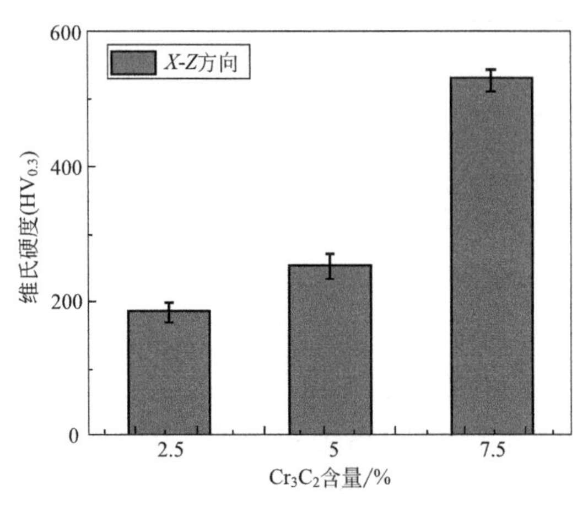

图 6-59 成形块体侧面（X-Z 方向）硬度图

(2) 钛基合金

SLM 应用的金属材料中，钛基合金粉末应用的广泛程度是仅次于铁基合金粉末的。其中，商业用纯 Ti 和 Ti6Al4V 粉末是应用最多的两种。其他钛基合金如 Ti6Al7Nb、Ti24Nb4Zr8Sn、Ti13ZrNb 和 Ti13Nb13Zr 等也被用于 SLM 成形研究。金属钛在液态下对氧、氢、氮等气体以及碳均十分敏感，因此不易采用铸造等传统工艺进行加工。SLM 工艺中，常采用氩气作为保护气体，将加工区域的空气排除，为钛的熔化成形提供保护。

① 相对致密度 采用工艺参数如下的成形方法成形 8mm×8mm×5mm 试验块体：扫描间距 70μm，铺粉层厚 0.03mm，扫描速度 300mm/s 与 400mm/s 两组，激光功率 140～180W，相邻工艺参数间隔 10W，总共 10 组不同工艺参数组合，另附加两组激光功率为 140W 时，扫描速度分别为 200mm/s 及 500mm/s，共计 12 组工艺参数。首先通过线切割将样品取下；其次清洗样品，去掉样品表面油污，喷砂处理去掉表面附着颗粒；然后使用电子天平获得试样质量，使用排水法获得体积，根据阿基米德原理计算实际密度；最后通过计算获得相对致密度。

图 6-60 所示为较优工艺参数情况下，线能量密度与试样相对致密度的关系图[19]。从图中可以看出，SLM 试样的相对致密度能达 98%。当线能量密度低于 0.36J/mm 时，试样相对致密度随线能量密度增加而逐渐增大，且当激光功

率为 140W，扫描速度为 400mm/s 时获得最大值 99.34%。增大线能量密度可更均匀熔化粉末，当粉末吸收更多热量后金属液温度较高，而在一定温度区间内金属液黏度与温度成反比，因此线能量密度增大会提高金属液的流动性，进而加工出平整度更高、形貌更好的熔池。但随线能量密度进一步增大，相对致密度将缓慢减小趋于稳定，如当线能量密度为 0.36～0.55J/mm 时相对致密度稳定为 98.8%。这是因为当线能量密度达到阈值后，继续增大使金属液保留时间延长，凝固时间增加，进而增大缺陷产生的可能性，使相对致密度降低。当线能量密度超过 0.55J/mm 时，相对致密度急剧下降，最低相对致密度仅为 95.44%。

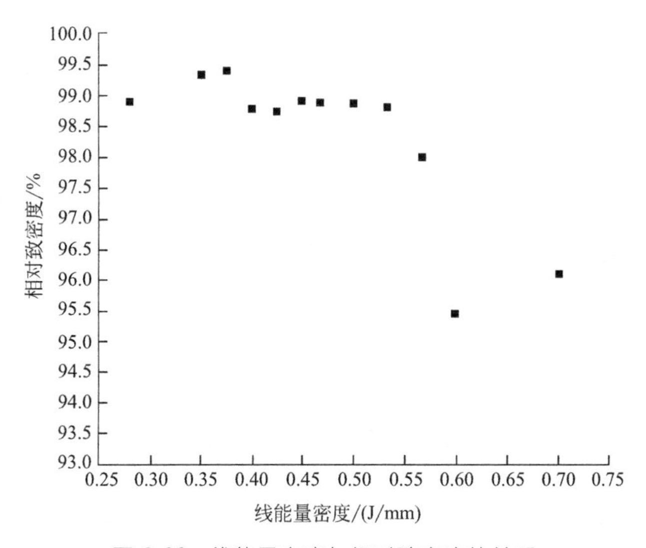

图 6-60　线能量密度与相对致密度的关系

② 材料强度　与铁基合金相似，钛基合金 SLM 制件的最高抗拉强度值也高于相应的铸造制件。原因也在于，SLM 成形过程中，钛基合金在极小的局部空间快速熔化和凝固，制件整体的微观组织和化学成分更加均匀，强度也更高。

③ 表面粗糙度　关于钛基合金 SLM 制件表面粗糙度的研究相对较少。例如，采用 Ti64 获得的 SLM 制件表面粗糙度 Ra 为 3.96μm；采用 CP-Ti 获得的 SLM 制件表面粗糙度 Ra 为 5μm。

④ 显微硬度　最高的显微硬度不一定与最高密度相对应。以 Ti6Al4V 为例，相对致密度分别为 95.2%和 95.8%的制件，其显微硬度均为 613HV；而具有更高相对致密度 97.6%的制件，其显微硬度仅为 515HV。

(3) 镍基合金

① 相对致密度　SLM 成形制造中使用的镍基合金主要有：Inconel625、

Inconel718、Chromel、Hastelloy X、Nimonic263、IN738LC 以及 MAR-M247。其中，铬镍铁合金粉末的应用是最多的，其制件主要用于高温的工程场合。研究中主要关注如何优化 SLM 工艺参数，以形成稳定的激光熔池，最终获得全致密度的 SLM 制件。其中，Inconel718、HastelloyX 和 Nimonic263 的 SLM 制件已经接近 100%的全致密状态，而 Inconel625 与 Chomel 还有较大的提升空间。

另外，镍基合金 SLM 成形制造研究中，最大的热点是针对镍钛合金的“形状记忆效应”研究。其中 NiTi 的 SLM 制件在温度为 32～59℃出现马氏体转变，在温度为 59～90℃出现奥氏体转变。随后，开展了进一步研究，发现与传统的 NiTi 合金相比，NiTi 形状记忆合金具有更好的循环稳定性，但是断裂强度和断裂应变更低。

② 材料强度　镍基合金 SLM 制件的最高极限抗拉强度、屈服强度和伸长率与钛基合金相似，各种镍基合金的 SLM 制件，均比相应的铸件拥有更高的极限抗拉强度。

③ 显微硬度　关于镍基合金 SLM 制件显微硬度的研究相对较少。镍基合金 SLM 制件的显微硬度可以通过时效热处理而提高。

(4) 铝及其他合金

除了铁、钛、镍基合金外，其他如铝、铜、镁、钴、金、钨等金属也被用于 SLM 成形制造。只是针对这些金属的 SLM 研究与应用相对较少。关于铝合金，除了研究较为广泛的 AlSi10Mg 粉末，Al6061、AlSi12、AlMg 等合金粉末也被应用于 SLM 成形制造中。合金制件的性能不仅与 SLM 的制造工艺参数相关，还受粉末形态及粉末含量的影响。通常情况下，粉末颗粒越细、球形度越高、硅含量越大，SLM 制件的相对致密度越高。

目前，通过 SLM 成形工艺，铝合金以及钴铬合金的相对致密度可以达到 96%以上，但是其他合金的相对致密度相对较低，为 82%～95%。因此还有很大的提升空间。AlSi10Mg 经 SLM 成形加工后，其极限抗拉强度、屈服强度和伸长率可分别达到 400MPa、220MPa 和 11%。SLM 制件的强度受相对致密度的影响很大。孔隙率越大，制件内部的结构组织越容易被破坏，强度也越低。例如，相对致密度为 92%的 CuNi15 合金，其强度仅为 400MPa。因此，对于其他金属，首要问题还是研究如何通过 SLM 工艺提高其相对致密度值，降低孔隙率，以形成全致密的制件。在表面粗糙度的研究方面，AlSi10Mg 的 SLM 制件 Ra 为 14.35μm，经喷丸加工处理后可以减小至 2.5μm。

在 Al6061 中添加 30%的铜粉后，SLM 制件的表面显微硬度获得了显著的提高，是由于混合后的铜粉与 Al6060 在 SLM 加工过程中形成了 $AlCu_2$ 的原因。

6.2.3 性能的调控方法

SLM工艺的成形原理和工艺方法与机加工、铸、锻等传统工艺存在明显差异，其移动微溶池、急速凝固、方向性传热及极大温度梯度等特殊冶金条件导致特殊的微观组织及宏观性能，同时成形零件残余热应力大，易造成微裂纹等缺陷[18]。因此，性能的调控显得尤为重要。目前，主要是对SLM成形材料、工艺参数、扫描策略、预热、重熔、后处理和结构设计等方面进行研究，以期建立起SLM成形件宏观性能的调控方法[3]。

(1) 材料

SLM成形工艺的最大优点是能够逐层熔化各种金属粉末形成复杂形状的金属零件。然而，SLM技术在熔化金属粉末时，在其相应的热力学与动力学规律作用下，有些粉末的成形易伴随球化、孔隙及裂纹等缺陷。大量文献指出，并非所有的金属粉末都适合于SLM成形，因此有必要研究适用于SLM成形的金属粉末材料，并分析相应的冶金机理[19-21]。

同一种粉末的不同粒径对其成形性也有很大影响，表6-8为不同粒径及其松装密度的粉末。平均粒径为50.81μm的1号粉末松装密度仅为54.98%，在4种粉末中松装密度最低。由于这种粉末粒径分布范围最窄，类似于单一粒径球体堆积。由球体堆积密度理论[19]，单一粒径球体堆积密度最小，其平均值为53.3%。当粉末粒径减小时，平均粒径从50.81μm到13.36μm变化时，粉体松装密度逐渐变大。2号和3号粉末粒径分布范围更广，不同粒径的球混合在一起，减小了粉体的孔隙率；在球体堆积理论中，在只有两种粒径的球体堆积中，当小大球粒径比为0.31时达到最大。4号粉末是利用1号和3号粉末混合而成，假设1号和3号粉末这两种粉末都是由粒径为50.81μm和13.36μm的球体组成，那么在混合粉末中小大球的粒径比为0.26，这种配比接近了理想的比例0.31，最后实测松装密度达到最高的59.83%[15]。

表6-8 不同平均粒径的粉末及其松装密度

粉末编号	1	2	3	4
平均粒径/μm	50.81	26.36	13.36	47.15
松装密度/%	54.98	55.79	56.13	59.83

选择4种粒径粉末用激光功率为140W，扫描速度为650mm/s，层厚为0.02mm的成形工艺参数进行立方块体成形，图6-61显示的是四种粉末粒径的粉末松装密度与成形后零件的相对致密度曲线。1、2、3号粉末成形零件的相对致密度依次提高，3号粉末相对致密度最高，4号粉末相对致密度稍高于1号粉末而低于2号粉末。由1、2、3号粉末的相对致密度结果可以看出，随着粉末的

松装密度的提高，成形零件的相对致密度也随之提高，4 号粉末松装密度最高，但其相对致密度相对 3 号粉末有所下降，这是因为 4 号粉末中两种粒径粉末尺寸相差较大，在熔化过程中，小颗粒的粉末优先熔化，大颗粒的粉末有的则未被熔化，形成球化现象，导致下一层铺粉不均匀，最终出现孔隙。因此，平均粒径 26.36μm 的相对致密度最高。

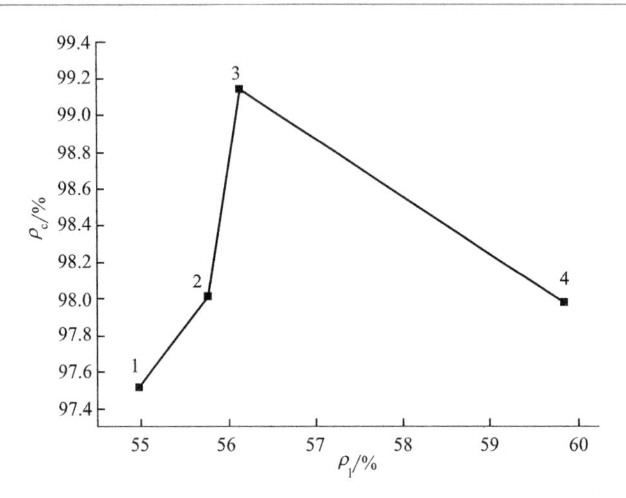

图 6-61 粉体松装密度与成形后零件相对致密度的关系

(2) 成形工艺参数

SLM 技术的一个重要缺陷是成形过程容易产生孔隙，从而降低金属件的力学性能，严重影响 SLM 成形零件的实用性。SLM 的最终目标是制造出高致密的金属零件，因此，研究孔隙的形成以及孔隙率的影响因素对提高成形件性能，提升 SLM 技术的实用性具有非常重要的作用。

由于 SLM 技术是基于线、面、体的成形思路，其致密化及零件性能受到多种加工参数，如扫描速度 v、激光功率 P、切片层厚 d、扫描间距 h 的影响。这些参数可以综合归纳为一个“体能量密度” $\psi=P/(vhd)$ 来表示。随着体能量密度的提高，成形件的相对致密度随之增加，但随着体能量密度更进一步提高，成形件相对致密度上升趋势缓慢并趋近于某一固定值；最后，成形件的相对致密度与能量密度满足指数关系，并推导出了致密化方程[22]。

材料的力学性能是衡量其实用性必不可少的因素。采用不同的扫描速度制备几组拉伸试样，以研究其力学性能与致密性的关系。不同扫描速度下 316L 试样件的拉伸强度如图 6-62 所示。可以看出随着扫描速度的不断增大，拉伸强度逐渐降低。这是由于较高的扫描速度下成形件的相对致密度较低，导致其力学性能下降。图 6-63 为不同相对密度下的应力-应变曲线，可见，在 96%相对致密度下，其拉伸强度可达到 654MPa；随着相对致密度的降低至 89%，其拉伸强度也随之降至 430MPa；当相对致密度进一步降低至 78%时，拉伸强度仅为 135MPa。对于低相对致密度的试样件，在拉伸力作用下，裂纹优先从孔隙处产生并扩展，造成了低相对致密度下较低的力学性能[14]。

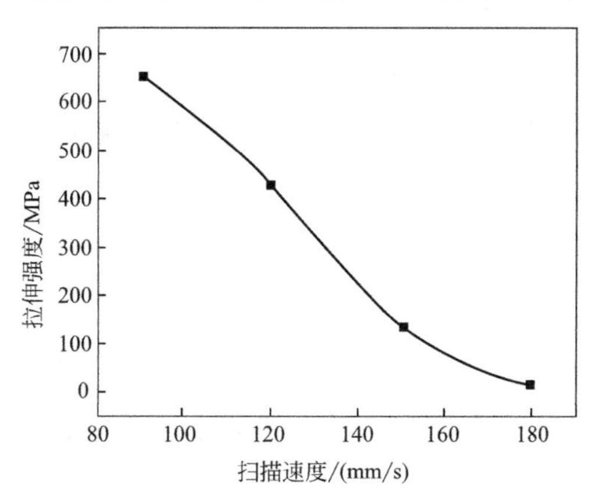

图 6-62 SLM 成形 316L 不同扫描速度下的抗拉强度[13]

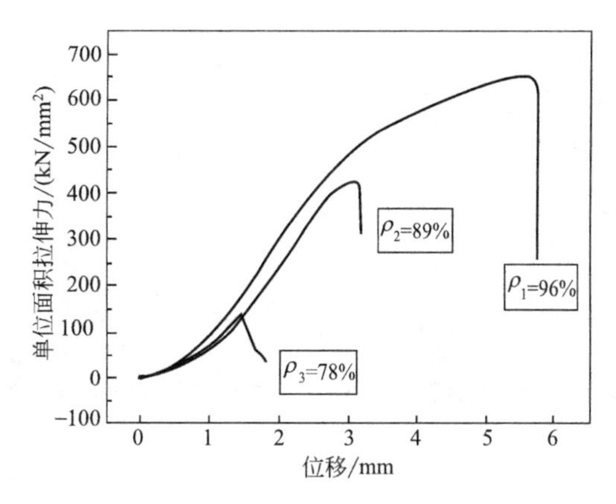

图 6-63 SLM 成形 316L 不同相对致密度拉伸件的应力应变曲线

图 6-64 为不同相对致密度下拉伸件的断口形貌。较低的相对致密度下(78%)，断口显示出未熔化的球形粉末颗粒［图 6-64(a)］和韧窝特征［图 6-64(b)］，说明裂纹从该处扩展，也揭示了其拉伸强度较低的原因；在较高的相对致密度下（89%和 96%），断口显示出大量细小的韧窝，表现出韧性断裂与沿晶断裂特征［图 6-64(c)～(f)］[14]。

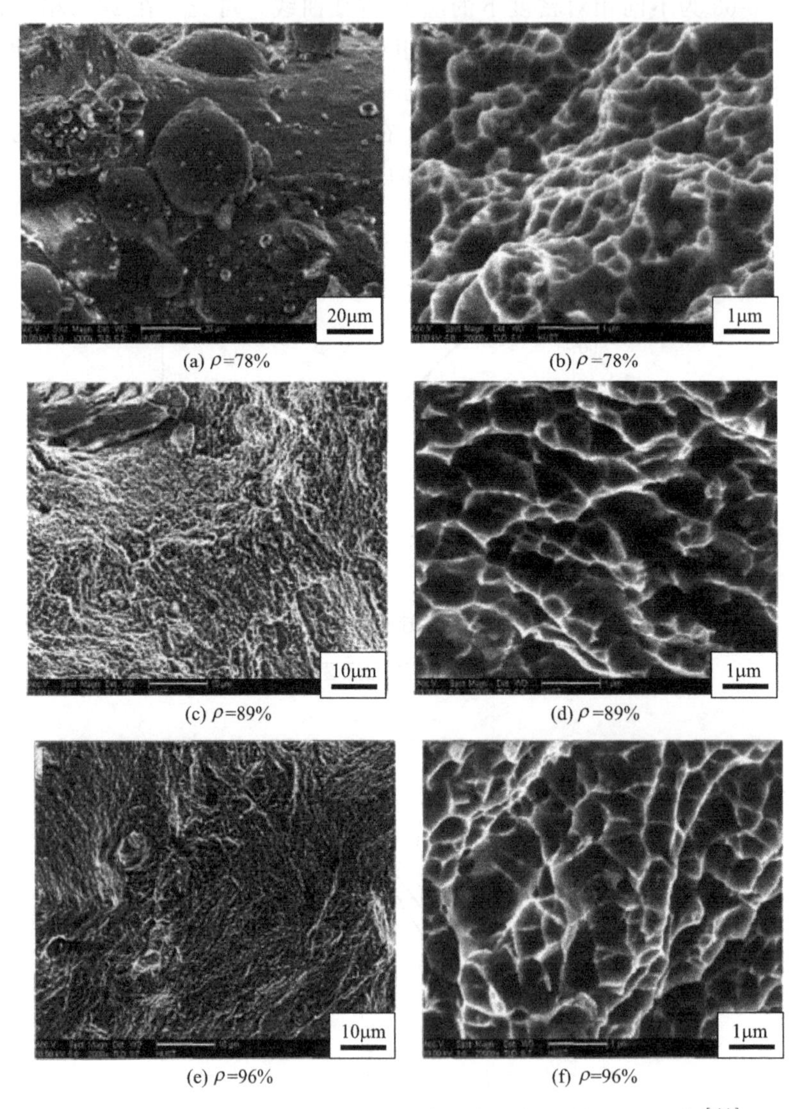

(a) ρ=78%　(b) ρ=78%

(c) ρ=89%　(d) ρ=89%

(e) ρ=96%　(f) ρ=96%

图 6-64　SLM 成形 316L 不同相对致密度下成形件的断口形貌[14]

（3）扫描策略

由于 SLM 成形过程中快速冷却的特性，制件残余应力往往是影响其成形的重要因素，通过改变扫描策略可以有效减小其残余应力。

扫描方式可分为分组变向、分块变向、跳转变向和内外螺旋，如图 6-65 所示。采用 SLM 制造较大金属零件时，用分组变向单道扫描线长度过长，不利于液态金属的均匀过渡和连接，为此，把较大金属零件每层轮廓分为多个小区域进行扫描，这样就把大件的制造转化为多个小件的制作，这样各个小块之间都达到良好的成形效果。内外螺旋的扫描方式对截面轮廓为圆形的零件有独到的优势，其可以使扫描线均匀过渡，对其他形状的零件加工也有优于其他扫描方式的特点，由于扫描线不呈直线相加，可以减少零件内部的热变形累积。此外，该方式还适合内层中空的截面扫描；或者可以和其他扫描方式复合，先加工好内部一定直径范畴内的轮廓，再用内外螺旋得到良好的整体成形质量[23]。

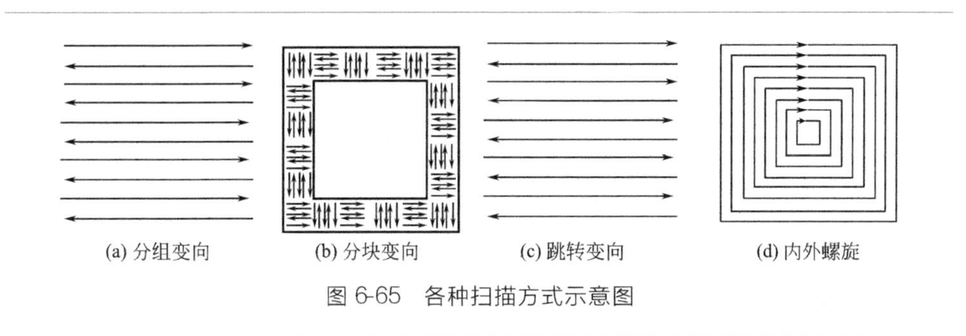

图 6-65 各种扫描方式示意图

(4) 后处理

后处理改善 SLM 成形件性能的方法通常有固溶强化、退火和热等静压(High Temperature Insostatic Pressing，HIP) 等。

① 固溶强化 固溶强化处理是 316L 不锈钢零件常用的热处理方法，目的是使钢中的碳化物在高温下固溶于奥氏体中，通过急冷使固溶了碳的奥氏体保持到常温，减少钢中铁素体含量。通过固溶参数的调整，可以对钢的晶粒度进行控制，使钢的组织得到软化，对改善材料性能有着相当重要的意义[24]。

由表 6-9 和图 6-66 可以看出，经过固溶处理后，SLM 成形 316L 不锈钢零件的抗拉强度相对于没有固溶处理的有一个先降后升的过程，伸长率大幅增加。其中未经处理的试样屈服强度和抗拉强度分别为 502MPa 和 551MPa。固溶处理保温 10min 的屈服强度和抗拉强度分别为 371MPa 和 486MPa。固溶处理 20min 的屈服强度和抗拉强度分别为 365MPa 和 505MPa。固溶处理 30min 的屈服强度和抗拉强度分别为 353MPa 和 585MPa。

固溶处理 10min 和 20min 的屈服强度和抗拉强度均低于未经处理的试样，固溶处理 30min 的试样屈服强度低于未经处理的试样，但是抗拉强度高于未经处理的试样。经过固溶处理的试样伸长率均高于未经处理的试样，其中固溶处理 30min 的伸长率达 36.6%，远远大于未经处理的 SLM 试样，SLM 经过固溶处理后，SLM 成形部分的缺陷消除了，其伸长率和抗拉强度增加了。

表 6-9 固溶处理工艺参数与性能[15]

编号	固溶温度/℃	固溶保温时间/min	屈服强度(0.2%)/MPa	抗拉强度/MPa	伸长率/%
1	无	无	502.90	551.20	11.3
2	1050	10	371.23	486.50	19.4
3		20	365.64	505.44	24.2
4		30	353.75	585.14	36.6

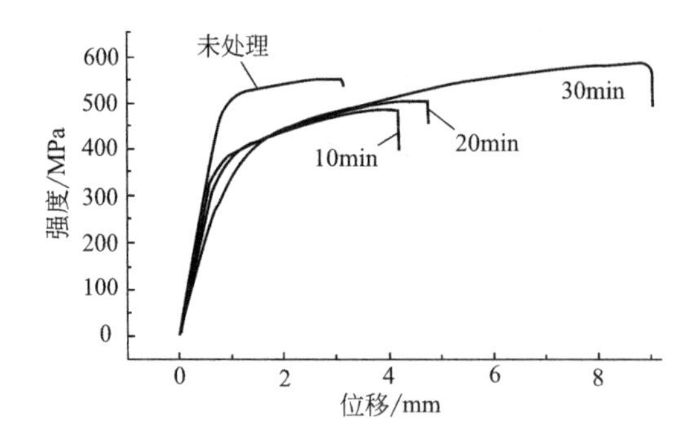

图 6-66 不同固溶处理保温时间 SLM 成形 316L 不锈钢制件拉伸曲线对比[15]

如图 6-67 所示，未经过固溶处理的 SLM 试样的硬度在 86HRB，进行固溶处理后，硬度明显降低。在固溶处理 10min 时，硬度降低到 64HRB，这是因为在固溶处理时，不锈钢中的碳化物和 σ 相固溶到奥氏体中，降低了其硬度。另一方面随着固溶时间的增加，增加了碳化物在基体中的溶解度，提高了奥氏体的稳定性。淬火后，残余奥氏体增加，降低了钢的硬度，但是残余奥氏体的存在提高了其抗拉强度。研究表明，在固溶温度为 1050℃时，随着保温时间的增加，其强度和硬度都会降低[24]。但在本实验中，随着固溶保温时间的增加，其强度和硬度均有所提高。分析其原因可能是由于本次固溶处理采用的温控设备不太精确，对温度控制不准，有 50℃的误差，当温度接近设定温度时，变自动加热，温度降低后，又重新升温。故此次固溶处理温度实际在 1000℃左右。在此温度下，奥氏体的转变并未停止，随着保温时间的增加，奥氏体数量增加，冷却后形成大量的残余奥氏体，增加了其硬度和强度。金属材料的硬度和强度具有一定的对应关系，本次结果显示其硬度与图 6-67 中的抗拉强度显示出了一致性。

温度对固溶处理的处理效果也有很大影响，采用 850℃、950℃及 1050℃的固溶温度对成形零件进行处理，均保温 30min，完成后放入冷水中进行冷却。图 6-68 为不同固溶处理温度下的试样拉伸曲线。从 850℃开始，随着温度的升高，材料的抗拉强度逐渐下降，伸长率随着上升。在加热过程中，晶粒的再结晶和长大使材料的强度下降，韧性增强。温度的升高使得奥氏体的数量增加，导致更多的碳化物溶入奥氏体中，得到的组织韧性变好，但温度的增加使得晶粒长大，降低了强度。

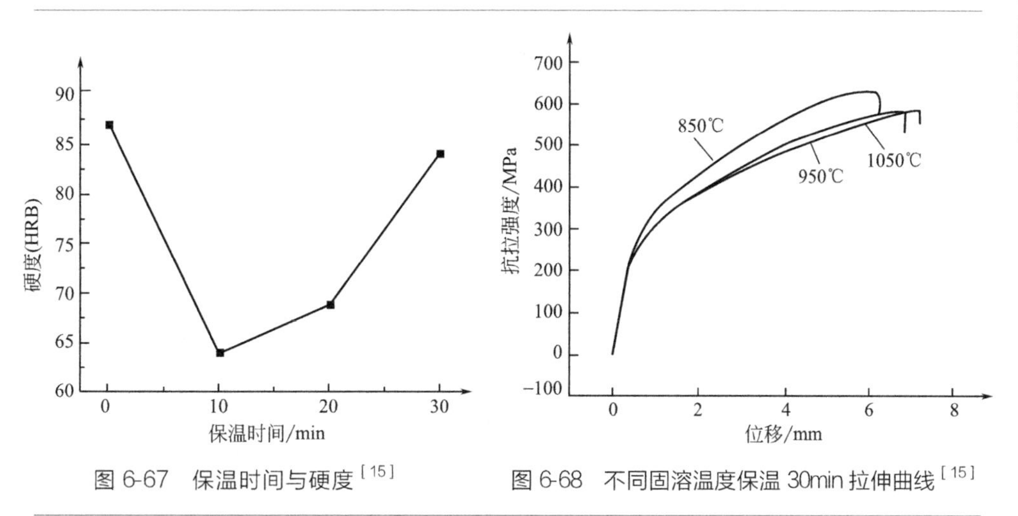

图 6-67 保温时间与硬度[15]

图 6-68 不同固溶温度保温 30min 拉伸曲线[15]

316L 不锈钢具有良好的力学性能、耐腐蚀性能、耐热性和焊接性。316L 不锈钢的腐蚀主要是晶间腐蚀。其成因是在 400～900℃范围内，在晶界容易析出含铬的碳化物，其从奥氏体中析出首先是发生在不规则的高能截面，然后在非共晶孪晶界析出，最后在晶体内部形成。高铬碳化物的形成造成了晶界周围铬的缺乏，铬的扩散较为缓慢，来不及补充因形成碳化物而流失的铬，造成贫铬现象。这种碳化物的形成对材料的耐腐蚀性产生很大影响，并且会降低钢的塑性和韧性。固溶后的试样进行时效处理会改善材料的性能[24-26]。通过对 SLM 成形试样进行时效处理，可以研究不同时效处理条件下不锈钢的性能及微观组织，为避免晶间腐蚀和材料抗腐蚀性能提供依据。采用 1050℃固溶 30min 后，再对试样分组进行时效处理。时效处理时间为 24h，时效处理温度为 650℃、750℃和 850℃。

不同时效温度对固溶后的 SLM 成形的拉伸性能的影响如图 6-69 所示，从图中可以看出，750℃时效处理 24h 后，拉伸强度较固溶后有所提高，850℃和 650℃时效处理 24h 后的强度同固溶后比较没有太大差别。其中 850℃时效处理后零件的拉伸强度最差，750℃时效处理后的拉伸强度最好。

华中科技大学史玉升教授组发现固溶热处理温度会显著影响 SLM 成形 316L 不锈钢的晶粒大小，随着温度的升高，晶粒逐渐长大，同时熔池边界也逐渐消失，熔池边界缺陷减少；固溶温度对抗拉强度的影响较小，但对制件的塑性即伸长率有显著的影响；适合的热处理工艺以在适当降低抗拉强度的同时显著提高制件的塑性，当热固溶处理温度为 1050℃时，其抗拉强度下降 5%，伸长率提高 62%[2]。

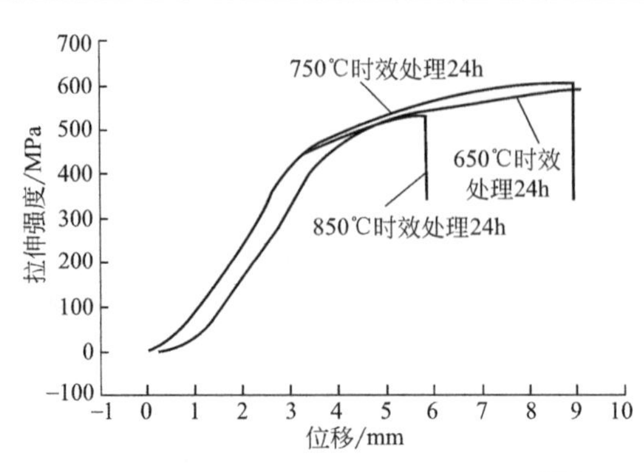

图 6-69 不同时效处理温度拉伸曲线[14]

② 退火 通过退火处理可以大大改善成形件拉伸性能的各向异性，不同的热处理工艺显著影响试样的拉伸性能，其中 SLM 成形 420 模具钢淬火+回火的热处理工艺后组织为微细的马氏体和均匀分布的碳化物，抗拉强度提高到 1837MPa，伸长率提高到 13.8%。耐磨性结果与成形件的硬度一致，成形件硬度越大，耐磨性越好。耐磨性最好的热处理工艺如下：热处理温度 1050℃，保温 30min 后进行水冷，摩擦磨损量由 SLM 成形件的 34.6mg 降低为 23mg，耐磨性提高了 33.5%[3]。

③ HIP HIP 主要用于金属材料的粉末成形固结。近 30 年来，热等静压技术在铸件处理中得到了迅速的发展，英美许多飞机制造厂已经明文规定，将热等静压处理作为叶片等关键零件铸造生产线上必不可少的工序[27]。热等静压处理铸件消除了铸件中的微小气孔等缺陷，经热等静压处理的铸件性能接近或优于锻件水平[28]。HIP 对铸件的后处理效果为 SLM 制件 HIP 后处理提供了可行性理论依据。

SLM 制件 HIP 后处理思路为：用普通的 SLM 成形方法成形出一定性能的制件；根据 SLM 制件的性能参数等制定 HIP 后处理的工艺曲线；将 SLM 制件放到热等静压炉里按照设定的工艺曲线进行 HIP 后处理[8]。

通过 SLM 成形参数加工出的样品表面形貌如图 6-70 所示，样品 1 表面平整无孔洞，表面相对起伏小；样品 2 表面有些起伏，有少许细小孔洞，大部分为光洁表面，但是熔道润湿角偏大，表面起伏较大；样品 3 中熔化的金属虽然相互连接在一起，但是熔化金属之间存在大量孔洞，而且孔洞连通到下一层。

通过将样品 1 和样品 2 在 Z 方向上截面抛光后发现，样品 1 中还是存在少许微裂纹［图 6-71(a)］，该微裂纹形成原因主要是扫描层间黏结不牢，其次，SLM 扫描过程是温度场迅速变化的过程，加工过后零件内存在由热应力引起的残余应力而造成的裂纹，此种裂纹内部一般是真空状态。这些微裂纹的存在直接造成了零件整体性能的下降，因为缺陷与微裂纹会在零件工作状态下受力而扩展，零件的断裂强度和疲劳强度都会下降很多，这也是SLM加工不可避免的一个缺陷。样品2中不仅存在明显的裂纹，还有较多的不规则封闭孔［图6-71(b)］，孔的形成原因是铺粉层厚过大，层与层之间存在熔化的金属不能填充的地方，而金属冷凝速度非常快，内部气体没有及时溢出。

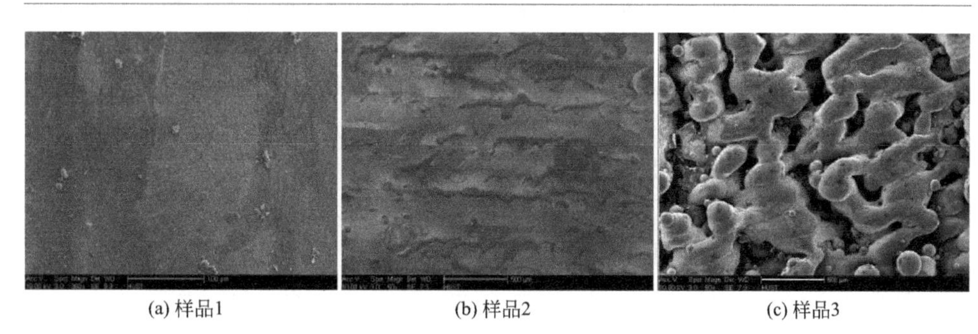

(a) 样品1　(b) 样品2　(c) 样品3

图6-70　SLM加工的样品表面形貌[8]

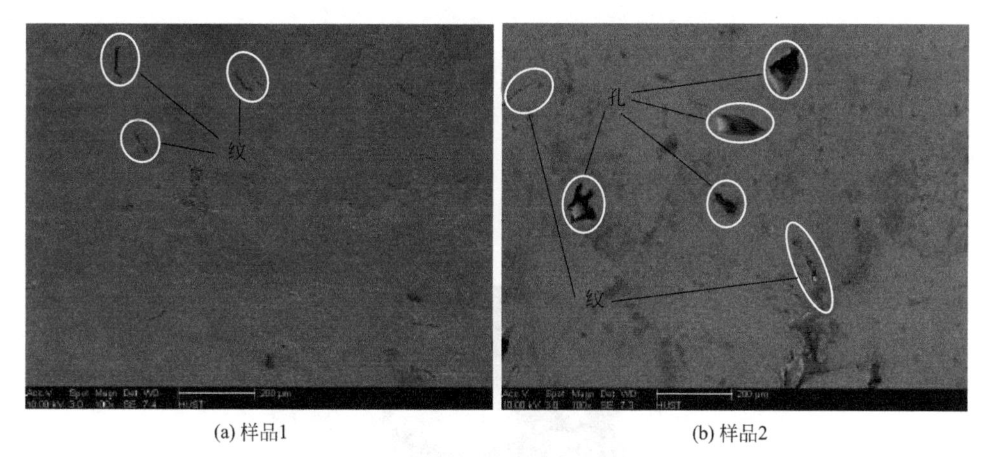

(a) 样品1　(b) 样品2

图6-71　SLM样品1与样品2截面图[8]

对三个试样块进行HIP后处理。HIP后处理过程中，三个样品在高温下保持时间较长（2h），AISI316L热导率比较高，因此样品各处的温度均能达到1050℃，温度接近AISI316L熔点的80%。样品在高压作用下，刚开始发生的是弹性形变，金属的屈服强度随着温度的上升会下降[29]，随着压强和温度的升高，作用在样品上的力逐渐超过了屈服强度，而且由于金属在高温高压下有蠕变性，样品中的晶粒在高温高压下，会通过滑移再结晶等实现变形，来调整各处压力平衡，最终在保温保压阶段，整个样品内部压强将稳定在 100MPa。

经过 HIP 后处理后，三个试样块微观组织（图 6-72）发生了较大的变化，在 HIP 作用下都发生了内部闭合孔缩小愈合的现象。由于样品 1 中的微裂纹大部为真空裂纹，因此 HIP 后微观裂纹全部消失，几乎处于全致密状态，只有少许微小的球形孔［图 6-72(a)］。由于孔隙内气压较小，而零件受到热等静压的力很大，因而孔壁会沿所受合力的方向移动，真空裂纹在 HIP 处理下会全部愈合，而内部有残余气体的闭合孔或者裂纹随着孔壁和裂纹壁的闭合和迁移，孔隙空间越来越小，孔内气体逐渐被压缩，压强越来越大。当孔隙中气体压强等于 100MPa 时，孔隙内气体体积不再发生变化。但是，此时由于不规则孔隙表面能比较高，在 HIP 作用下孔壁金属材料仍然未处于压力平衡状态，因此孔隙逐渐球化以降低表面能，达到最终的平衡状态［图 6-72(b)］[27]。而样品 3 中孔洞仍然很大很明显［图 6-72(c)］，这是由于样品 3 中孔洞大部分为通孔，高压气体可以进入其中，HIP 不能将孔隙愈合。

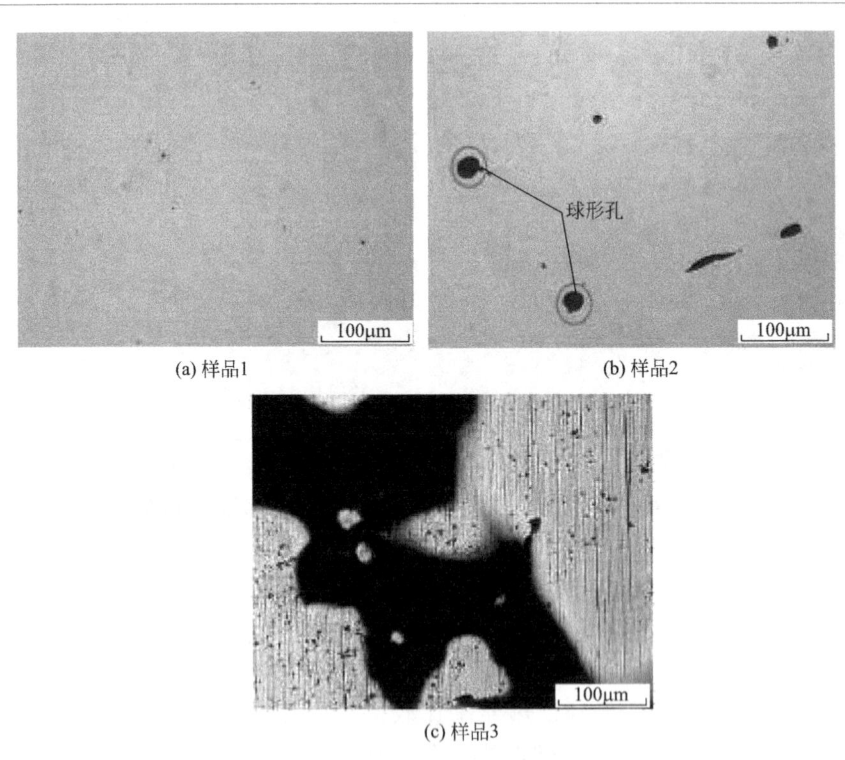

(a) 样品1　(b) 样品2　(c) 样品3

图 6-72　HIP 后处理后样品截面形貌[8]

用王水在室温下对三个样品进行腐蚀，其中样品 1 和样品 2 腐蚀 20s，样品 3 腐蚀 10s，在光学纤维镜下观察其微观的相组织如图 6-73 所示，其中，Z 方向为 SLM 加工层叠加方向。从图 6-73 可以看出，用 SLM 成形的样品 1、样品 2 和样品 3 在相同的 HIP 工艺下，其微观组织也有明显的不同。样品 1 与样品 2 腐蚀时间适中，晶界清楚。样品 3 虽然腐蚀时间较短，但是由于其孔隙率比较高，根据腐蚀动力学原理，样品 3 处腐蚀过度，而且晶界腐蚀效果还不明显。

(a) 样品1

(b) 样品2

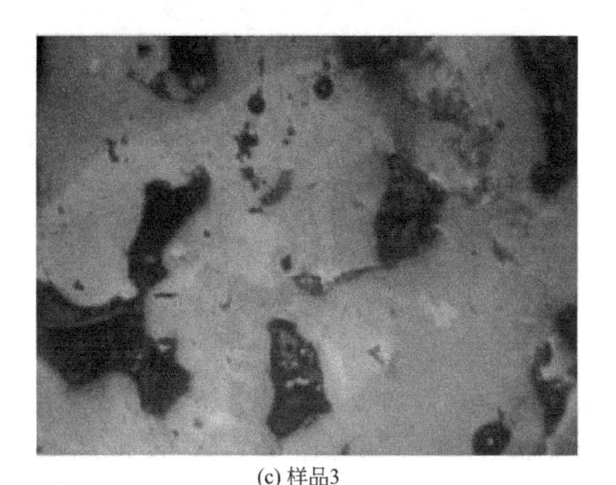

(c) 样品3

图 6-73　HIP 后处理后样品金相组织[8]

对比样品 1 和样品 2 的微观组织，发现相同 HIP 工艺参数下，样品 2 晶粒比样品 1 更细小。这是因为 HIP 处理之前，样品 1 相对于样品 2 裂纹与微孔少，相对致密度高，层间结合好，因此在 HIP 的过程中，样品 1 内部晶格变形和蠕变少，晶粒有更多的时间长大，而且不会被变形和蠕变打碎，最终的结果就是晶粒相对粗大。

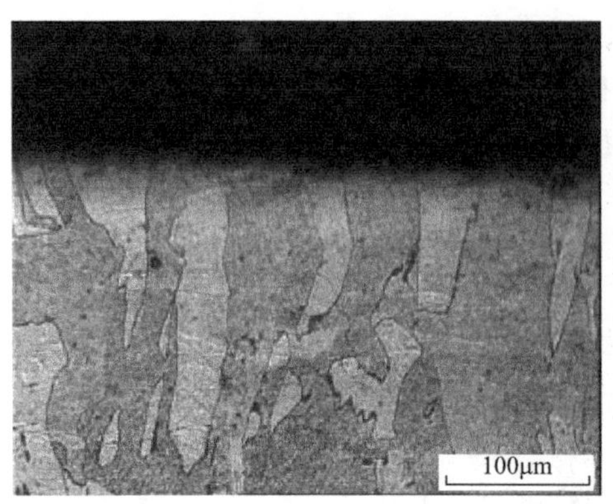

(a) 晶粒生长方向

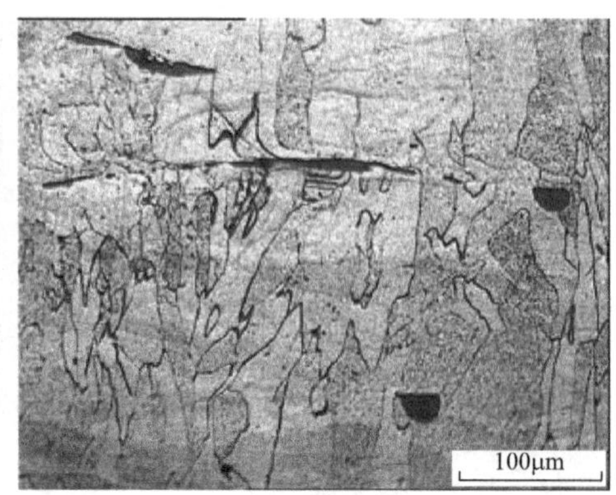

(b) 微裂纹处晶粒状态

(c) 晶粒粗大

图 6-74 样品 1 金相组织[8]

观察 HIP 后样品 1 的晶粒，晶粒生长方向主要是沿着 SLM 加工 Z 方向[图 6-74(a)]。在生长过程中，因为有少许微裂纹和层间结合不好，还会产生如图 6-74(b) 所示的晶粒沿裂纹生长的细化现象。但是大部分晶粒较大 [图 6-74(c)]，晶粒生长受 SLM 加工层影响较小，因为 SLM 加工时，样品 1 铺粉层厚较小，激光能量除熔化粉末外，剩余能量将熔化部分已成形层，所有的熔液最后凝固成为新成形层的一部分，因此层间结合紧密，宏观上没有层间裂纹，成分差异小。

HIP 后样品 2 晶粒生长大部分则是在层间生长，穿层生长不如样品 1 中多，如图 6-75(b) 所示，晶粒的生长主要是从层与层之间的结合部分开始，这主要是因为SLM加工是分层加工，样品2铺粉层厚较厚，是样品1的2倍，由于每层熔液金属比重不同，存在表面氧化现象，造成了制件在Z方向上成分不同，而晶粒的生长正是以氧化物或缺陷为衬底，因而主要从层与层结合处开始。

由于激光的能量不足以将已成形层部分熔掉，会造成层与层之间结合并不紧密，因而在HIP作用下，孔隙开始闭合，且孔隙处变形较大，晶粒会被压碎而变得相对细小，如图6-75(a)所示。层间结合不存在孔隙时，因为结合处存在成分上的不同，晶粒的生长大部分也以此为衬底，如图6-75(b)所示。

对于图6-71(b)中存在的非真空孔，热等静压后一般变为球形孔或者类球孔，如图6-72(b)所示，此类孔由于边界能低，一般不会成为晶粒生长的衬底，可以发现其周围晶粒较粗大，孔基本包含在一个晶粒内[图6-75(c)]，可以预想到此类孔对试样最终的性能影响不会很大，裂纹源形成较困难，所以HIP后样品2的性能会得到很大的提升。

但是如果孔洞太大，由于HIP下材料会通过蠕变来使各处压力平衡，孔洞周围的晶粒就变得非常细小，如图6-75(d)所示。而对于边缘处的开孔，由于高压氩气可以进入孔内，孔内壁同时也受到了100MPa的压力，如同样品3的结果一样不会闭合[图6-75(e)]。

样品3由于腐蚀难度比较大，微观组织（图6-76）不是很明显，但是仍然可以看出其晶粒比较粗大，说明其在HIP过程中变形相对较少。

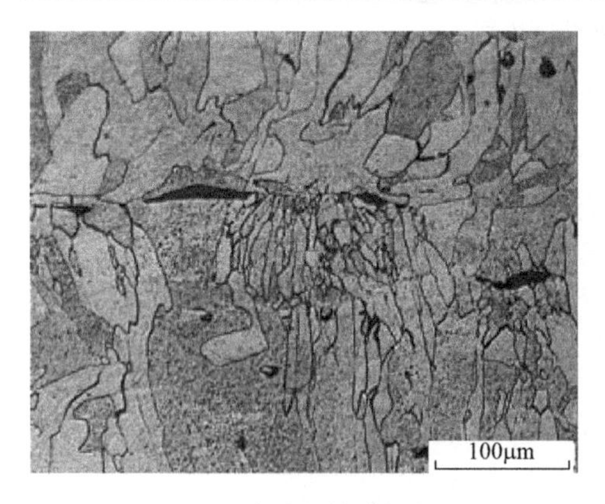

(a) 变形导致晶粒细小

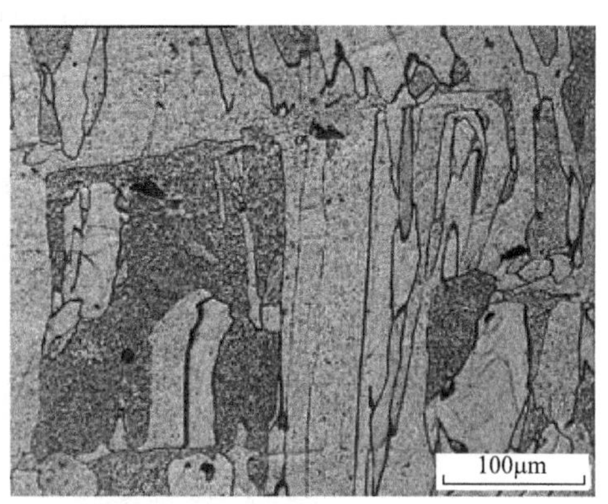

(b) 晶粒沿层间生长

图6-75

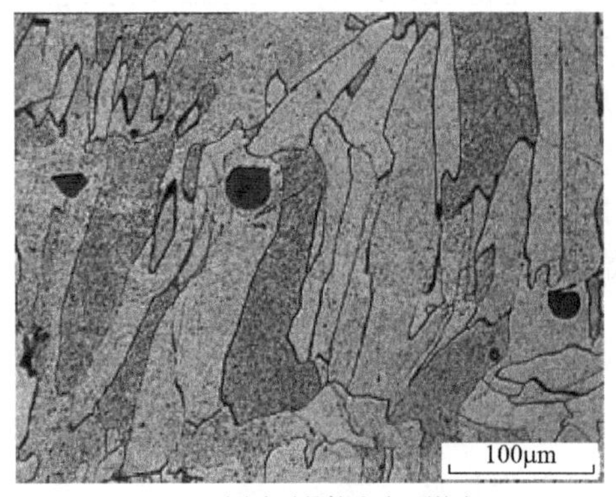

(c) 圆孔对晶粒大小无影响

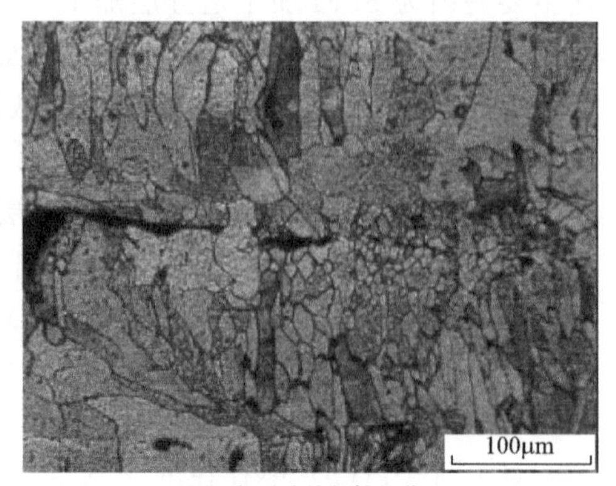

(d) 宏观孔处晶粒细化

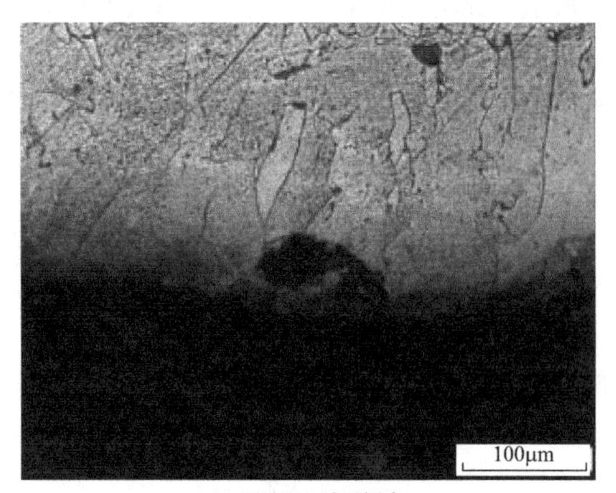

(e) 通孔HIP后不闭合

图 6-75 样品 2 金相组织 [8]

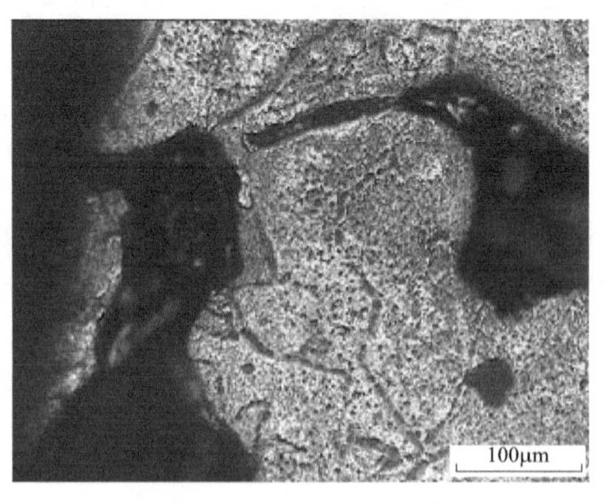

图 6-76 样品 3 金相组织 [8]

参考文献

[1] 章文献. 选择性激光熔化快速成形关键技术研究[D]. 武汉：华中科技大学，2008.

[2] 张升. 医用合金粉末激光选区熔化成形工艺与性能研究[D]. 武汉：华中科技大学，2014.

[3] 赵晓. 激光选区熔化成形模具钢材料的组织与性能演变基础研究[D]. 武汉：华中科技大学，2016.

[4] Qian T T，Liu D，Tian X J，et al. Microstructure of TA2/TA15 graded structural material by laser additive manufacturing process[J]. Transactions of Nonferrous Metals Society of China，2014，24(9)：2729-2736.

[5] Tian X J，Zhang S Q，Wang H M. The influences of anneal temperature and cooling rate on microstructure and tensile properties of laser deposited Ti-4Al-1. 5Mn titanium alloy[J]. Journal of Alloys & Compounds，2014，608(5)：95-101.

[6] 蔡玉林，郑运荣. 高温合金的金相研究[M]. 北京，国防工业出版社，1986：136.

[7] 张洁. 激光选区熔化 Ni 625 合金工艺基础研究[D]. 武汉：华中科技大学，2015.

[8] 王志刚. 选择性激光熔化成形及热等静压后处理微观研究[D]. 武汉：华中科技大学，2011.

[9] E. O. Olakanmi，R. F. Cochrane，K. W. Dalgarno. A review on selective laser sintering/melting (SLS/SLM) of aluminium alloy powders：Processing，microstructure，and properties[J]. Progress in Materials Science 74 (2015)：401-477.

[10] Song B，Dong S，Coddet C，et al. Rapid in situ fabrication of Fe/SiC bulk nanocomposites by selective laser melting directly from a mixed powder of microsized Fe and SiC[J]. Scripta Materialia，2014：90-93.

[11] Zhao X，Song B，Fan W，et al. Selective laser melting of carbon/AlSi10Mg composites：Microstructure，mechanical and electronical properties [J]. Journal of Alloys and Compounds，2016：271-281.

[12] 程灵钰. SLM 制备不锈钢和纳米羟基磷灰石复合材料研究[D]. 武汉：华中科技大学，2014.

[13] 徐祖耀：材料表征与检测技术[M]. 北京：化学工业出版社，2009.

[14] 李瑞迪. 金属粉末选择性激光熔化成形的关键基础问题研究[D]. 武汉：华中科技大学，2010.

[15] 王黎. 选择性激光熔化成形金属零件性能研究[D]. 武汉：华中科技大学，2013.

[16] AlMangour，Bandar. Selective laser melting of TiC reinforced 316L stainless steel matrix nanocomposites：Influence of starting TiC particle size and volume content [J]. Materials & Design. 2016，(104)：141-151.

[17] 周旭.激光选区熔化近 α 钛合金工艺基础探讨[D]. 武汉：华中科技大学，2015.

[18] Song B，Zhao X，Li S，et al. Differences in microstructure and properties between

selective laser melting and traditional manufacturing for fabrication of metal parts: A review[J]. Frontiers of Mechanical Engineering, 2015, 10 (2): 111-125.

[19] Wang Y, Bergström J, Burman C. Characterization of an iron-based laser sintered material[J]. Journal of materials processing technology, 2006, 172 (1): 77-87.

[20] Gu D D, Shen Y F. Development and characterisation of direct laser sintering multicomponent Cu based metal powder[J]. Powder metallurgy, 2013.

[21] Zhu H H, Lu L, Fuh J Y H. Development and characterisation of direct laser sintering Cu-based metal powder [J]. Journal of Materials Processing Technology, 2003, 140 (1): 314-317.

[22] Simchi A. Direct laser sintering of metal powders: Mechanism, kinetics and microstructural features [J]. Materials Science and Engineering: A, 2006, 428 (1): 148-158.

[23] 付立定. 不锈钢粉末选择性激光熔化直接制造金属零件研究 [D]. 武汉: 华中科技大学, 2008.

[24] 侯东坡, 宋仁伯, 项建英, 等. 固溶处理对 316L 不锈钢组织和性能的影响[J]. 材料热处理学报, 2010, 31 (12): 61-65.

[25] 丁秀平, 刘雄, 何燕霖, 等. 316L 奥氏体不锈钢中时效条件下析出相演变行为的研究[J]. 材料研究学报, 2009, 23 (3): 269-274.

[26] 刘小萍, 田文怀, 杨峰, 等. 时效处理 SUS316L 不锈钢中析出相的晶体结构和化学成分[J]. 材料热处理学报, 2006, 27 (3): 81-85.

[27] 马福康. 等静压技术[M]. 北京: 冶金工业出版社, 1992.

[28] 王恺, 王俊, 康茂东, 等.热等静压对 K4169 高温合金组织与性能的影响[J].中国有色金属学报, 2014, 24 (05): 1224-1231.

[29] 黄培云. 粉末冶金原理[M]. 北京: 冶金工业出版社, 1982.

第7章

应用实例

7.1 随形冷却模具

7.1.1 随形冷却技术

(1) 随形冷却模具

模具是现代工业生产之母，是现代制造业的基础工艺装备，大多数工业产品的零部件都依靠模具技术来生产。模具由多个系统组成，其中，冷却系统对模具的寿命、产品的生产效率和质量都有着至关重要的作用。以注塑模具为例，冷却模具所需要的时间占整个生产周期的 2/3 以上，因此，一个有效的冷却系统将大大减少冷却所需的时间，从而极大地提高生产效率。传统的冷却系统主要由直孔式的冷却水道组成，直孔水道无法均匀贴近型腔和型芯表面，冷却效果不均匀[图 7-1(a)]。同时，直孔式冷却水道系统难以满足模具结构复杂化的趋势，只能

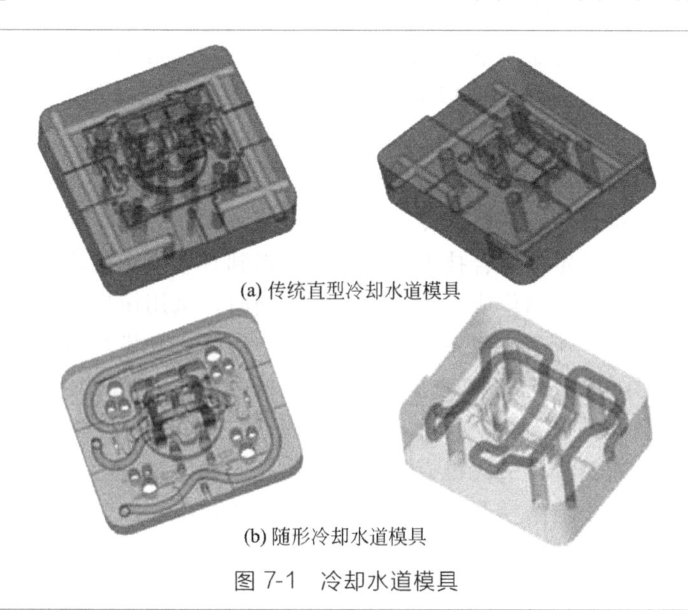

(a) 传统直型冷却水道模具

(b) 随形冷却水道模具

图 7-1 冷却水道模具

采用铜镶块来满足局部位置的冷却要求，这无疑增加了模具制造的周期与成本。随形冷却水道（Conformal Cooling Channels，CCC）系统是现在冷却效率较高的方式，将冷却水道紧附于模具型腔表面［图 7-1(b)］，随模具型腔形状变化而改变，可以极大提高模具的冷却效率和冷却均匀性。研究随形冷却流道的设计与制造技术是提升模具性能和自主创新的重要手段，从而增强我国模具行业的竞争力[1,2]。

然而，使用传统的机加工、电火花等技术制造复杂的随形冷却水道难度很大，亟需寻求一种新的加工方法。3D 打印技术是 20 世纪 80 年代末出现的一种先进制造技术，该技术基于逐层叠加材料的制造原理，将复杂的结构分解为二维制造，可快速制造出任意复杂的结构[3,4]。20 世纪 90 年代 3D 打印技术已经开始应用于模具的快速制造，主要是间接制造模具，如通过硅胶软模翻模制造模具，间接制造的模具在性能、使用寿命上都存在局限性。随着 3D 打印技术的进一步发展，激光 3D 打印技术使用高能激光束熔化微细金属粉末，可以直接制造出高性能形状复杂的接近全致密的金属模具，推动了模具随形冷却技术的发展，进一步地提升了模具冷却性能。相比于传统加工方法，该技术具有以下优点。

① 缩短模具制造工艺流程，加快研发与制造过程。

② 可以加工高强高温材料，制造高端模具。

③ 可以快速制造高性能的具有随形冷却水道的模具镶块。

(2) 国内外同类产品和技术现状

随着现代注塑成形工艺的不断发展，传统的冷却技术难以满足现代化工业生产的要求。1994 年，MIT 的研究人员最早提出了随形冷却技术。1998 年，Jacobs 使用电铸铜镍合金材料的随形冷却注塑模，和传统冷却模具相比，生产效率提高了 70%。目前主要有以下几种方法制造具有随形冷却水道的模具。

① 机加工镶拼结构模具制造技术　普通直线型圆孔冷却水道是通过机加工得到的，当注塑模冷却水道为随形冷却时，传统工艺无法完成其加工过程。但是通过模具镶拼结构设计，并根据冷却水道的空间结构划分成不同的加工块，分别进行加工，再通过一定的组合技术，最终可以得到具有模芯镶块结构的模型。采用模具镶拼结构，模具制作成本高，周期长，同时，采用镶拼结构的模具容易发生冷却水道冷却介质泄漏的现象，影响模具的使用寿命和模具强度。

② 间接模具制造方法　随着 3D 打印技术的发展，20 世纪 90 年代开始使用该技术用于模具的快速制造，被称为快速模具技术（Rapid Tooling，RT），其中一种是通过快速精密铸造获得模具，即采用光固化、激光选择性烧结等方法快速成形出模具的半中空熔模原型，再将熔模与浇铸系统装配，挂浆焙烧获得陶瓷壳，然后进行精密铸造，经过热处理、校正、修整后得到所需的金属模具；另一种方法是使用 RT 技术制造模具原型，然后进行浸渗金属等后处理。间接模具制

造方法主要使用激光选区烧结、三维喷墨打印等技术成形原型，其致密度较低（约 50%），通过浸渗铜等低熔点金属，最终可得到致密度超过 90%的模具。

③ 激光 3D 打印技术直接制造模具　激光 3D 打印技术使用高能激光束，根据三维数据模型，逐层熔化金属粉末材料，堆积制造出任意复杂形状的金属零部件，可以快速制造出任意形状的复杂模具零件。自 20 世纪 90 年代德克萨斯大学发明激光选区烧结（Selective Laser Sintering，SLS）后，许多激光 3D 打印技术开始用于直接制造金属模具，包括激光选区熔化（Selective Laser Melting，SLM）、激光直接烧结（Direct Metal Laser Sintering，DMLS）、激光近净成形（Laser Engineered Net Shaping，LENS）等方法。这些方法的主要特点如表 7-1 所示。

表 7-1　直接制造金属模具的激光 3D 打印技术特点

原理	工艺	激光类型	层厚/mm	特点
烧结	SLS	CO_2 激光器	0.08 左右	需要浸渗处理来提高零件致密度
	DMLS	CO_2/Nd:YAG/光纤激光器	0.02～0.04	①基于粉床技术，成形材料广 ②成形精度高，但尺寸较小 ③零件致密度为 95%～98%
熔化	SLM	Nd:YAG/光纤激光器	0.02～0.10	①金属粉末完全熔化 ②零件致密度≥99% ③成形精度高，可达到 0.1mm，零件尺寸较小
涂覆	LENS	Nd:YAG 激光器	0.13～0.38	①基于同轴送粉技术，可制造梯度材料 ②零件致密度≥99% ③成形尺寸大，精度较差
	DMD①	CO_2/Nd:YAG 激光器	0.25 左右	

①DMD 为直接金属沉积技术。

在上述方法中，SLM、LENS、DMD 可以成形接近全致密的金属模具，其中 SLM 技术成形精度高，适用材料广泛，可成形具有复杂内部结构的随形流道模具，所需后加工少，因此成为面向模具快速制造的激光 3D 打印技术中最具潜力的技术之一。

20 世纪 90 年代末，SLM 技术开始应用于模具直接制造中。国内外学者深入研究了 SLM 成形的工艺、材料等要素，提升 SLM 成形模具制件的性能，以满足模具应用的实际需求。F. Abe 和 K. Osakada 等人[1] 研究比较了 Al、Cu、

Fe、316L 不锈钢、Cr 和 Ni 基材料的 SLM 成形性，发现 Ni 基材料最适合制造模具，使用该材料制造出致密度为 88%、硬度为 HV740 的模具，然而该模具存在裂纹、翘曲、表面粗糙不平等问题。M. Badrossamay 和 T. H. C. Childs 等人[2] 研究了 H13、M2 模具钢等材料 SLM 过程中扫描速度、扫描间距和粉末熔化质量间的关系，为成形高性能的金属模具提供指导。华中科技大学王黎[3] 等人使用 SLM 方法成形具有随形冷却流道的模具，采用 316L 不锈钢粉末，研究了成形件的致密度、尺寸精度和力学性能，并得到了注塑产品，但 316L 不锈钢无法满足模具在硬度和强度上的要求，如图 7-2 所示。

(a)

(b)

图 7-2 华中科技大学制造的随行冷却模具镶块

目前德国 EOS、SLM Solutions GmbH、意大利 Inglass-HRS Flow 等公司已有较为成熟的材料与工艺，并取得了一些成功案例。德国 EOS 使用激光 3D 打印技术，快速响应市场需求，在 52h 内制造出了家电模具镶块（图 7-3），采用模具后注塑周期缩短 31%（由 38.9s 下降至 26.5s），交货周期从 18 天下降至 1 天，同时降低了产品的翘曲变形。德国弗朗霍夫研究所 Becker 教授和 Wissenbach[4] 使用 Cu 合金制造了接近全致密的模具（图 7-4），具有极高的冷却效率。

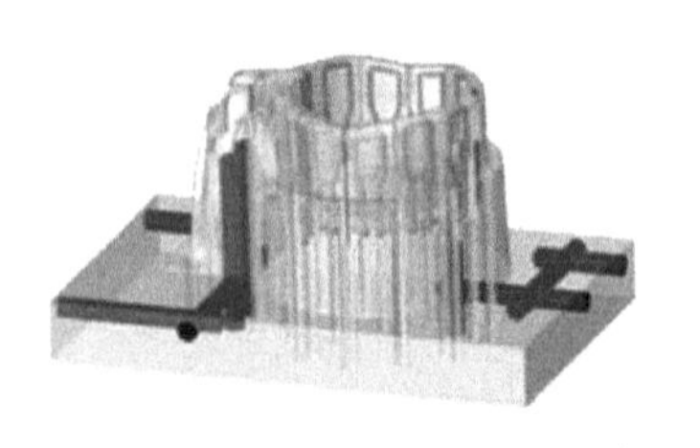

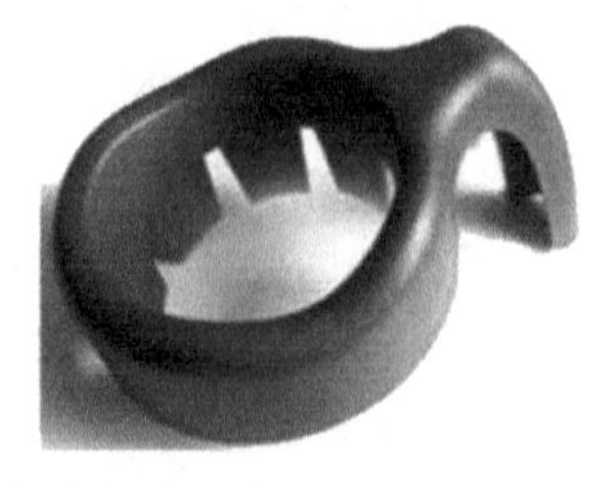

图 7-3 德国 EOS 随行冷却成功案例

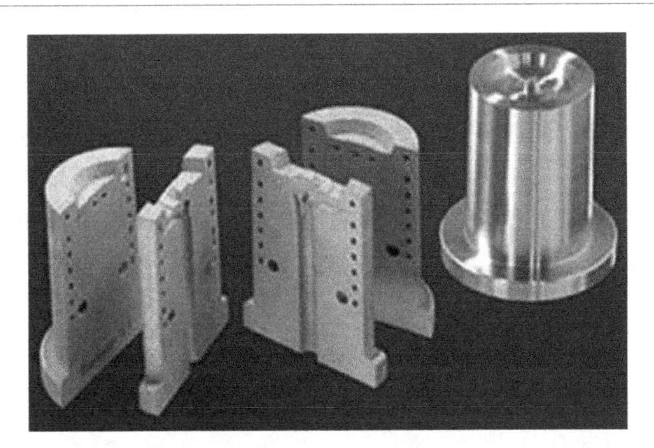

图 7-4 德国弗朗霍夫研究所制造的铜合金随形冷却模具镶块

由于阶梯效应和微细粉末的烧结作用，SLM 成形零件表面粗糙度较高（一般在 $Ra10\mu m$ 以上），为了寻求成形效率、尺寸、形状精度和表面质量等的最优配合，模具制造采用复合加工方式。Jeng 和 Mognol 等人[5] 使用传统机加工和激光快速成形复合加工方法制造模具，包括模具坯型制造、3D 打印和后处理，并研究了优化成形效率的方法。

（3）发展趋势和前景预测

虽然目前国内外关于随形冷却水道的优化设计取得了一定的成就，但是仍然不够完善，为了提高注塑产品的生产效率和成形质量，降低生产成本，需要对随形冷却水道进一步优化设计。

综上所述，当前使用激光 3D 打印成形的模具集中在注塑模具上，总的来说我国相关方面的研究与国外水平接近，但是应用推广差距很大。在成形工艺的稳定性、成形效率的优化和成形零件的功能验证上仍需进行深入研究，同时，仍需对随形冷却水道的设计优化进行进一步研究，并结合实际零件进行验证和优化，建立一套随形冷却水道设计优化的方法，实现 3D 打印技术模具制造在实际生产中的应用。

7.1.2 随形冷却模具案例

（1）尿布桶盖

尿布桶盖零件有很薄的产品结构，该结构决定了在模具设计时会有很薄的模具镶件，如图 7-5 所示。传统的模具设计方案不能在产品这个位置的镶件上排布水路，因此这会导致模具在生产时的冷却很困难，严重影响产品的成形周期和产品的变形量。市场上竞争厂家的该类模具在产品结构处都是采用铍铜镶件，但是实际的生产效果显示成形周期比较长，产品的翘曲变形量比较大，不能完全满足客户对产品周期和产品质量的严格要求。如果在该模具设计时采用 3D 打印技术成形和加工该部位的镶件以及水路，这样能对产品该部位的冷却水路进行随形设计，使得水路可以最小的距离贴近产品的表面，实现产品的完全冷却，可以大大地提高冷却效率和改善产品的翘曲变形。该产品的镶件和镶件的水路设计如图 7-6 所示。

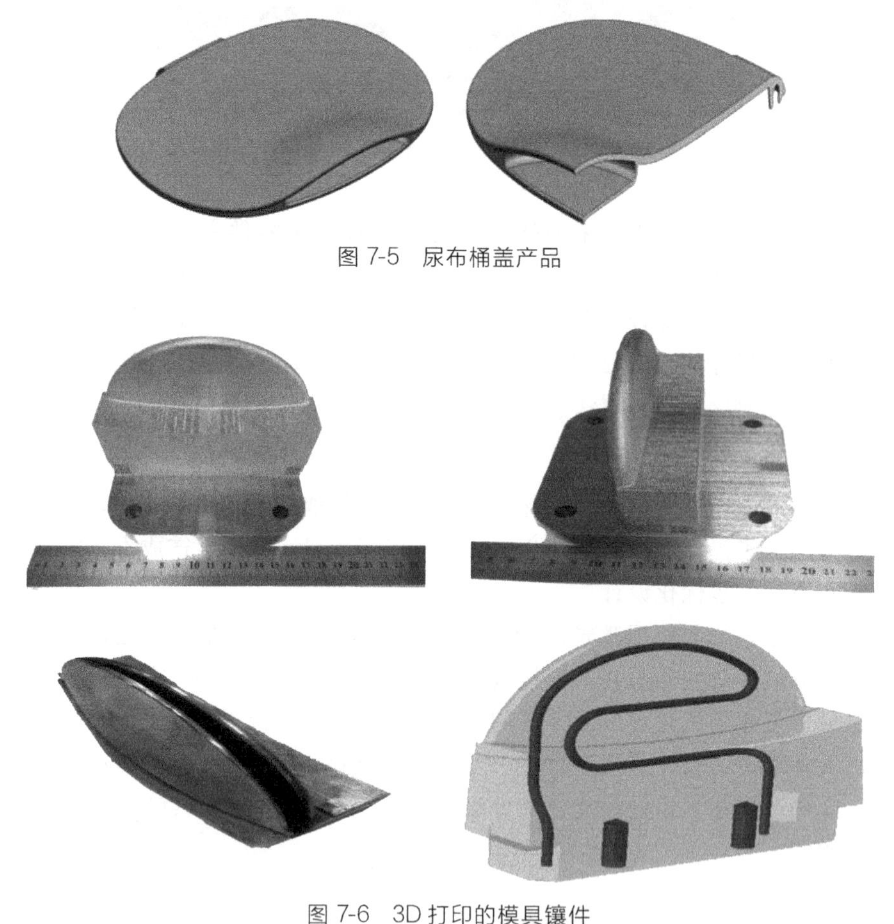

图 7-5　尿布桶盖产品

图 7-6　3D 打印的模具镶件

铍铜镶件和 3D 打印镶件 2 种方案在试模验证时进行比较，成形时的冷却时间和成形周期如表 7-2 所示，铍铜镶件和 3D 打印镶件成形的塑料零件变形比较如图 7-7 所示。通过比较两种镶件成形的产品，能够明显地看出 3D 打印镶件对产品的翘曲变形有明显的改善，主要是装配后两个产品之间的空隙更小、更均匀。

表 7-2 两种镶件的冷却时间和成形周期 s

项目	注保时间	冷却时间
3D 打印镶件	7	16
铍铜镶件	7	25

图 7-7 两种镶件的产品变形对比

左侧—3D 打印镶件成形的产品；右侧—铍铜镶件成形的产品

通过对 3D 打印镶件和铍铜镶件的验证比较可以明显知道，3D 打印的镶件在实际生产中能够很好地改善模具成形时的生产周期和产品翘曲变形量，完全满足客户对效率和产品质量的严格要求，给客户带来了一定的经济效益。

(2) 盖子和盒子

该产品成形时的主要问题是注塑用料是回收 PET（R-PET），为结晶性塑料，其成形的材料工艺温度区间只有 20℃，但是成形的塑料温度又比较高，达到了 270℃，导致浇口处的发白问题一直不能解决。以前的解决办法是采用添加色母生产彩色的产品来解决浇口处的发白问题，在该模具早期设计中，咨询资深的热流道公司，邀请他们提供众多改善方案，但是在实际验证中都不能很好地解决浇口处的发白问题，如图 7-8 所示。

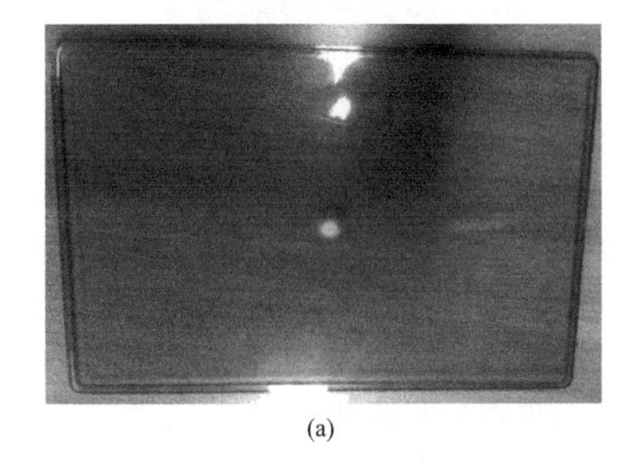

(a)

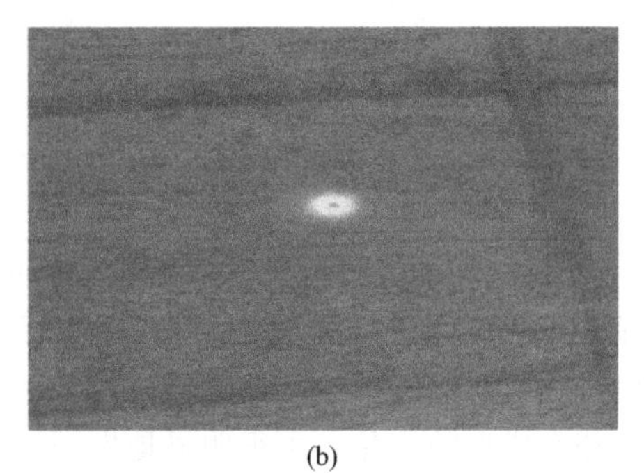

(b)

图 7-8 热流道公司提供的设计方案成形的产品

产生浇口处的发白问题主要是由浇口的冷却不足引起的，由于回收 PET（R-PET）是结晶性的塑料，其成形时需要比较高的温度，但是冷却时浇口处的温度要快速的冷却，而热流道公司提供的方案都不能很好地对浇口处的模具进行冷却。因此采用 3D 打印的加工方案进行浇口处的冷却套的加工，3D 打印的加工方法能使得冷却水路随着需要冷却的产品面并且会尽可能地靠近需要冷却的部位，能起到优良的冷却效果，两种浇口处冷却套水路的设计如图 7-9 和图 7-10 所示。

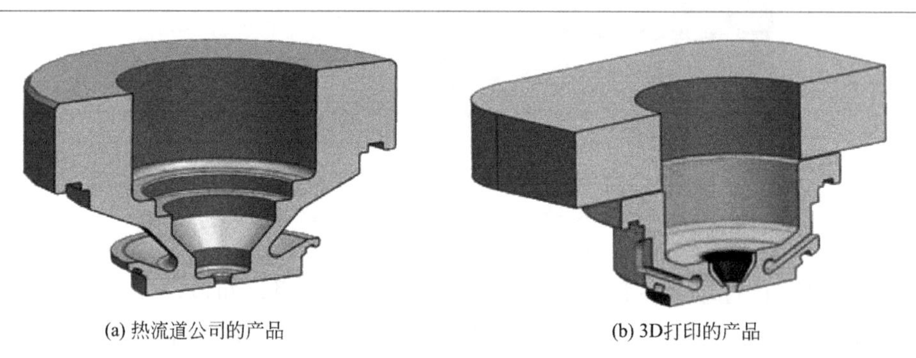

(a) 热流道公司的产品　　(b) 3D打印的产品

图 7-9　两种方案设计的浇口处冷却套

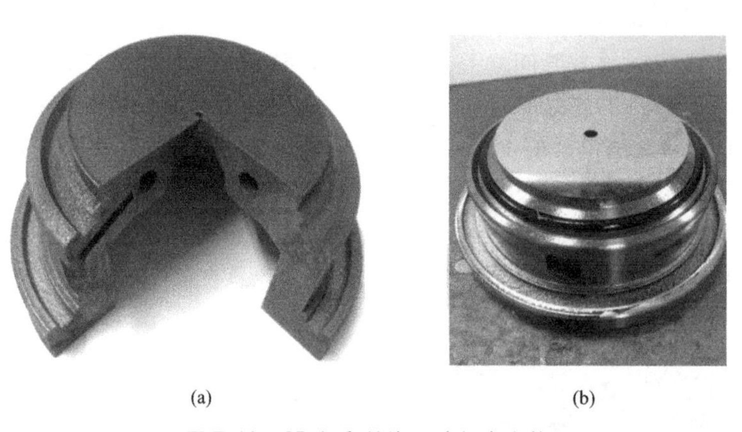

(a)　　(b)

图 7-10　3D 打印的浇口冷却套实体

3D 打印的浇口冷却套成形试模时能够很好地对浇口处进行冷却，比较好地保证了浇口处的模具温度，成形的产品也能够比较好地满足客户的要求，尤其是生产透明产品时，生产的具体样件效果如图 7-11 所示。比较热流道公司提供的冷却套成形的产品，可很明显地发现浇口处的发白问题得到了很好的改善。

通过这些例子可以发现 3D 打印加工技术在模具设计和制造中能明显的改善生产效率和改善产品质量。

图 7-11 3D 打印的浇口冷却套成形的塑料样件

(3) 格力轴流风叶模具

格力精密模具公司 3D 打印车间成立于 2013 年，车间成立以来，为格力电器解决传统手板工艺制作离心风叶样件平衡不达标、异形金属零件难加工、周期长等难题，并通过金属打印模具零件，成功解决了空调轴流风叶、离心风叶及其他模具成型周期长、轴心零件寿命短等问题，分别提高日产量 6%～30%，增加易损零件寿命 4～6 倍，减少了注塑设备和模具投入成本，如图 7-12 所示。

图 7-12 3D 打印的轴流风叶模具镶件

(4) Kärcher-凯驰清洁系统

Kärcher-凯驰是畅销全球的清洁系统品牌，每年位于 Obersontheim 工厂的紧凑型 K2 高压清洗机的出货量在 200 万左右。其引人注目的明亮黄色外壳是通过注塑方式制造出来的，如图 7-13 所示。

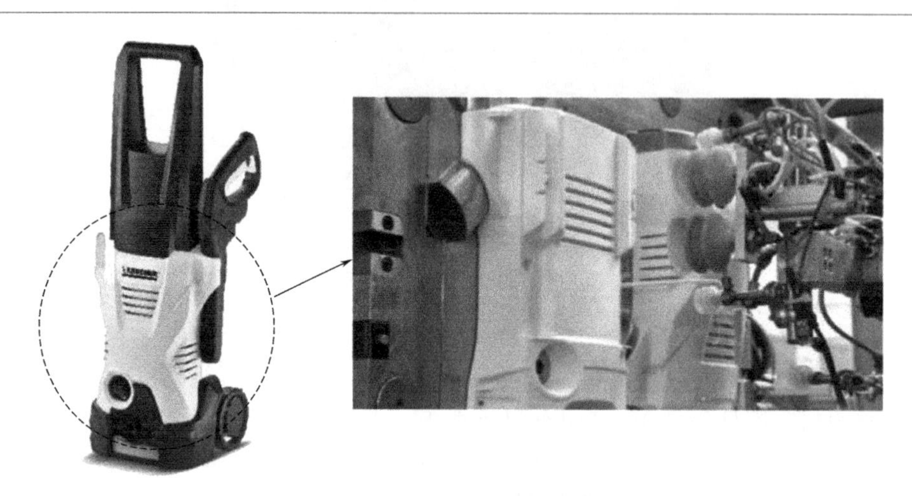

图 7-13 Kärcher-凯驰清洁系统

凯驰为了满足日益增长的订单要求，需要从注塑过程中提高生产效益，而注塑环节中的模具则在注塑效益过程中发挥重要作用。使用常规冷却，注塑周期为 52s，其中的 22s 用来冷却，从 220℃的熔化温度冷却到 100℃的脱模温度。这些零件的模具是非常复杂的，并且通过传统加工技术加工出来的冷却系统包含几个单独的冷却回路，每分钟通过 10L 左右的冷却水。并且传统模具在注塑过程中存在许多不均匀的热点，而这些热点有可能会影响注塑质量。图 7-14 所示为传统加工方式制造的模具中的冷却回路及模具在 22s 冷却周期结束时壁温的热成像显示。

3D 打印注塑模具的第一步是模流模拟分析。特别是热点需要进一步分析，因为这些因素影响到冷却时间。通过软件，进行了 20 个周期的模拟，包括壁温的分析来最终确认最佳的建模方案。通过在热点区域增加 4mm 直径的冷却通道，在模流分析中发现有显著的改善，获得更均匀的温度分布，并获得更短的冷却周期，如图 7-15 所示。

在凯驰的案例中，采用 3D 打印制造的模具，其冷却周期从 22s 减少到 10s，缩短了 55%的冷却时间，更快的冷却效果使得产量提高了 40%，从原来的 1500 件/天提升到 2100 件/天。

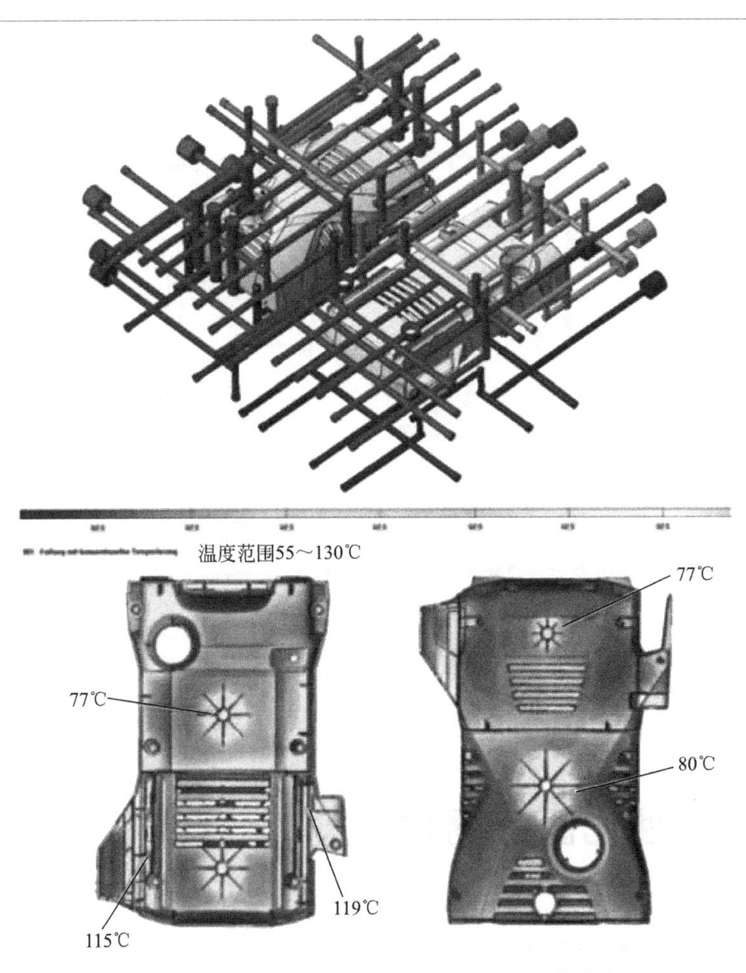

图 7-14 传统模具中冷却系统回路及注塑过程热成像显示

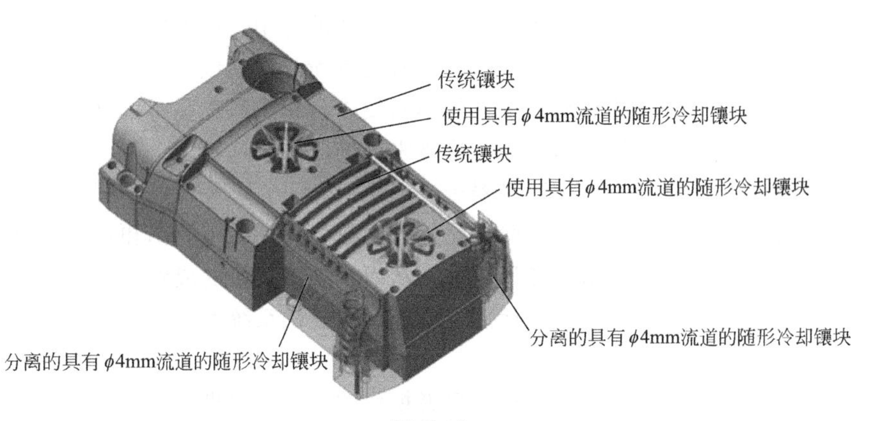

图 7-15

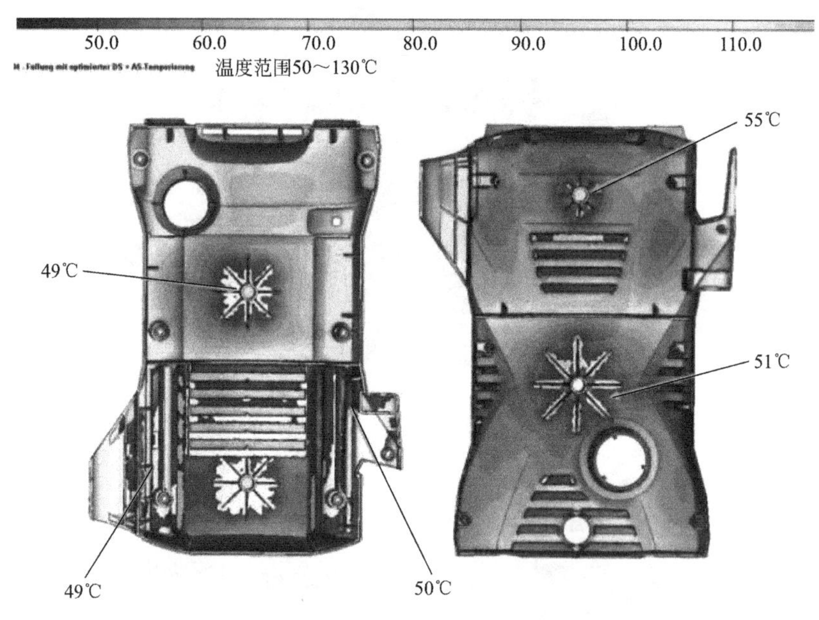

图 7-15 随形冷却流道方案及注塑过程热成像显示

7.2 个性化医疗器件

7.2.1 手术辅助器件

增材制造技术已经在很多领域得到了较广泛的应用，而粉床激光金属增材制造在医学领域的研究才刚刚起步。随着装备的不断改进、成本的降低及现代医学影像学、图像处理、计算机辅助设计的不断发展，粉床激光金属增材制造技术在制造个性化医疗辅助器械中的应用必将越来越广泛。在这种背景下，对粉床激光金属增材制造技术制造个性化医疗器械进行探讨和研究，并针对不同的临床病例进行个性化的设计。通过工艺实验优化工艺参数，提高加工效率和加工的尺寸精度，尽可能地满足临床手术的各种需求，从而推动该技术的成熟运用，为个性化医疗器械真正大规模、自动化地运用于临床病例提供系统的解决方案、理论依据和加工生产的实验指导。

手术模板的设计和制造只有针对患者损伤的具体情况进行个体定制，才能实现良好的定位，起到精确引导的作用。这是传统的设计和制造手段难以完成的，因此手术模板一直没有得到很好的发展和应用。将激光选区熔化（SLM）技术用于外科手术的辅助手术模板，具有显而易见的优点。与采用光敏树脂，用立体光造型（Stereo Lithography Apparatus，SLA）的方法制作的相同模型进行对比研究，采用光敏树脂制作的模板强度低，不利于手术的精确定位，受热容易变形且不容易消毒处理，在手术钻孔中容易产生碎屑，对病人健康造成隐患；而SLM直接熔化金属粉末成形得到的模板，提高了强度，不仅定位准确，而且避免了钻孔过程中碎屑的产生，还可以直接进行高温消毒，消毒过程简单、方便、快捷。

SLM技术与逆向工程（Reverse Engineering，RE）相结合，可以形成包括测量、设计、制造为一体的系统，实现个性化医疗辅助器械的快速、准确制造，在设计与个体完全匹配的手术辅助器械的同时还可以在术前进行手术规划和预演，帮助医生更精确高效地完成手术。如图7-16所示，整个定制系统应该包括以下三个阶段。

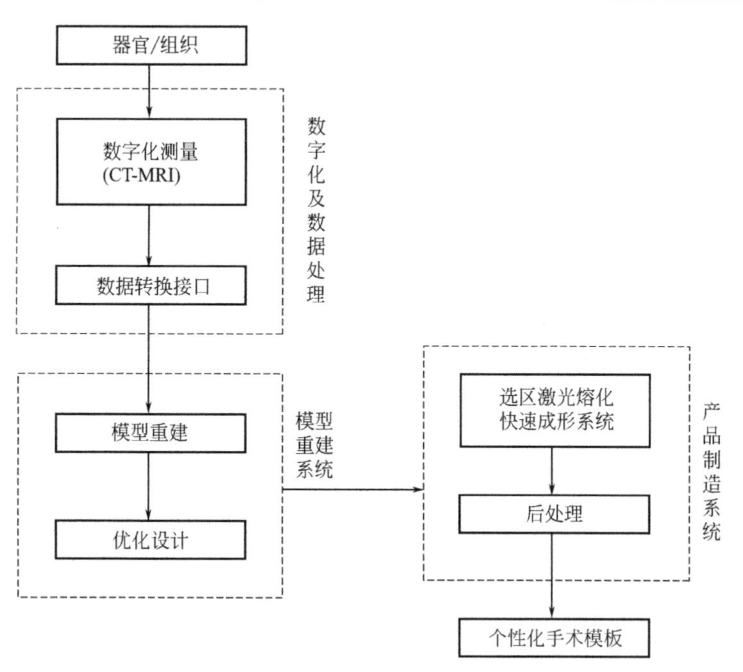

图7-16　个性化手术模板定制系统

（1）数字化数据采集和处理

数字化及数据处理模块的功能是采用CT、MRI等医学影像技术采集生物体三维数据，并完成数据格式的转换，为后期的三维建模做准备；模型重建模块的功能是在前端数据的基础上通过应用医学专用软件的各个功能模块进行数据处理、修正，完成人体组织或器官三维模型的重建，对模型进行分析、重组，进行手术规划、预演以及辅助性器械的设计。产品制造系统接收前端计算机辅助设计模型的数据，完成医疗辅助器械的直接成形，并做必要的后处理以满足医学应用的要求。整个过程主要分为以下几个主要步骤。

① 数字化测量　在逆向工程中，三维数字化测量方式根据使用的领域、测量对象以及精度要求的不同而对于测量仪器的选择也有所不同，根据测量探头或传感器是否和实物接触，可分为接触式和非接触式两大类。三坐标测量机是逆向工程应用初期广泛采用的接触式测量设备，主要运用在工业产品的检测，可以对具有复杂形状工件的空间尺寸进行测量。

② 数据转换　手术模板的个性化设计与制造过程中涉及多种数据格式的转换，如模型重建以及模型在快速成形前的切片分层过程等，这些过程中都会产生误差，从数字化测量到模型重建环节可以利用先进的三维图像处理工具 Mimics 对扫描图像进行精确的分析。Mimics 能以多种文件格式输出，使用非常方便，在数据转换与模型重建过程中有较好的应用前景。

(2) 数字化模型重建

目前，进行 CAD 模型的重建有多种选择方案：一是 Catia、Pro/E、UG 等基于正向的商品化 CAD/CAM/CAE 系统软件；二是 Imageware、Geomagic 等专用的逆向工程软件；三是医用影像处理软件 Mimics。在曲面构造方法方面，大部分专用的逆向工程软件采用三角 Bezier 曲面为基础，但由于其在数据转换过程中存在数据丢失问题，从而会导致一定的误差。而 Imageware 与 Catia、Pro/E 和 UG 等通用软件都采用 NURBS 曲面模型，因此这类软件更适合于医学建模。在实际应用中，根据情况可以选择这类软件进行模型重建与优化设计。医学图像处理软件 Mimics，能将 CT 或 MRI 数据直接而快速地转换为三维 CAD 数字模型文件，在医学建模中具有其独有的优越性。因此在实际运用中可以充分利用这些各自的优点，相互结合使用。

(3) 数字化产品直接成形制造

个性化制造过程以 SLM 直接成形金属产品为核心，主要可以分为三个过程。

① 数据准备　将设计好的三维数字模型通常以 STL 格式数据导入快速成形数据处理软件 Magics（Materialize 公司），根据零件的实际情况进行支承的自动添加或辅以手动添加然后进行切片处理，将三维信息转化为二维轮廓信息，从而得到 SLM 快速成形设备可处理的 Cli（Common layer interface）格式层片数据。采用专用的扫描路径规划及生成软件对层片数据逐层添加扫描路径，即可完成制

造前的数据准备，如图 7-17 所示。

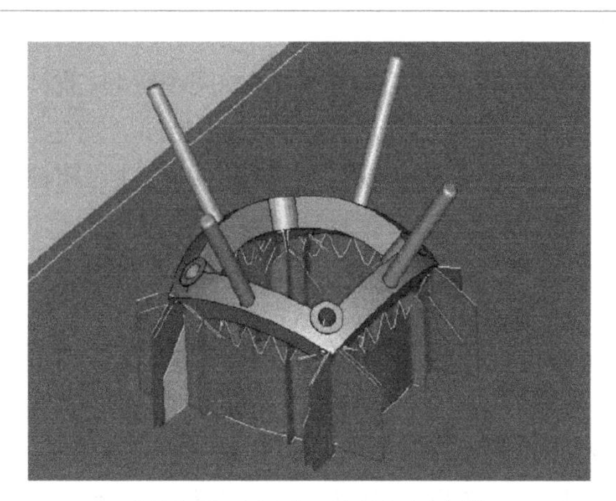

图 7-17 Magics 软件添加支撑

② 加工制造过程 将上述扫描路径文件导入 SLM 装备以后，计算机逐层调入对应各层的扫描路径，通过扫描控制系统来控制激光束有选择地熔化金属粉末，逐层堆积成与数字模型相同的三维实体零件。金属材料熔化过程中易发生氧化，造成成形失败，因此，成形过程在通有保护气体的成形室中进行。采用的材料为医用金属粉末，选用优化的加工参数直接成形具有复杂形状的手术模板，如图 7-18 所示。

③ 成形后处理 直接成形的金属手术模板要应用于临床，只需要做简单的后处理，如去除支承以及表面的简单打磨，再进行高温消毒后就可以满足临床医学应用要求，如图 7-19 所示。

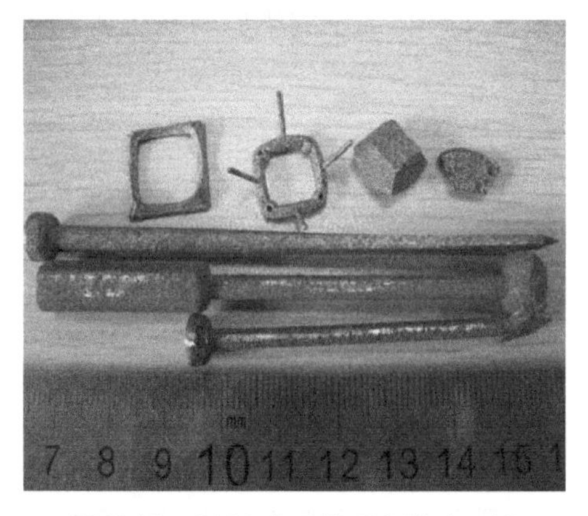

图 7-18 SLM 成形的手术辅助器械

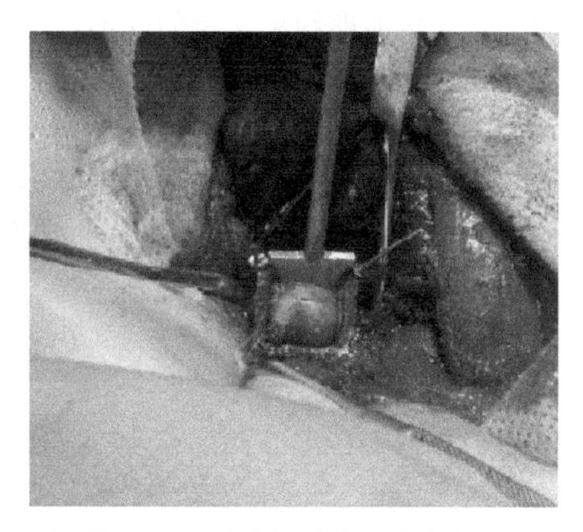

图 7-19 成功切除软骨病变部位

7.2.2 牙冠

金属烤瓷修复体（Porcelain Fused to Metal，PFM）兼具金属的强度和陶瓷的美观，生物相容性好，可再现自然牙的形态和色泽，能达到以假乱真的效果。而Co-Cr合金凭借其优异的生物相容性及良好的力学性能而被广泛用于修复牙体牙列的缺损或缺失。传统Co-Cr合金烤瓷修复体的制造方式主要采用铸造工艺，铸造工艺存在材料利用率低、环境污染严重、工序多等缺点，同时产品的缺陷多而导致其合格率低，从而使其制造成本居高不下。SLM作为一种先进的金属零件制造技术，制作的产品具有致密度高、材料利用率高、周期短、全自动化生产的优点，还能支持规模化和个性化定制，可成形任意形态复杂的金属零件[6]。近年来SLM被引入口腔修复体制作领域，其制造的义齿金属烤瓷修复体已取得临床应用。SLM技术制造义齿与传统义齿技术相比，其工艺流程、制造精度、表面特性等都与传统方式加工的义齿有很大的差别，主要体现在如下方面。

① 义齿的SLM制造过程，是利用增材制造的原理，故在制造过程中需要添加合适的支承，才能保证义齿的成形质量。

② 利用SLM制造的义齿金属基冠，其制件的力学性能和表面形貌与传统制造技术都有较大差别。

③ 义齿的SLM成形工艺与传统工艺的不同，导致其精度（主要包括义齿金属基体的壁厚以及颈缘和基底的匹配度）与传统方式有很大不同，为此，必须针对SLM技术的特点来设计适合临床精度要求的数据模型。

利用SLM技术制造义齿，虽然不需要机械加工中所需的工装夹具或铸造所需的模具，但在义齿成形过程中必须添加支承结构来满足SLM工艺要求，如图7-20、图7-21所示。支承结构就如同机械加工中的工装夹具一样，是必不可少的，支承能够约束义齿的变形，同时能够保证义齿在加工完毕后顺利从基板上

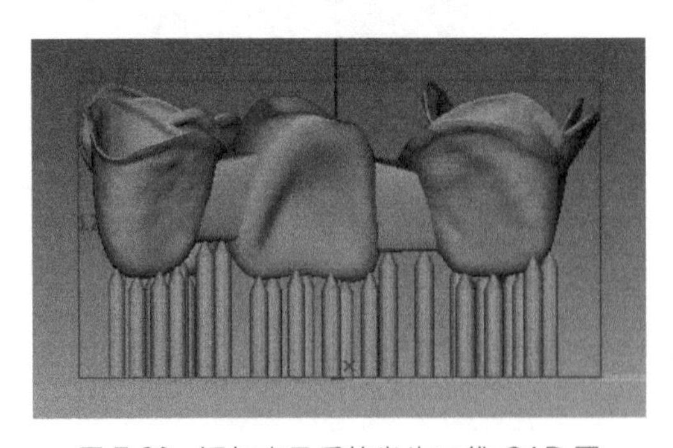

图7-20 添加支承后的义齿三维CAD图

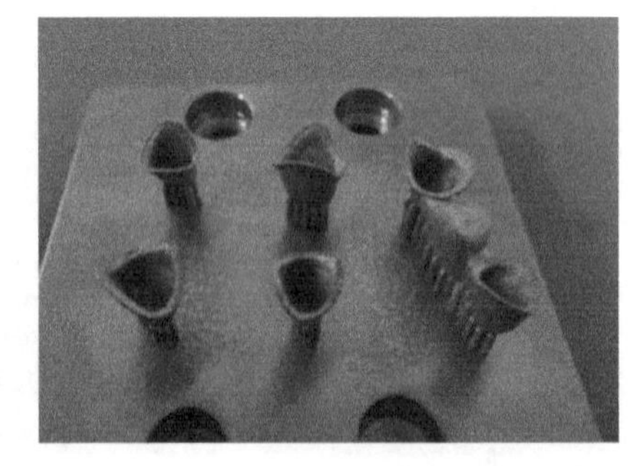

图7-21 SLM制造义齿实体（OM）

移去。如果没有底部支承，则在义齿加工完成之后，将无法完整的从基板上取下，即使勉强将义齿从基板上取下，也必然会破坏零件的底部结构，最终会破坏义齿的精度、形状而使其失效。

边缘密合性是衡量修复体准确性的主要指标之一，它是指修复体的边缘到牙预备体颈缘间的垂直距离，反映了修复体的精确程度和就位情况。修复体边缘密合性与所用材料、制作工艺、基牙预备、黏固剂密切相关，密合性差的修复体龈炎发生率为100%，其优劣直接影响到牙周健康。修复体美观及固位力的保持，对于修复体的长期临床应用是非常重要的。临床上以肉眼不能看到、探针不易探测到为标准，现代一般认为临床上可接受的边缘差异上限为100μm，主要通过光学显微镜来观察义齿修复体与基体的边缘密合性。如果经打磨处理后的义齿修复体与基体的边缘能够很好地重合，即可说明义齿修复体的边缘密合性满足要求，否则就视为不合格。图7-22为SLM制作的Co-Cr合金义齿内冠与基体的配合，可以看出，义齿内冠边缘与石膏模型上的线完全重合，表明SLM制作的义齿边缘密合性良好，符合临床要求。

义齿的精度是评价义齿是否满足临床应用要求的一项重要指标，主要包括内冠壁厚和边缘密合性。内冠壁厚是否合适，直接影响到佩戴的舒适性。内冠壁太薄，会因金属基底的强度不够而引起失效；内冠壁太厚会因金属的质量较重而使人的佩戴舒适性较差，故义齿内冠的厚度对其修复的效果具有显著的影响。通常情况下，内冠的壁厚控制在0.3～0.5mm之间较为合适。在SLM工艺制作义齿的过程中，义齿冠的表面往往会有黏附的金属粉末需要后续打磨、喷砂处理，经试验研究发现，义齿冠的壁厚设置为0.4mm时，义齿的强度和佩戴舒适性都与设计的符合性较好，如图7-23所示。

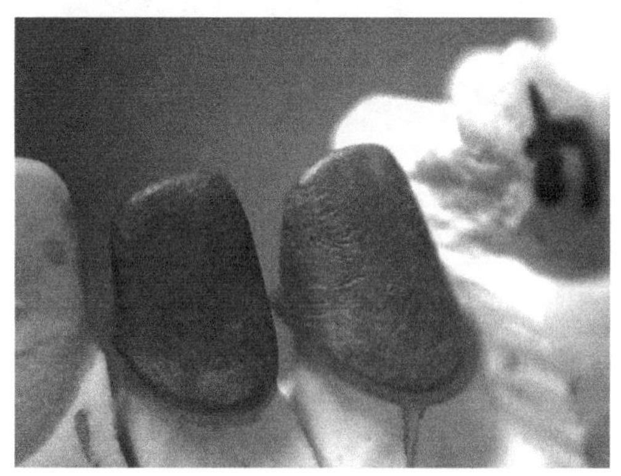

图7-22 SLM制作的义齿冠与基体的配合（OM）

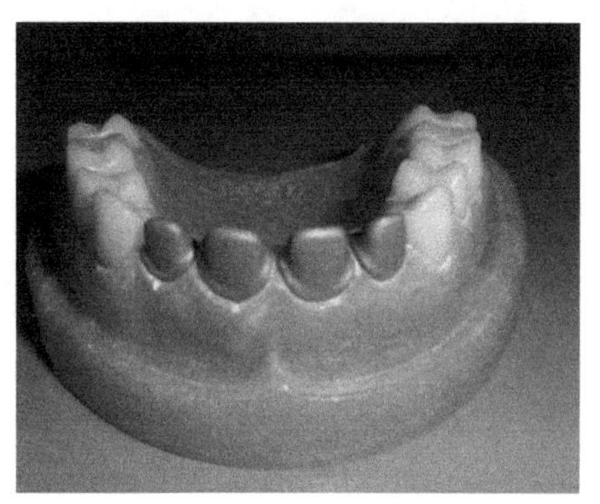

图7-23 SLM成形Co-Cr合金义齿与基体模型的配合

SLM 工艺制备的 Co-Cr 合金烤瓷后的金瓷结合强度满足 ISO 9693：1999 规定的标准，未熔化金属粉末颗粒黏附在金属基体的表面形成了突触状的结构，这些突触状的结构显著增强了金属与瓷层之间的机械锁合力。针对 SLM 工艺成形的 Co-Cr 合金基体，其最适合烤瓷温度为 930℃，在此条件下，金瓷结合界面之间过渡层的厚度约为 2μm，金瓷结合强度为 49.2MPa，较国际最低标准 (25MPa) 高出 96.8%[7]。不同烤瓷温度条件下，其金瓷结合强度具有显著差异；同时，在最适合烤瓷温度下的金瓷结合强度具有最小的系统误差，这说明烤瓷温度也会影响金瓷结合强度的系统稳定性。SLM 技术制备的义齿不但精度高，而且成本低，经估算其制作成本仅为传统义齿制作成本的 1/10，有望在义齿制造行业大范围推广应用。图 7-24 所示为成功为一名患者安装了 SLM 制作 Co-Cr 合金烤瓷熔覆修复义齿。

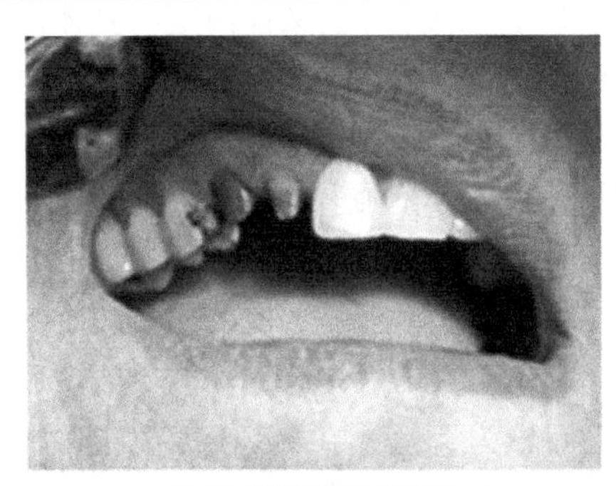

(a) 患者需要修复的牙齿

(b) 利用SLM技术直接为患者定制的义齿

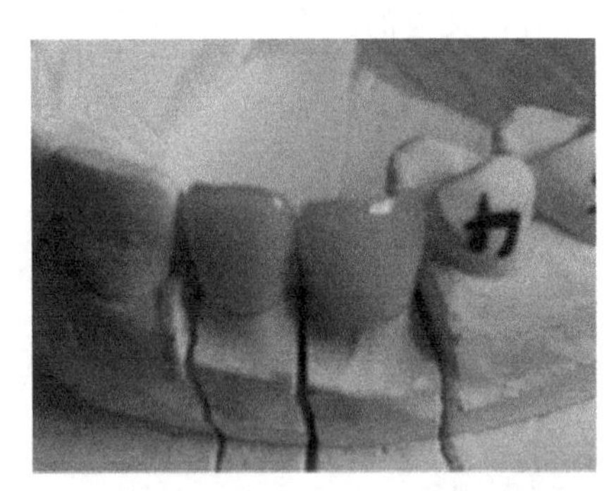

(c) SLM成形的义齿烤瓷后与患者牙齿石膏模的配合图

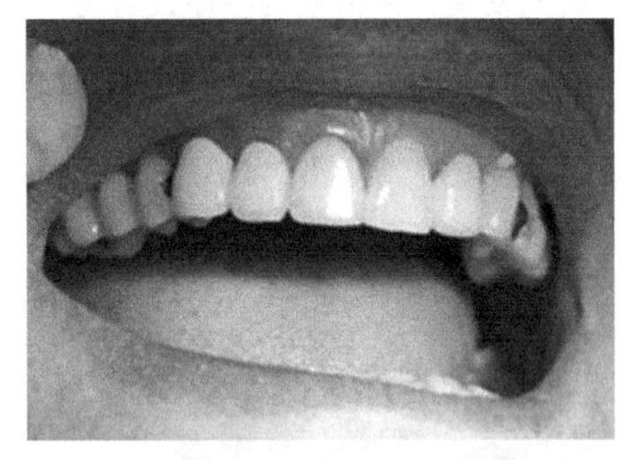

(d) 患者佩戴SLM制备的义齿效果图

图 7-24 SLM 成形 Co-Cr 合金烤瓷熔覆修复体应用示例

7.2.3 关节及骨骼

钛合金密度较小（约为 4.5g/cm^3），接近于人体骨组织，生物相容性好。其弹性模量（110GPa）接近于人体骨骼，且耐腐性良好，具有优良的力学化学性质。凭借这些优良的综合性能，在生物医用金属材料中，钛合金已经成为人工关节（髋、膝、肘、踝、肩、腕、指关节等）、骨创伤产品（髓内钉、固定板、螺钉等）、脊柱矫形内固定系统、牙种植体、牙托、牙矫形丝、人工心脏瓣膜、介入性心血管支架等医用内植入物产品的首选材料。发达国家和世界知名体内植入物产品供应商都非常重视钛合金的研发工作，在钛合金材料的成分设计和制造方法上不断地推出新的方式，赋予医用钛合金材料更好的生物活性以满足人体的生理需要，从而达到使患者早日康复的目的。

在 SLM 成形 Ti6Al4V 合金过程中，极快的冷却速度导致其内部形成针状马氏体组织，没有明显的熔覆道搭接晶界，马氏体相变贯穿于整个组织中。X 轴方向上平均屈服强度为 1204MPa、抗拉强度为 1346MPa、伸长率为 11.4%，其拉伸性能指标全面优于临床上锻造退火态的 Ti6Al4V 合金性能指标。Z 轴方向上平均屈服强度为 1116MPa、抗拉强度为 1201MPa、伸长率为 9.88%[6]，与临床上医用锻造退火态的 Ti6Al4V 合金相比，其伸长率略小，屈服强度和抗拉强度性能更优。常温下拉伸断裂机理为介于解理断裂和韧窝断裂之间的准解理断裂。成形出的下颌骨零件如图 7-25 所示。

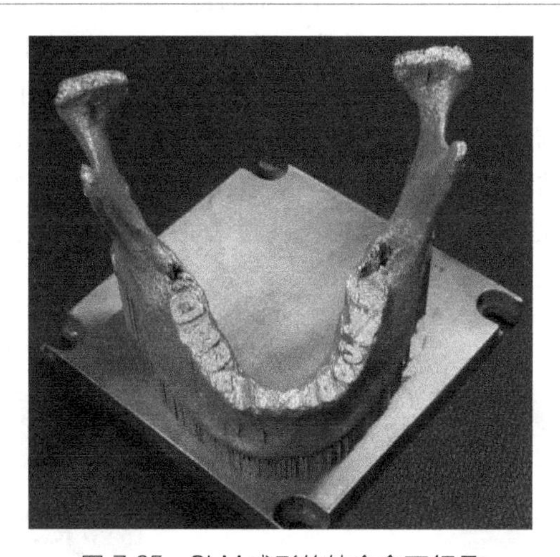

图 7-25 SLM 成形的钛合金下颌骨

SLM 制备的致密 Ti6Al4V 合金的模量较人骨高，会产生应力遮蔽效应。多孔结构已经被证明能有效减少应力遮蔽效应，并延长植入体寿命。利用 SLM 工艺在激光功率为 150W，扫描速率为 500mm/s，扫描间距为 0.06mm，铺粉层厚为 0.035mm 的参数下，采用交替扫描的方式获得多孔植入体，激光扫描策略与多孔植入体的示意图如图 7-26 所示，通过调节扫描间距，由实体 3D 数据直接获得多孔植入体[8]。

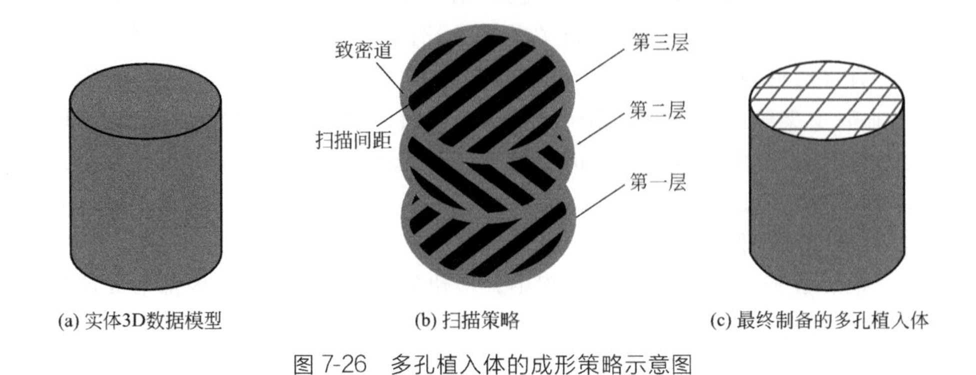

(a) 实体3D数据模型　(b) 扫描策略　(c) 最终制备的多孔植入体

图 7-26　多孔植入体的成形策略示意图

对于多孔植入体，植入体的薄壁的尺寸主要是由光斑的直径决定，而粉末粒径对能否形成贯通的孔有显著的影响。为了保证试样中的孔隙能够形成贯通的孔隙，必须保证制造过程中残留在试样内部的松散粉末能够被顺利清除。通常情况下，当孔隙的间隙大于粉末的最大粒径时，试样内部松散的粉末即可顺利地从孔隙中被清除。但在 SLM 过程中，试样内部的薄壁表面上会黏附有大量部分熔化的粉末颗粒，其示意图如图 7-27 所示。图 7-27(a) 为激光扫描单层粉末的示意图，可以看出，在激光的扫描轨迹边上会有大量未完全熔化的粉末颗粒。图 7-27(b) 所示为调节扫描间距形成贯通孔隙的机理示意图。在 SLM 过程中，当最大的粉末颗粒同时黏结在孔隙的薄壁上时，所需要的孔隙直径约为最大粉末颗粒粒径的 3 倍，才能保证孔隙内部所有的松散粉末能够顺利通过孔隙，从而使孔隙相互连通形成贯通的孔隙。

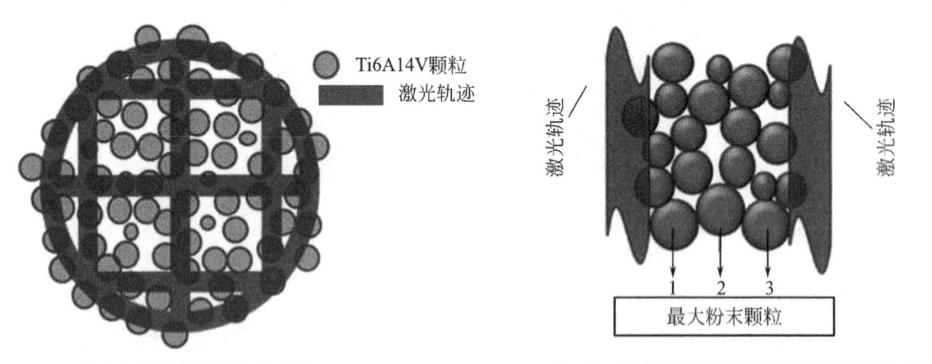

(a) 激光扫描单层粉末的示意图　(b) 最大粉末颗粒同时黏结在孔隙薄壁上示意图

图 7-27　未完全熔化的粉末黏附在孔隙表面的示意图

图 7-28 所示为扫描间距和孔隙率及通孔尺寸的关系。随着扫描间距的增加，孔隙率和通孔的尺寸都在增加。但它们与扫描间距之间具有不同的内在关系。通过多项式拟合可以获得孔隙率与扫描间距的定量关系式[8]

$$\begin{cases} P_0 = 6\times 10^4 h - 1.6(\text{闭孔}) \\ P_0 = 4\times 10^4 h + 18.6(\text{通孔}) \end{cases} \tag{7-1}$$

式中 P_0——孔隙率；

h——扫描间距。

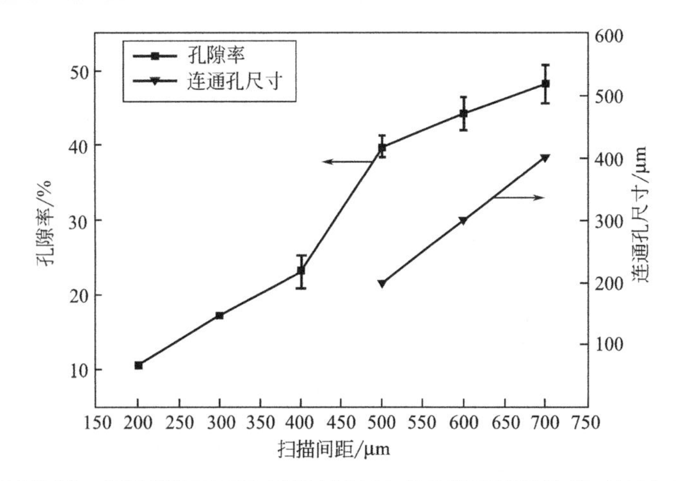

图 7-28 扫描间距对多孔 Ti6Al4V 植入体孔隙率和通孔尺寸的影响

在调节扫描间距的过程中，如果扫描间距之间的孔隙不能使孔隙中松散的粉末顺利流出，孔隙就会形成封闭的孔，这些夹杂在植入体内部的松散粉末会显著影响植入体的宏观孔隙率；如果扫描间距足够大，孔隙之间的松散粉末就会被清除，从而保证了孔隙的连通性。公式表明通过调节扫描间距，即可预测植入体的孔径和孔隙率。

表 7-3 所示为不同扫描间距所对应的多孔植入体的压缩力学性能。从表中可以看到，植入体的杨氏模量和屈服强度都随扫描间距的增大而减小。当扫描间距为 200μm 时，植入体的杨氏模量为 85GPa，对应的屈服强度为 862MPa；当扫描间距增加到 700μm 时，杨氏模量下降到 16GPa，对应的屈服强度下降至 467MPa。

表 7-3 不同扫描间距条件下 Ti6Al4V 植入体对应的力学性能

扫描间距/μm	屈服强度/MPa	杨氏模量/GPa
200	862±53	85±7.6

续表

扫描间距/μm	屈服强度/MPa	杨氏模量/GPa
300	770±50	58±6.4
400	686±47	44±4.8
500	603±45	28±3.6
600	559±42	20±2.6
700	467±38	16±2.0

图 7-29、图 7-30 分别呈现了弹性模量和屈服强度随扫描间距的变化情况，可以发现扫描间距对多孔植入体杨氏模量和屈服强度的影响规律并不完全一样。通过对曲线上数据多项式拟合，可以获得屈服强度和扫描间距之间的关系为

$$\sigma = 10^3 - 766 \times 10^3 h \tag{7-2}$$

式中，σ 为屈服强度；h 为扫描间距。

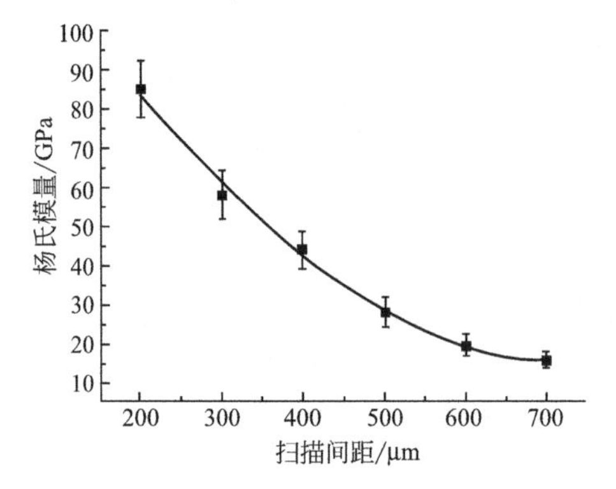

图 7-29 多孔结构杨氏模量与扫描间距关系

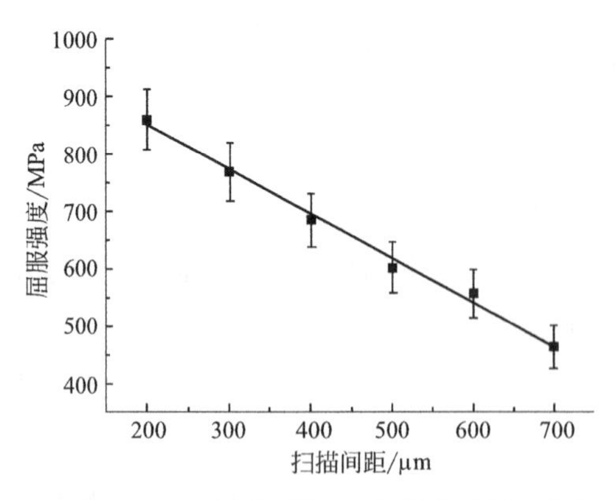

图 7-30 多孔结构屈服强度与扫描间距的关系

杨氏模量和扫描间距之间的关系为：

$$E=145-354\times10^{3}h+2425\times10^{5}h^{2} \tag{7-3}$$

式中，E 为杨氏模量；h 为扫描间距。

可见，根据以上屈服强度和杨氏模量与扫描间距之间的关系式，就可以通过扫描间距的调整，来预测多孔 Ti6Al4V 植入体的压缩力学性能。通常人体密质骨的杨氏模量在 3～20GPa 之间，屈服强度在 130～180MPa 之间。为了保证金属植入体的强度，通常要求金属植入体的力学强度约为修复体强度的 3 倍即可，故一般金属植入体的屈服强度在 390～580MPa 之间为合适的金属植入体。通过调节扫描间距的策略，可以设计出满足人体金属植入体力学性能的需求的金属植入体。

在医学植入体上采用可控多孔结构，在保证植入体性能的基础上，可极大地减轻植入体重量。通过对植入体单元孔结构进行优化设计，再与计算机层析成像（CT）三维医学信息重建获得的 CAD 模型进行布尔运算，进而获得具有复杂内部结构的多孔几何体。内部结构的设计主要是对孔隙率、孔隙形状、孔隙大小、孔分布以及相互之间连通性等表征参数的确定，如图 7-31 所示。

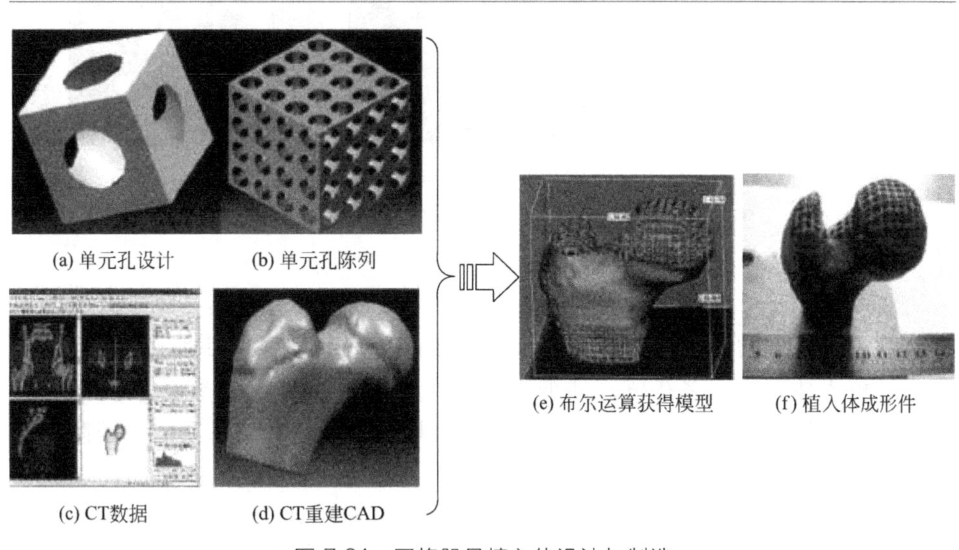

图 7-31 网格股骨植入体设计与制造

细胞在多孔结构上能否顺利培养成为多孔结构是否有潜力应用到植入体的重要评价方式。如图 7-32(a) 所示，细胞在表面呈现出相对平和的良好伸展形态，并且相邻细胞的两个突起相连接，表示细胞间能进行交流。在高倍下观察，细胞表现出大量的细丝状伪足黏附在多孔结构表面，如图 7-32(b) 所示。进一步的，DAPI 染色免疫荧光图像定性提供了细胞在 48h 后体外的黏附和生长情况，如

图 7-32(c) 所示。合并后带有 DAPI 核染色的图像揭示了细胞在支柱表面的分布情况。初步证明了细胞能在多孔结构表面培养，并且在表面有一定数量的随机分布[9]。

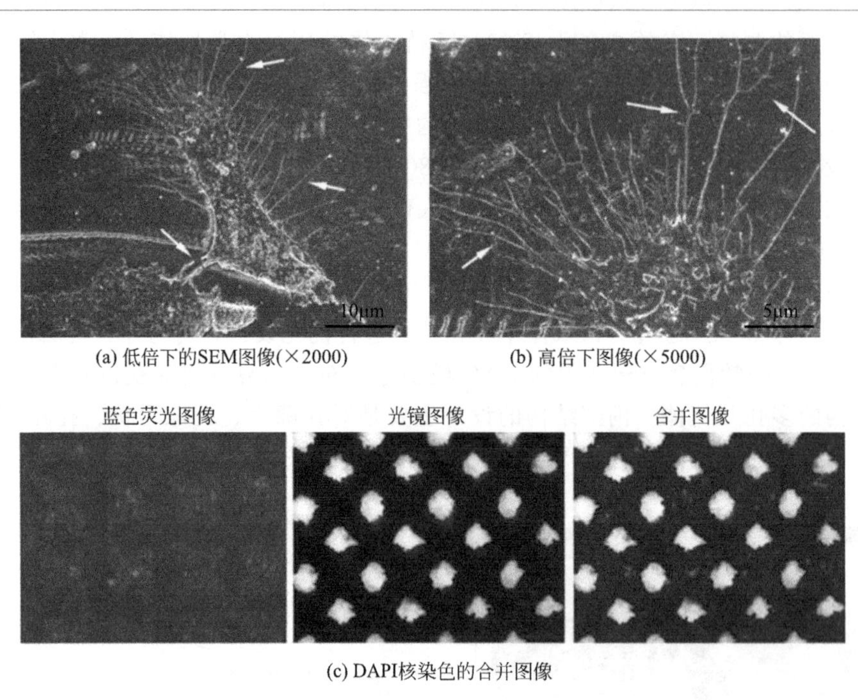

图 7-32 多孔结构表面上经过 48h 培养的成骨样细胞

然而，多孔植入体主要通过插入骨髓腔来让周围骨长入其孔隙中或辅助以固位钉来实现生物学固定，直接植入人体会存在一定问题：相较于传统用铸造实心骨植入体而言，多孔植入体的表面积大大增加，使其更容易发生术后感染。对多孔结构进行表面改性，如在多孔结构表面构建涂层，是一种预防植入体术后感染的有效方式，例如通过电沉积工艺在 SLM 制备的多孔结构表面构建丝素蛋白/庆大霉素（Silk fibroin/gentamincin，SFGM）涂层。要想促进骨更快更好地长入多孔植入体的孔隙，多孔植入体表面与细胞的初期反应是很重要的环节。细胞与材料表面的初期反应包括黏附、铺展、增殖及细胞毒性，是整个成骨功能的基础和初期阶段。如图 7-33 所示，成骨细胞在 SFGM 涂层上铺展状态较好，可以观察到更明显的伪足和更丰富的细胞间连接，这些将有利于细胞间的信息和物质的交流，通过交流细胞能更好地协调对外界环境刺激和信息的反应[10]。

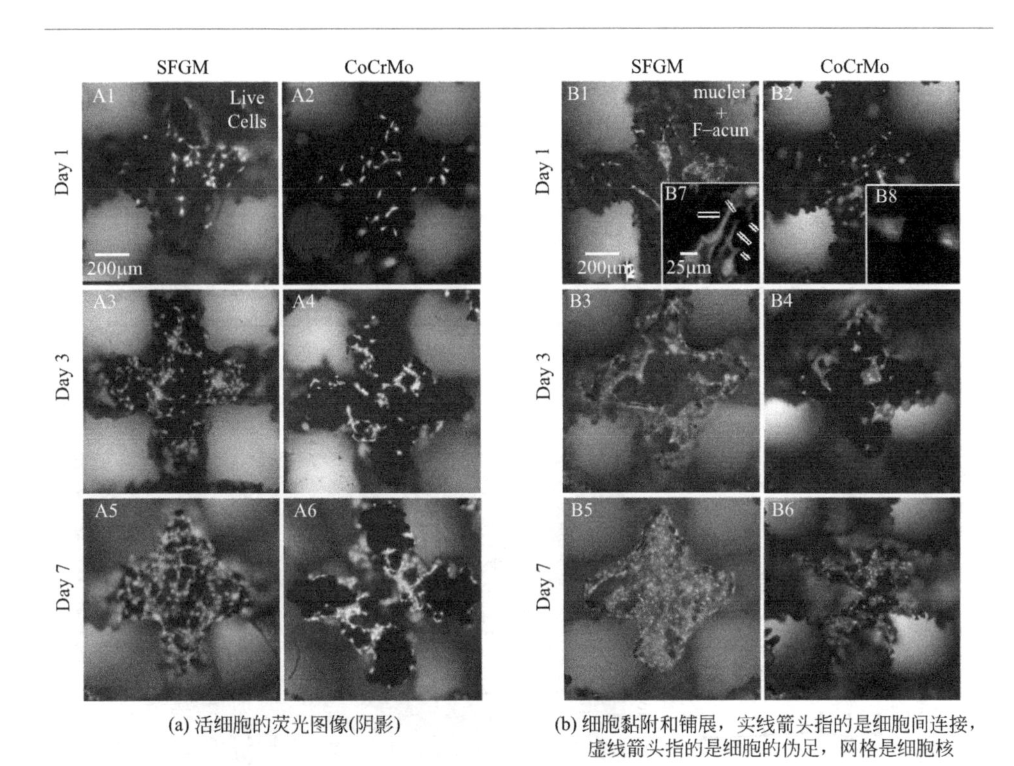

(a) 活细胞的荧光图像(阴影)

(b) 细胞黏附和铺展，实线箭头指的是细胞间连接，虚线箭头指的是细胞的伪足，网格是细胞核

图 7-33 有涂层和无涂层的多孔结构表面细胞的初期反应

庆大霉素抑菌性好、抗菌谱广、价格低，在传统骨水泥固定的骨植入体手术中常混合在骨水泥里来预防术后感染。术后感染的主要致病源为金黄色葡萄球菌，而庆大霉素可与该细菌细胞中的核糖体结合，导致异常蛋白的产生，从而产生有效的抑菌作用。如图 7-34 所示，在连续 7 天的持续感染后，在涂层上观察到的存活细菌非常少。然而，在无涂层的多孔表面上，细菌数量不断增加，并在第 7 天几乎完全覆盖了表面。在术后的早期阶段，细菌和宿主细胞会竞相在植入体表面进行黏附、复制和增殖，而 SFGM 涂层在一周内良好的抗菌效果和细胞初期反应将有助于宿主细胞赢过细菌[10]。

人体骨骼的内部孔隙并非是呈现简单的均匀分布特征。宏观上看，骨骼由两相组成，即表层硬质骨和内部松质骨。硬质骨提供拉伸、压缩及扭曲载荷下的机械强度；松质骨缓解振动冲击并抵抗持续压缩。总体上呈现“三明治”的宏观层状结构，以承受复杂载荷条件。微观上看，硬质骨由一根根内空的“柱子”累积构成，松质骨则由连通的空间微孔错综交织而成。毛细血管通过微孔进入骨组织，为骨细胞输送养料，完成新陈代谢，实现损伤骨骼的自愈合功能，是实现骨骼生物活性的关键因素之一。综上所述，人体骨骼呈现了功能梯度多孔特征，要

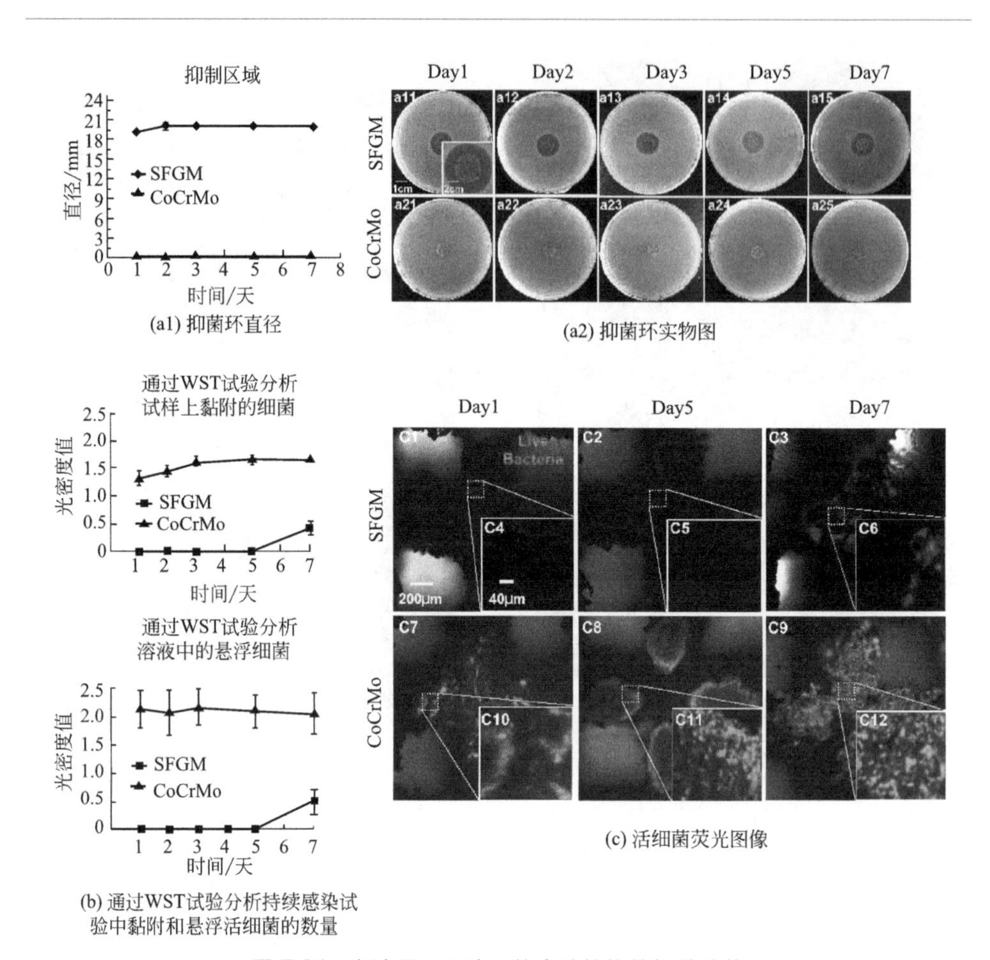

(a1) 抑菌环直径

(a2) 抑菌环实物图

(b) 通过WST试验分析持续感染试验中黏附和悬浮活细菌的数量

(c) 活细菌荧光图像

图 7-34 有涂层和无涂层的多孔结构的抑菌功能

求其金属修复体也应该具备相同特性[11]。通过 SLM 可成形钛梯度多孔植入体。基于 Schwartz diamond 单元构建了体积分数为 5%、7.5%、10%、12.5%和 15%的梯度变化多孔结构。制造方面，可以看出 SLM 成形的梯度多孔结构与原模型吻合，无明显缺陷。然而表面会有半熔及未熔的小颗粒黏附，导致表面粗糙有起伏（图 7-35）。通过 Micro-CT 测试，得到了 SLM 成形件的三维重建模型，其孔隙率与设计相比，最大不超过 3.61%，表明了 SLM 可以成形形状复杂的钛梯度多孔结构。通过与 CAD 模型对比，发现尺寸偏差值基本在 0.4mm 以内（图 7-36）。这种尺寸偏差显示了 SLM 成形此类梯度多孔结构较高的制造精度[12]。

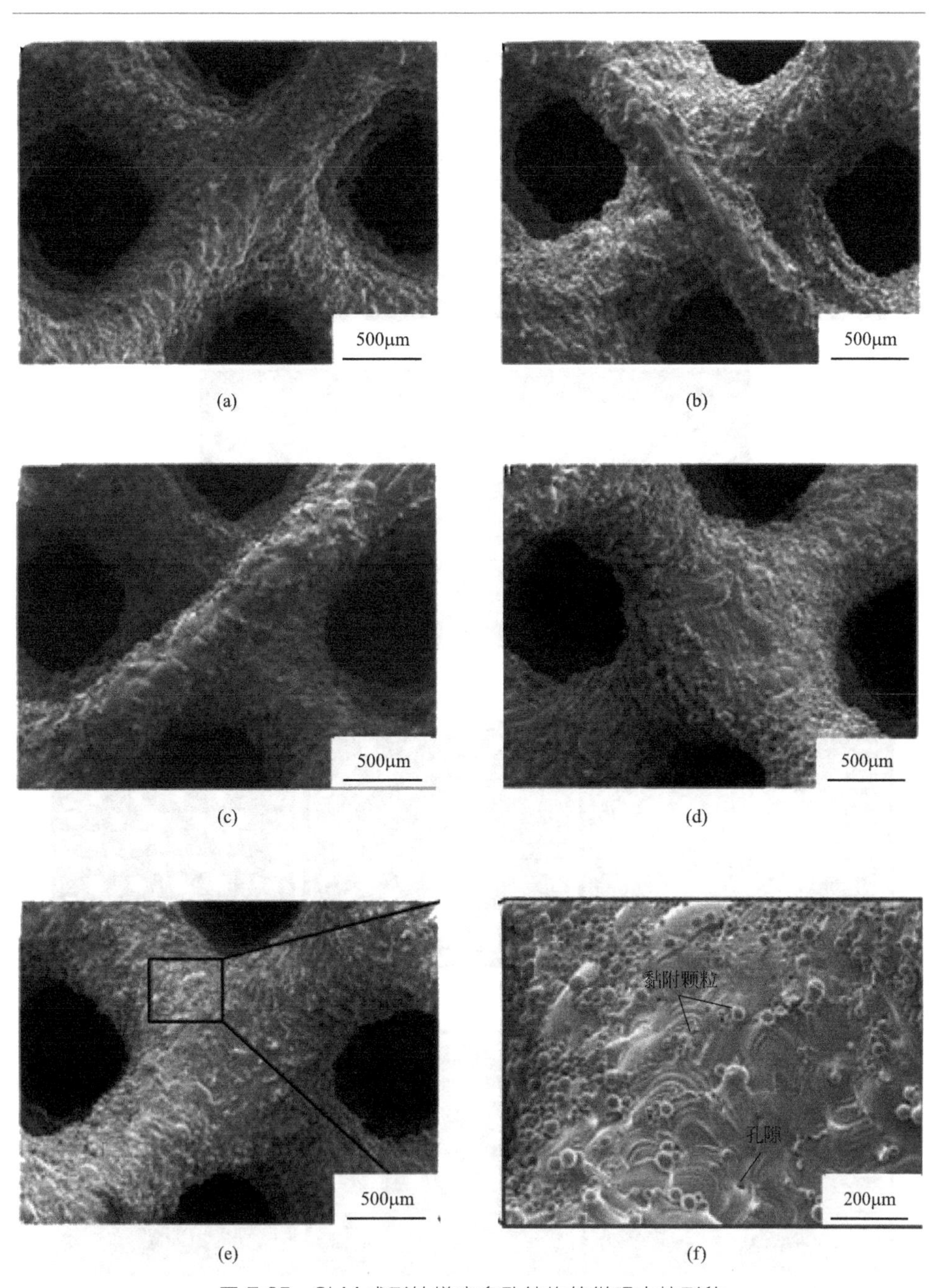

(a) (b) (c) (d) (e) (f)

图 7-35 SLM 成形钛梯度多孔结构的微观支柱形貌

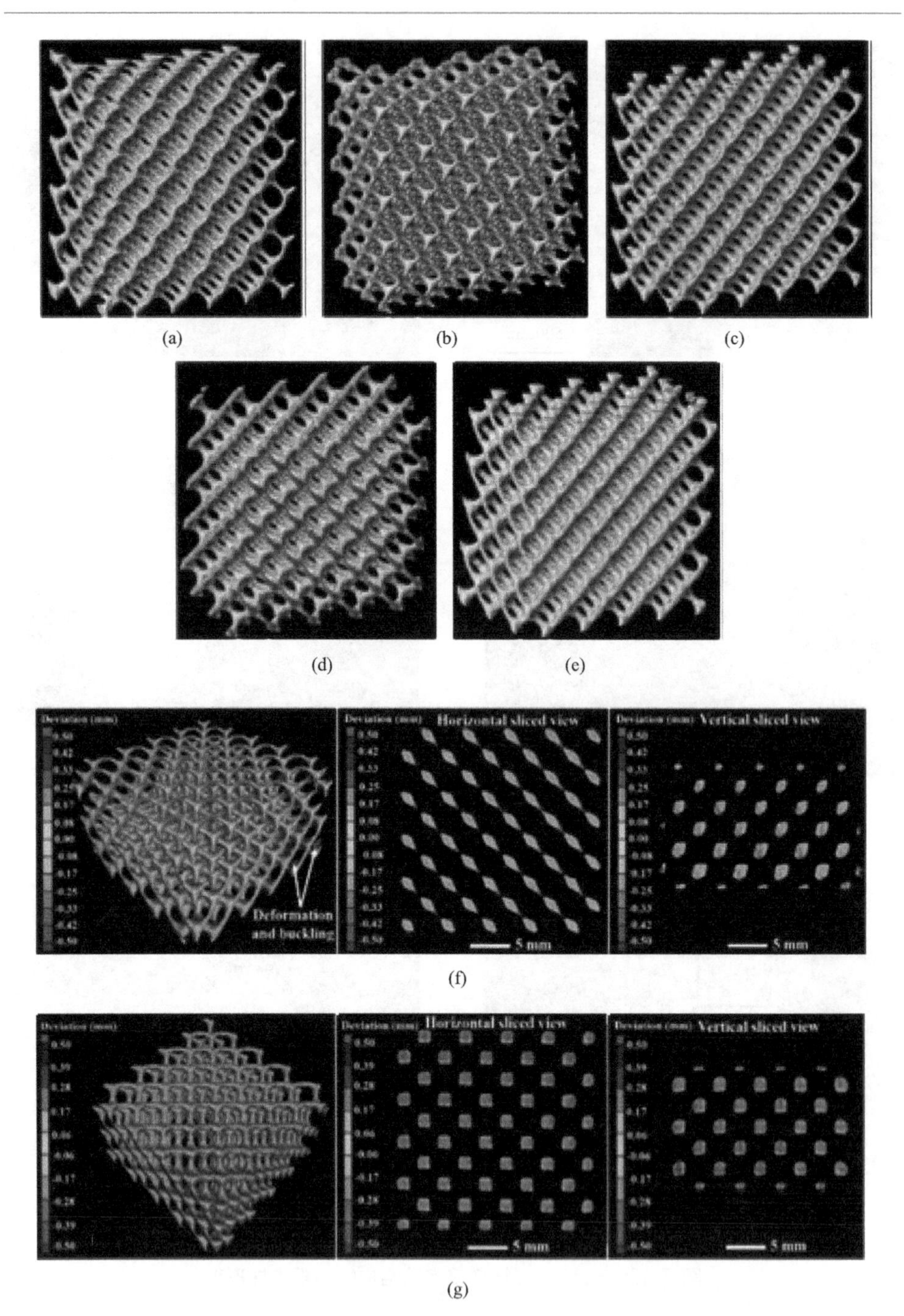

图 7-36 Micro-CT 三维重建模型及与 CAD 模型尺寸对比

SLM成形钛梯度多孔结构的压缩性能如表7-4所示。随着梯度体积分数的增加，梯度多孔结构的模量和屈服强度均增加。根据松质骨（孔隙率50%～90%）的模量和强度要求，本实验成形的结构表现出了匹配的孔隙率和力学性能。根据Gibson提出的理论公式，建立了梯度多孔结构孔隙率与模量及强度的偶合关系，如图7-37所示。通过建立的理论公式得到了理论的模量和强度，并与实际值进行了对比。结果表明，孔隙率越小，模量的理论公式误差越小。

表7-4 纯钛梯度多孔结构的压缩性能

梯度多孔结构	弹性模量/MPa	屈服强度/MPa
20-5	276.60±11.79	3.79±0.85
20-7.5	329.97±26.92	4.76±0.13
20-10	381.27±33.41	6.78±1.03
20-12.5	460.83±19.34	13.21±0.60
20-15	586.43±21.51	17.75±0.90

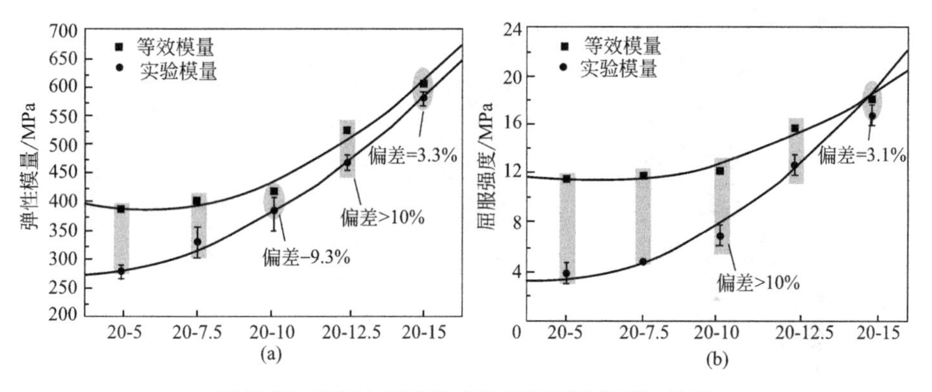

图7-37 模量与强度的实际值和理论值对比关系

对梯度多孔结构的相对密度与相对模量、强度之间的关系进行拟合，建立了两者之间的数学关系，模量和强度的误差系数分别达到了0.97和0.99（图7-38）。然而，梯度多孔结构的性能均低于同类型单元的均匀孔。两者的平衡点分别是相对密度为30.6%（模量）和21.7%（强度）。因此可以推测，当相对密度高于这两个值时，梯度多孔结构的性能将高于同类型的均匀孔[12]。

图7-39为SLM制造的个性化骨植入体多孔结构[13]。采用SLM技术后，可以大大缩短包括口腔植入体在内的各类人体金属植入体和代用器官的制造周期，并且可以针对个体情况，进行个性化优化设计，大大缩短手术周期，提高人们的生活质量。

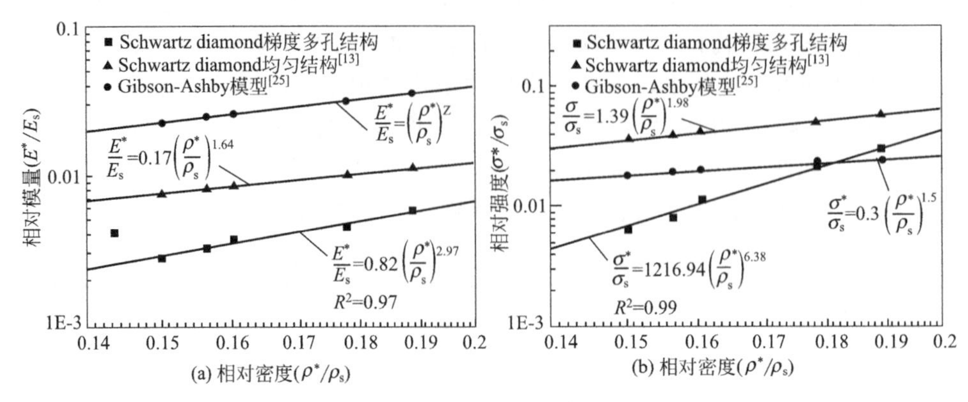

图 7-38 梯度多孔结构相对模量与强度和相对密度的关系

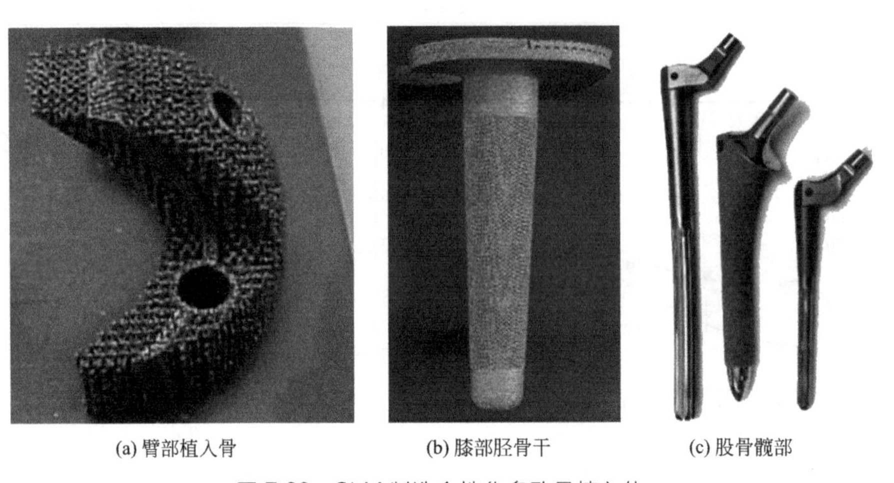

(a) 臂部植入骨 (b) 膝部胫骨干 (c) 股骨髋部

图 7-39 SLM 制造个性化多孔骨植入体

7.3 轻量化构件

随着机械系统复杂性的不断增加，在现代结构理论模型的设计中，设计者需要统筹考虑结构新颖性、性能优良性和制造可行性。其中制造可行性强调在设计阶段就要充分考虑制造中的问题，其基本思想是从产品设计参数中提取与制造过程相关的信息进行分析，以改善设计。由于传统制造对于产品的形状与结构设计约束很大，因此如何解放传统制造对设计的约束，实现复杂理论模型的工程价值，是目前急需解决的问题。轻量化技术是轻量化设计、轻量化材料和轻量化制造技术的集成应用，是航空航天、武器装备、交通运输等领域一直追求的目标。但目前种种因素限制了轻量化技术的发展，包括设计周期不断压缩，新产品要求一次研发成功率高，同时轻量化技术中存在大量不确定因素，定量难度系数大。

基于 SLM 的金属功能件直接制造为结构与材料的轻量化提供了巨大契机。首先，SLM 允许设计师在最短时间内将三维数据模型转化为工程实体，便于功能件的后续检测；其次，SLM 制造允许采用更多创新设计方法，实施多种轻量化材料的匹配，减少零部件数量，结构更加紧凑。基于 SLM 的金属功能件直接制造在轻量化方面，目前除了实施多种轻量化材料的匹配外，采用多孔结构实现材料的结构效能比也是最为重要的方式之一。可控多孔结构采用单元体通过一定排列组合形成，根据单个单元体的尺寸大小、结构形体以及组合方式的不同，其密度、性能、功用是不同的。可控多孔结构的单元体重缩小系数（实体占总体积比例）为 20%以下，同时具有低密度、高强度、良好的能量吸收性、导热性及声学特性，可以广泛地用于热交换器、生物器官与植入体、化学化工以及汽车航天航空轻量化构件等方面。

轻量化结构在制造热交换器方面具有很大优势，如图 7-40 所示。通过 SLM 可成形一些超轻材料如钛、钛合金，结合可控多孔结构可以制造一些超轻结构。如图 7-41 所示，德国 ILT Aachen 公司利用 SLM 技术对 Ti6Al4V 成形，成形的孔壁厚度 1mm，成形时间 11h。

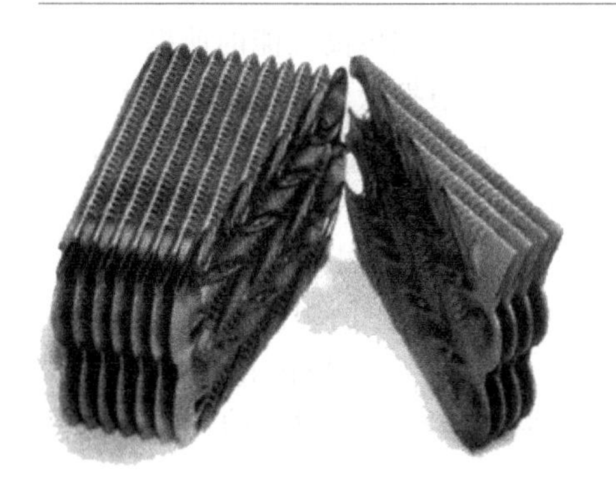

图 7-40　SLM 技术制造热交换器

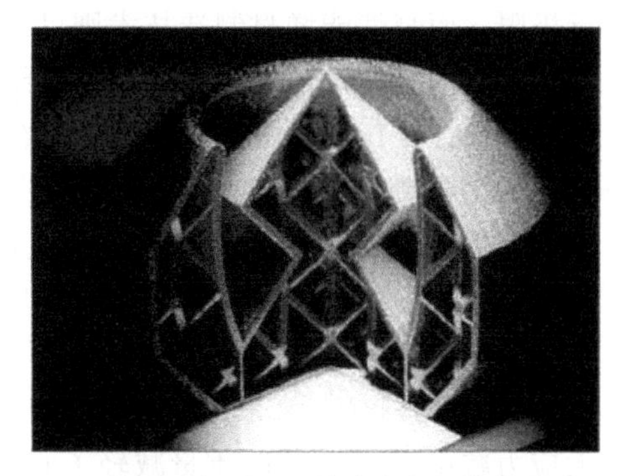

图 7-41　SLM 钛合金超轻构件

目前，SLM 技术制造的轻量化构件也运用在航空航天中。大型整体结构件、承力结构件的加工，可缩短加工周期，降低加工成本[14]。为了提高结构效率、减轻结构重量、简化制造工艺，国内外飞行器越来越多地采用大型整体钛合金结构，但是这种结构设计给制造带来了极大的困难。目前美国 F35 的主承力构架仍靠几万吨级的水压机压制成形，然后还要进行切割削制、打磨，不仅制作周期长，而且浪费了大量的原材料，大约70%的钛合金在加工过程中成为边角废料，将来在构件组装时还要消耗额外的连接材料，导致最终成形的构件比增材制造出来的构件重将近30%。在发动机支架结构设计试制方面，利用该技术进行了减重设计加工，原零件重约2033g，最后试制的零件重量仅为327g，如图7-42所示。

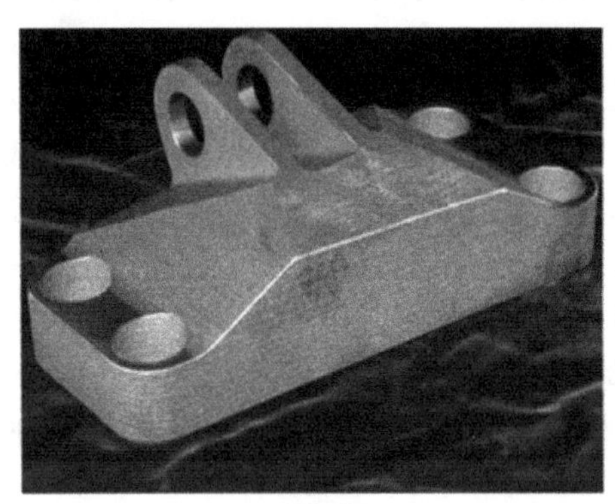

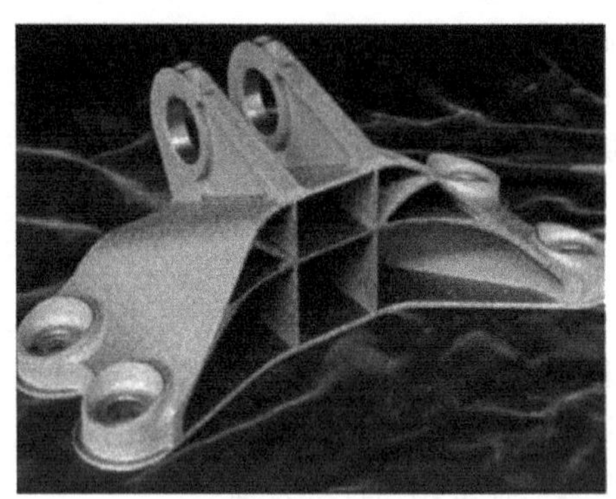

(a) 重2033g (b) 重327g

图 7-42 发动机支架结构

优化结构设计，可以显著减轻结构重量、节约昂贵的航空材料、降低加工成本。减轻结构重量是航空航天器最重要的技术需求，但目前传统制造技术已经接近极限，而高性能增材制造技术则可以在获得同样性能或更高性能的前提下，通过最优化的结构设计来显著减轻金属结构件的重量。根据欧洲宇航防务集团创新中心（EADS Innovation Works）介绍，飞机每减重1kg，每年就可以节省3000美元的燃料费用。图7-43为EADS公司为空客加工的结构优化后的机翼支架，比使用铸造的支架减重约40%，而且应力分布更加均匀。图7-44显示了EADS采用SLM技术对空客320飞机的门托架进行的优化设计。图中左上角为基于传统制造工艺能力设计制造的门托架，右下角为重新进行拓扑优化设计后采用SLM成形的门托架。采用新设计后，门托架在承受同样外部载荷的情况下，最大应力减小49%，同时重量减轻了60%。

浙江大学通过SLM成形了轻量化飞机发动机托架零件，如图7-45所示，该点阵轻量化托架结构个体单元为正六边形结构。托架结构的主体部分由蜂窝点阵结构连接而成，如图7-46所示。此外，采用SLM制造了某卫星支架轻量化结构，解决传统制造工艺设计的局限性问题，较传统工艺制造减重26%，具备较优的力学性能和致密度，如图7-47所示。

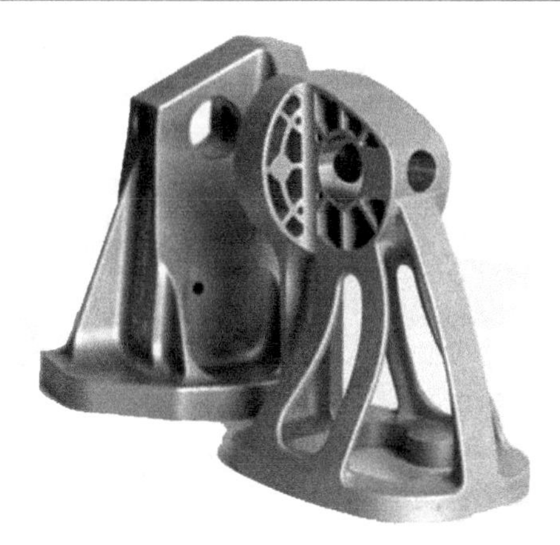

图 7-43 SLM 制造（前）及铸造的（后）机翼支架

图 7-44 SLM 成形优化结构设计后的空客 320 飞机门托架

图 7-45 SLM 成形轻量化飞机发动机托架零件

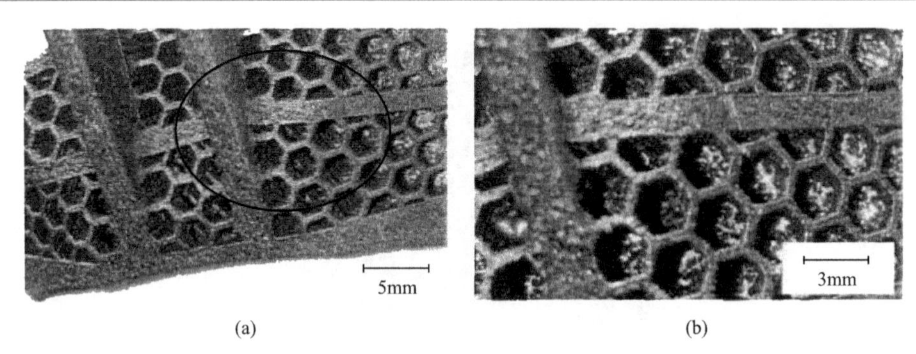

(a) (b)

图 7-46 蜂窝点阵结构效果

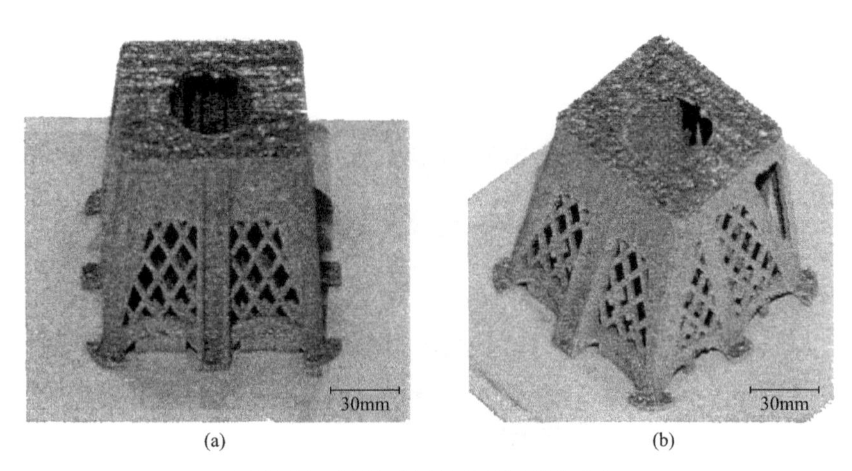

(a) (b)

图 7-47 SLM 成形某卫星轻量化支架

参考文献

[1] Abe F, Osakada K, Shiomi M. The manufacturing of hard tools from metallic powders by selective laser melting[J]. Journal of Materials Processing Tech, 2001, 111 (1): 210-213.

[2] Badrossamay M, Childs T H C. Further studies in selective laser melting of stainless and tool steel powders[J]. International Journal of Machine Tools & Manufacture, 2007, 47 (5): 779-784.

[3] 王黎. 选择性激光熔化成形金属零件性能研究[D]. 武汉: 华中科技大学, 2012.

[4] Becker D, Meiners W, Wissenbach K. Additive manufacturing of copper a alloy by Selective Laser Melting[C]//Proceedings of the Fifth International WLT-Conference on Lasers in Manufacturing. München. 2009: 195-199.

[5] Kerbrat O, Hascoet J, Mognol P. Manufacturability analysis to combine additive and subtractive processes[J]. Rapid Prototyping Journal, 2010, 16 (1): 63-72 (10).

[6] 张升. 医用合金粉末激光选区熔化成形工艺与性能研究[D]. 武汉: 华中科技大学, 2014.

[7] Sheng Zhang, Yong Li, Liang Hao, Tian Xu, Qingsong Wei, Yusheng Shi. Metal-ceramic Bond Mechanism of the Co-Cr Alloy Denture with Original Rough Surface Produced by Selective Laser Melting[J]. Chinese Journal of Mechanical Engineering, 2014: 27 (1): 69-78.

[8] Sheng Zhang, Qingsong Wei, Lingyu Cheng, Suo Li, Yusheng Shi. Effects of scan line spacing on pore characteristics and mechanical properties of porous Ti6Al4V implants fabricated by selective laser melting [J]. Materials & Design, 2014: 63: 185-193.

[9] Changjun Han, Chunze Yan, Shifeng Wen, Tian Xu, Shuai Li, Jie Liu, Qingsong Wei, Yusheng Shi. Effects of the unit cell topology on the compression properties of porous Co-Cr scaffolds fabricated via selective laser melting[J]. Rapid Prototyping Journal, 2017, 23: 16-27.

[10] Changjun Han, Yao Yao, Xian Cheng, Jiaxin Luo, Pu Luo, Qian Wang, Fang Yang, Qingsong Wei, Zhen Zhang. Electrophoretic Deposition of Gentamicin-Loaded Silk Fibroin Coatings on 3D-Printed Porous Cobalt-Chromium-Molybdenum BoneSubstitutes to Prevent Orthopedic Implant Infections[J]. Biomacromolecules, 2017, 18 (11): 3776-3787.

[11] Chua C K, Sudarmadji N, Leong K F. Functionally graded scaffolds: the challenges in design and fabrication processes[J]. Virtual and Rapid Manufacturing: Advanced Research in Virtual and Rapid Prototyping, 2007: 115.

[12] Changjun Han, Yan Li, Qian Wang, Shifeng Wen, Qingsong Wei, Chunze Yan, Liang Hao, Jie Liu, Yusheng Shi. Continuous functionally graded porous titanium scaffolds manufactured by selective laser melting for bone implants[J]. Journal of the Mechanical Behavior of Biomedical Materials. 2018, 80: 119-127.

[13] Mullen L, Stamp R C, Brooks W K, et al. Selective Laser Melting: A regular unit cell approach for the manufacture of porous, titanium, bone in-growth constructs, suitable for orthopedic applications[J]. Journal of Biomedical Materials Research Part B: Applied Biomaterials, 2009, 89 (2): 325-334.

[14] 周松.基于 SLM 的金属 3D 打印轻量化技术及其应用研究[D]. 杭州: 浙江大学, 2017.

索　引

J

K

L

M

P

F

Q

R

S

W

X

Y

Z

其他